KB102086

특목고 자사고 가는 수학

★★★ 최상위권 학생을 위한 신유형 수학의 정석 ★★★

살림Math

머리말

수학이 즐거워지는 아주 특별한 주문
"마테마테코이(mathematekoi)"

수학(mathematics)이라는 용어는 피타고라스로부터 유래되었다. 일반적인 배움을 뜻하는 마테마(mathema)와 깨달음을 뜻하는 마테인(mathein)이 결합된 '마테마테코이(mathematekoi)' 즉, '모든 것을 연구하여 깨우치는 사람들' 이라는 의미이다. 수학이란 지루하고, 어렵고, 기계적으로 계산만 해야 하고, 공식을 외워야 한다는 생각을 버려야 한다. 그리고 수학이 세상의 모든 학문들의 공통분모라는 것을 깨달아야 한다.

이 책은 지루한 수학이라는 고정관념을 깨기 위해서 집필한 책이라고 자신 있게 말할 수 있다. 이 책은 문제만 푸는 참고서로 만든 책이 아니라 수학적인 사고력과 논리력을 키워 수학에 대한 교양과 실력을 한번에 키우기 위한 책이다. 이를 위해서 필자들은 실생활과 밀접한 관계를 맺고 있는 수학의 원리를 쉽고 재미있게 이해할 수 있도록 하기 위해 많은 정성을 기울였다.

영재교육에 대한 관심이 날로 높아지고 있다. 특히 영재학교, 특목고, 자사고 입시를 대비하고 있는 학생들은 수학과 과학 고등과정에 대한 선행 · 심화학습이 필요하다. 이 책은 중고등학교 수학과정과 동일하게 구성하였기 때문에 내신은 물론, 각종 올림피아드나 경시대회를 충분히 준비할 수 있다.

이 책을 펼쳐든 독자는 '이 문제는 수학 공부를 얼마나 해야 풀 수 있는 문제일까?'라는 의문을 가질 것이다. 답은 '누구나 풀 수 있다' 이다. 기본 개념을 잡기 위한 초등학생부터 대입수험생까지 누구나 쉽게 이해하고 따라갈 수 있도록 친절하고 자세하게 설명하고 있다.

'어떻게 하면 수학을 잘 할 수 있을까요?'

필자가 학생들에게 가장 많이 받는 질문이다. 수학을 잘하기 위해서는 일반적으로 네 가지 능력이 필요하다. 첫 번째가 수학문제를 계산 할 수 있는 능력인 '기초력'이다. 그러나 이것은 수학 공부의 일부분에 불과하며, 나머지 세 가지 능력이 더욱 중요하다고 할 수 있다. 그중 '창의력(직관력)'은 문제를 풀 때 해결방법을 구상하거나,

방향을 설정할 때 도움이 되는 능력이다. 또 하나는 '사고력' 이다. 사고력은 수학적 논제를 폭넓은 지식과 그 지식의 상호연관성을 생각하여 문제해결을 위한 구상을 하는 것이다. 마지막으로 '논리력'이 필요하다. 구슬도 잘 꿰어야 보배이듯 앞의 세 가지 능력을 최대한 발휘할 수 있게 하는 집중력과 표현력이 바로 논리력이라고 할 수 있다. 바로 요즘 수학, 즉 통합형 수리능력이 바로 이 네 개의 능력을 모두 요구하고 있는 것이다. 때문에 다양한 형식의 문제와 서술형 풀이로 네 개의 능력을 모두 발달시킬 수 있도록 하였다.

영재학교, 특목고, 자사고 신입생 선발의 최종 관문은 구술시험이다. 구술시험을 잘 치르기 위해서는 수학, 과학의 원리를 명확하게 이해해야 한다. 여기서 요구하고 있는 창의적 문제해결능력은 단순 문제풀이 형태가 아닌 논리적 사고와 의사소통 능력이다. 그러기 위해서는 이 책을 통해 탄탄한 배경지식과 원리, 그리고 다른 주제와의 연계성을 충분히 내 것으로 만들어야 한다. 그 다음 수학문제를 해결하기 위한 창의적인 방법을 모색하고, 지금까지 쌓아온 지식을 통합적으로 연관 지어서 논리적인 사고력으로 해결책을 서술해야 하는 것이다. 이 책은 각종 올림피아드나 경시대회 입상을 목표로 하고 있는 학생들에게 더없이 좋은 교양서와 학습서가 될 것이다.

독자들은 이 책과 함께 공부하면서 네 가지 능력을 한꺼번에 발휘하는 훈련을 하게 될 것이다. 마지막으로 필자는 이 책을 통해 여러분들이 문제를 해결하는 능력을 스스로 발전시켜 나가기를 바란다. 또한 책에 나오는 인문학적 지식과 시사적인 내용으로 학교에서 배우는 수학에서 한 단계 더 나아가 좀더 넓은 시선과 통합적인 사고력을 높여나가기를 바란다.

2008년 4월

매쓰멘토스 수학연구회

사고력 수학 퍼즐

각 주제를 시작하기에 앞서 논리력, 사고력, 창의력을 발휘해서 풀어야 하는 문제를 제시한다. 본문을 읽을 때 흥미를 유발하고 주제의 목표와 방향을 제시하는 길잡이 역할을 하고 있다.

각 주제의 구성

수학 교과서에 나오는 지식만으로는 접근하기 어려운 수리적 사고능력의 신장을 위하여 여러 다른 학문과의 통합적 사고 능력을 강조하는 내용을 다루고 있다. 이를 위해 문제풀이 위주의 구성보다는 주제에 대한 기초개념과 심화내용의 주요한 줄거리를 이야기 형식으로 전개하는 방식을 취하고 있다. 또한 주제에 관련된 내용이 우리 생활과 밀접한 관계를 가지고 있다는 것을 보여줌으로써 수학이 단지 시험을 대비하는 과목이 아닌 합리적이고 논리적인 사고방식으로 살아가기 위한 필수 학문임을 보여주고자 하였다.

이 책의 모든 문제에는 난이도와 성격에 맞게 단계가 표시되어 있다. 이 단계는 순차적인 단계가 아니라 문제를 푸는 사람의 수준을 고려한 것이기 때문에 각 주제마다 모든 단계가 수록되어 있지는 않다. 자신에게 맞는 단계를 찾아서 풀어보는 것도 매우 좋은 학습방법이다. 점차 단계를 높여가면서 풀어보도록 하자.

1단계 주제를 이해하는 문제

각 주제를 배우기 전에 주제에 대한 우리의 사전 지식을 측정해보거나, 이 주제를 읽으면서 생각해보아야 할 점과 그 주제에 대한 포괄적인 생각을 미리 살펴보기 위한 문제이다.

2단계 기초가 되는 문제

주제의 기본 개념이나 그 주제의 기초계산능력 등을 측정하기 위한 문제를 자세한 풀이와 함께 제시하였다.

3단계 생각이 필요한 문제

기본 개념을 응용하여 심화, 발전시킨 문제로 실생활에서 수학을 깊이 있게 탐구할 수 있는 기회를 제공하였다.

4단계 발상이 전환되는 문제

대학 수리논술 기출문제를 위시하여 그 단원에 대한 이해력, 논리력, 사고력, 창의력을 총체적으로 측정하며 더불어 지식의 폭을 넓힐 수 있는 내용으로 구성하였다.

읽을거리

주제에 관련된 수학적인 내용뿐만 아니라 철학, 과학, 문학, 예술, 시사 등 인간 사고활동 전반에 걸친 흥미로운 내용을 실었다. 수학의 폭이 얼마나 넓은가를 보여주며 수학이 단순히 어렵기만 하고 지루한 고립되어 있는 학문이 아니라는 것을 보여준다. 동시에 여러 방면의 상식도 넓힐 수 있도록 하였다.

더 알아보기

주제에 관해 가장 깊이있는 심화 내용을 다루었다. 앞으로의 연구과제와 활용 등의 시사적인 주제를 소개하였다.

잠깐!

본문 내용 곳곳에서 꼭 알고 넘어가야 할 정의와 정리 등을 간단히 요약했다.

문제난이도 그래프

3단계 이상의 문제에는 문제 해결을 위해 논리력, 사고력, 창의력이 어느 정도까지 필요한가를 표시해줌으로써 자신의 성향이나 실력을 스스로 판단할 수 있는 척도를 제시해주고 있다.

■ : 쉬움, ■■ : 기본, ■■■ : 보통, ■■■■ : 심화, ■■■■■ : 고난도

이 책의 시리즈 구성

1권

1장 아름다운 수의 세계, 수론
2장 수학의 언어, 문자와 식
3장 수학의 황금빛 심장, 논리
4장 수학의 주춧돌, 증명
5장 풀리지 않는 신비의 수, 파이
6장 마법의 숫자 배열, 마방진
7장 수학과 음의 조화, 음계
8장 숨겨진 규칙 속의 매력, 열 중 하나

2권

1장 풍요로운 실생활의 필수품, 기하
2장 생명에서 발견한 수학, 복제
3장 위대한 발견, 피타고라스의 정리
4장 비밀과 규칙의 결합, 미로

3권

1장 악마가 사랑한 수학, 통계
2장 현대의 제왕학, 게임이론
3장 우연과 필연의 상관관계, 프랙탈
4장 시간에 따른 변화량, 시계 셈
5장 수의 비밀과 열쇠, 암호
6장 자연의 소용돌이, 피보나치수열

contents

■ 머리말

■ 이 책의 구성과 특징

1장 현대 수학의 프리마돈나, 확률 _14

1. 예측과 선택을 위한 모든 경우의 수 _21
2. 순열 _24
3. 중복순열 _28
4. 원순열 _38
5. 조합 _44
6. 확률을 알면 세상이 보인다 _56
7. 수학적 확률 _59
8. 통계적 확률과 공리들 _73
9. 조건부 확률 _84

2장 생활 속의 수학, 함수 _101

1. 좌표 평면의 탄생 _109
2. 정비례와 반비례 _119
3. 실생활에 적용되는 일차함수 _127
4. 실생활에 적용되는 포물선함수 _134
5. 무궁무진한 함수의 종류 _145

3장 최고의 실용수학, 최단거리 _165

1. 대칭 평행 이동을 이용하자 _174
2. 입체도형을 펼쳐라 _185
3. 경우의 수를 찾아 길이 구하기 _193
4. 그래프를 이용하자 _202

4장 사라진 수를 찾는 즐거움, 수의 추리 _217

1. 정수의 분리 _228
2. 벌레 먹은 셈(虫食算) _237

5장 놀이로 하는 수학, 퍼즐 _263

1. 성냥개비 퍼즐 _271
2. 저울 퍼즐 _296
3. 쌓기 나무 퍼즐 _313

1장

현대 수학의 프리마돈나

확률

인간은 자연 가운데에서도
가장 연약한 하나의 갈대에 불과하다.
그렇지만 그는 생각하는 갈대다.
모름지기 언제나 사색하도록 힘쓰라.
그곳에 도덕의 원리가 있는 것이다.
– 블레즈 파스칼

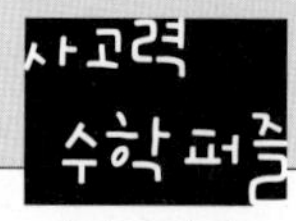

★★★★★

부자되세요

금괴를 발견하여 벼락부자가 될 확률이 $\frac{1}{8}$이라고 합니다. 어느 날 유진이와 은선이가 금광을 찾아 떠났습니다. 유진이와 은선이 중 적어도 한 명이 벼락부자가 될 확률은 얼마일까요?

풀이

방법 1 벼락부자가 될 확률은 $\frac{1}{8}$ 이므로 벼락부자가 되지 못할 확률은 $\frac{7}{8}$ 입니다.

P(유진이는 되고 은선은 안 될 확률)=P(은선이는 되고 유진이는 안 될 확률)

$$=\frac{1}{8}\times\frac{7}{8}=\frac{7}{64}$$

P(둘 다 될 확률)= $\frac{1}{8}\times\frac{1}{8}=\frac{1}{64}$

입니다. 따라서, 이들 중 적어도 하나가 벼락부자가 될 확률은

$\frac{7}{64}+\frac{7}{64}+\frac{1}{64}=\frac{15}{64}$ 입니다.

방법 2 A는 유진이가 벼락부자가 되는 것을 의미하고, B는 은선이가 되는 것을 의미한다고 할 때,

$$\mathrm{P}(A\cup B)=\mathrm{P}(A)+\mathrm{P}(B)-\mathrm{P}(A\cap B)$$

이므로 $\mathrm{P}(A\cup B)=\frac{1}{8}+\frac{1}{8}-\frac{1}{64}=\frac{15}{64}$ 입니다.

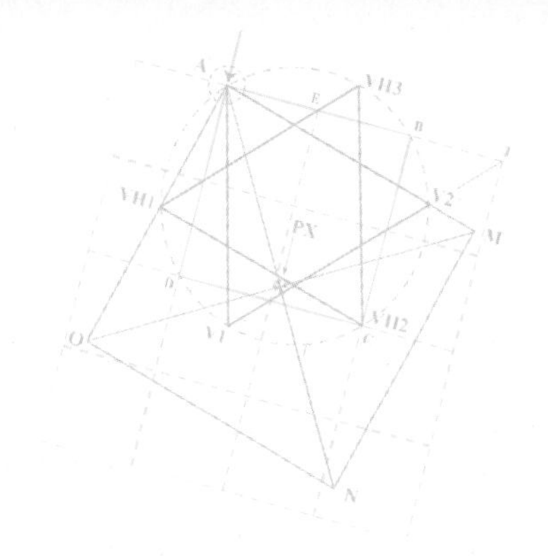

우연 속에서 발견된 수학, 확률

아무 생각 없이 산 복권이 1등에 당첨이 되어 일확천금을 얻는다면? 백마 탄 왕자님과 같은 외모를 가진 억만장자와 결혼을 하게 된다면? 맑은 날 갑자기 우박이 떨어지거나 여름철 태풍이 언제 어디로 닥쳐올지 알 수 있다면?

이렇게 인생에서 한번 일어날까, 말까하는 경험을 하게 되면 우리는 '아니, 이런 행운이?' 라고 놀라거나 '왜 나에게만 이런 일이…….' 라고 생각하게 됩니다. 과연 당신은 이 경험들을 미리 예견할 수 있을까요?

우리는 종종 우연한 사건을 접합니다. 사람들은 이런 우연성을 보다 정확하게 알기를 바랐고, 수학자들은 그 우연한 사건의 가능성을 예측하길 원했습니다. 그 우연한 사건 가능성을 예측하는 것이 확률입니다.

확률은 특히 도박에 관심 있는 사람들이 가장 먼저 관심을 가졌습니다. 그에 대한 일화로는 1654년 프랑스의 한 도박사 수발리에 드 메레와 그의 친구이자 수학자인 파스칼의 이야기가 있습니다. 도박에 매우 지대한 관심을 가지고 게임을 즐겼던 메레경은 파스칼에게 다음과 같은 편지를 보냈습니다.

보 기

"실력이 막상막하인 두 사람 A, B가 각각 32프랑씩 돈을 걸고, 5전 3승제 승부를 벌인다네. 이때 어느 쪽이든지 상관없이 먼저 이기는 사람이 건 돈의 전부를 받기로 했지. 그리고 현재 A가 두 번, B가 한 번을 이긴 상황에서 이 게임을 중단해야 한다네. 하지만 게임을 무효로 하자니 A가 억울해 하고, A가 이겼다고 하자니 B가 앞일은 모른다고 하고 이를 어떻게 해야 할지 모르겠네. 파스칼, 자네라면 이런 상황에서 두 사람이 걸었던 돈을 다시 어떻게 분배해야 할지 알고 있을 거라 믿네. 그 방법을 알려주게."

서신을 받은 파스칼은 페르마와 함께 이 문제를 의논합니다. 파스칼은 이 문제를 조합의 원리를 이용한 '파스칼의 삼각형'으로, 페르마는 순열을 통해 해결하였습니다. 두 수학자가 그 문제를 해결하는 데에 두었던 기준은 '누가 먼저 이길 것이냐?'에 있었습니다. 그들은 A가 이기거나 B가 이기거나 상황에 따라 돌려받게 되는 금액의 차이와 그 가능성의 정도를 알아내는 데에 초점을 두었습니다.

이러한 일들은 단순히 도박에서만 나타나는 것이 아닙니다. 우리 주변에서 일어나는 모든 현상 속에는 원인이 있습니다. 그 원리들을 이해하고 그 다음 순간을 맞추기 위해 확률은 존재하게 된 것입니다.

1 단계 주제를 이해하는 문제 1

정사각형은 몇 개일까요?

다음 그림에서 색칠된 정사각형을 포함한 정사각형은 모두 몇 개일까요?

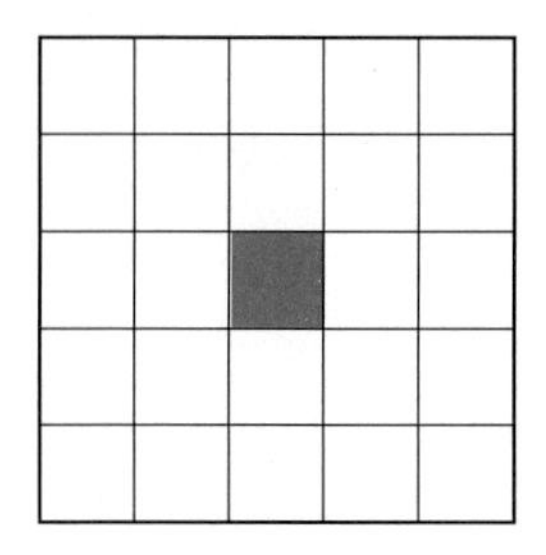

풀이

i) 한 변의 길이가 1인 정사각형 : 1개

ii) 한 변의 길이가 2인 정사각형 : $2^2=4$개

iii) 한 변의 길이가 3인 정사각형 : $3^2=9$개

iv) 한 변의 길이가 4인 정사각형 : $2^2=4$개

v) 한 변의 길이가 5인 정사각형 : 1개

따라서, 색칠된 부분을 포함한 정사각형의 개수는 $1+4+9+4+1=19$(개)입니다.

찍어서 맞출 확률은?

여러분은 시험이라는 난관에 처하면, 어떤 기분이 드나요? 종이 울리고 시험 감독관이 시험지를 나누어주면 이름을 쓰고 문제를 풉니다. 이때, 잘 아는 문제가 나오면 거침없이 답을 고르겠지만 모르는 것은 무작위로 답을 고르게 됩니다. 특히 5지선다 중에서 3개는 확실히 답이 아니고 나머지 두 가지 중에서 한 가지를 선택해야 할 상황이 되면 무척 난감합니다. 여기 그와 비슷한 ○, × 문제가 20개가 있습니다. 불행하게도 모두 모르는 문제들입니다. 마음대로 ○, ×를 표시했을 때, 20문제를 다 맞힐 확률은 얼마나 될까요?

풀이

각 문제에 ○, ×를 표시하는 것은 다른 문제에 영향을 미치지 않으므로 각 문제를 맞힐 확률은 $\frac{1}{2}$ 입니다. 따라서 20문제를 다 맞힐 확률은 다음과 같습니다.

$$\frac{1}{2}\times\frac{1}{2}\times\frac{1}{2}\times\cdots\times\frac{1}{2}=\left(\frac{1}{2}\right)^{20}=\frac{1}{1048576}$$

1 예측과 선택을 위한 모든 경우의 수

누구나 한 번쯤 돈을 찾으러 가서 비밀 번호를 잊어버린 적이 있을 것입니다. 이럴 때 은행 직원을 찾아가 비밀 번호를 새로 만들면 되겠지만 그날이 마침 휴일이고, 단말기 앞에서 돈을 당장 찾지 않으면 안 된다고 가정해봅시다. 그나마 다행스러운 것은 비밀 번호가 4자리 숫자이고, 앞의 두 자리는 '24' 였다는 것, 또 뒤의 수가 앞의 수보다 큰 수라는 것을 알고있다고 합시다. 자, 이제 단말기에 몇 개의 숫자만 입력하여 비밀 번호를 찾아 봅시다.

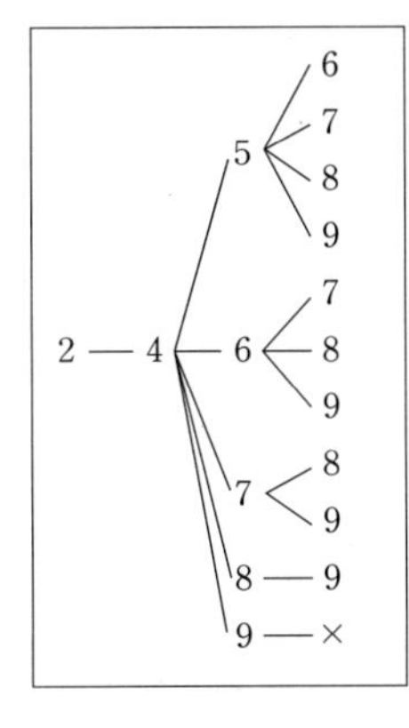

왼쪽의 그림과 같이 (2 → 4 → 5 → 6), (2 → 4 → 5 → 7), …, (2 → 4 → 7 → 9), (2 → 4 → 8 → 9) 최대 10번을 입력해 보면 출금할 수 있습니다.

물론 번거롭고, 인내가 필요하지만 비밀 번호를 찾을 수 있는 좋은 방법임에는 틀림없습니다. 이처럼 일상생활이나 수학에서는 어떤 문제를 해결하고자 할 때, 일어날 수 있는 모든 일을 예측해보아야 할 때가 많습니다.

어떤 문제의 해결을 위해 하는 실험이나 시행에서 일어날 수 있는 모든 결과를 '사건' 이라 하고, 이 사건의 가지 수를 '경우의 수' 라고 합니다. 이 경우의 수들은 반드시 빠짐없이 그리고 중복되지 않게 세어야만 합니다. 이때 가장 편하게 사용되는 방법이 위 그림과 같은 수형도(tree diagram)을 그려 보는 것입니다. 문제에서 나올 수 있는 경우가 다양하거나 복잡할 때 수형도를 그리면 쉽게 해결할 수 있습니다.

공정한 채점

학생 A, B, C, D, E가 시험을 치른 후, 서로 바꾸어 채점을 하려고 합니다. 물론 자신의 것은 자신이 채점할 수 없습니다. 이때, 가능한 경우의 수를 구하여 봅시다.

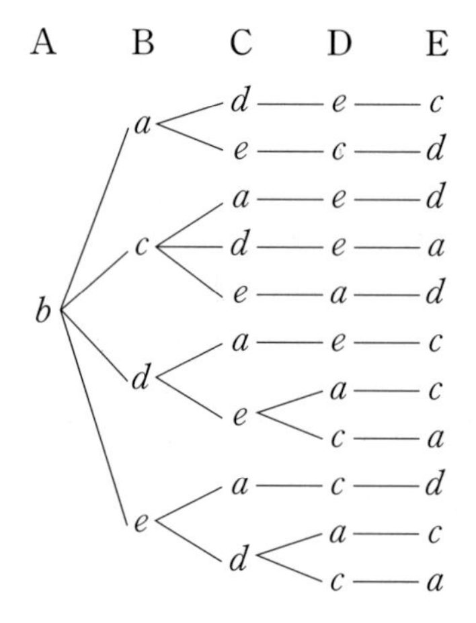

학생 A, B, C, D, E의 시험지를 각각 a, b, c, d, e라고 합시다. A가 B의 시험지인 b를 채점하는 경우의 수를 수형도로 나타내면 위와 같이 11가지가 나오게 됩니다.

마찬가지로 A가 c, d, e를 채점하는 경우가 각각 11가지씩 있으므로, $11 \times 4 = 44$(가지)입니다.

문제 해결사 수형도

문제 난이도 그래프
논리력 ■■■■
사고력 ■■■
창의력 ■■■

상자 A에는 1에서 10까지의 숫자가 적힌 빨강 색의 카드 10장이 들어 있고, 상자 B에는 1에서 10까지의 숫자가 적힌 파란 색의 카드 10장이 들어 있습니다. A, B 두 상자에서 각각 2장의 카드를 꺼내어 서로 다른 색깔의 순서(빨, 파, 빨, 파 또는 파, 빨, 파, 빨)가 되도록 일렬로 나열할 때, 인접한 두 카드에 적힌 두 수의 차가 모두 1이 되는 경우의 수를 구하세요.

풀 이

처음 꺼낸 카드의 번호를 n이라 하고 조건에 맞게 카드를 배열하면 오른쪽과 같습니다. 그런데 첫 번째 카드와 세 번째 카드, 두 번째 카드와 네 번째 카드는 같은 상자에서 나온 것이므로 번호가 달라야 합니다. 따라서, 가능한 것은 ㉠, ㉡뿐입니다.

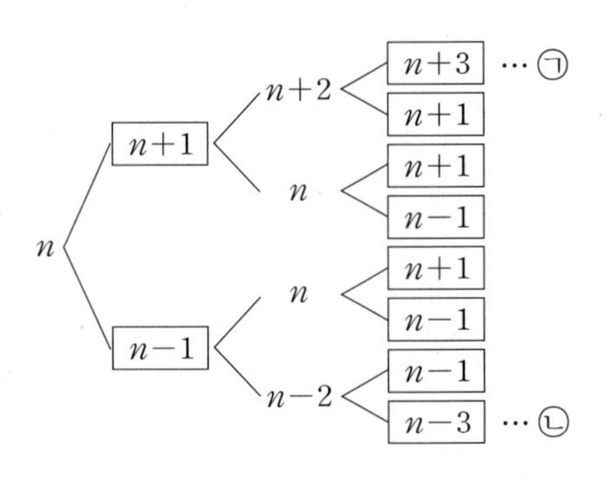

㉠일 경우 n의 값은 1, 2, 3, 4, 5, 6, 7의 7가지이고, 빨간 색과 파란 색의 순서를 바꿀 수 있으므로 경우의 수는 $7\times2=14$입니다.

㉡일 경우 n의 값은 4, 5, 6, 7, 8, 9, 10의 7가지이고, 마찬가지로 카드의 색깔이 바뀔 수 있으므로 경우의 수는 $7\times2=14$입니다.

따라서, 구하는 경우의 수는 $14+14=28$(가지)가 됩니다.

2 순열

수학적 사건의 경우의 수를 구하는 기본 법칙은 '합의 법칙'과 '곱의 법칙' 입니다.

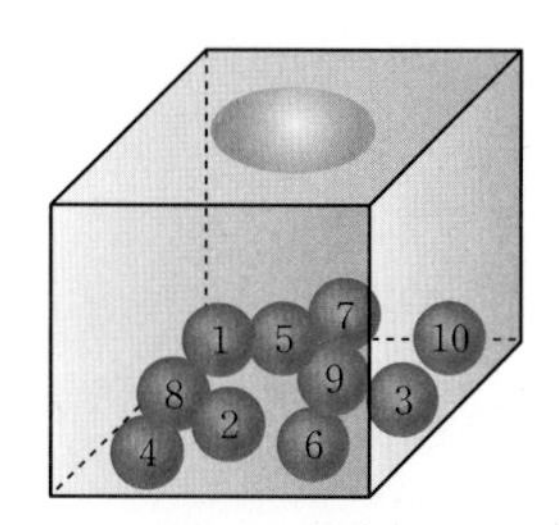

예를 들어, 상자 속에 1에서 10까지의 숫자가 각각 적힌 공이 10개 있다고 합시다. 이 상자에서 하나의 공을 꺼낼 때 공의 번호가 3의 배수 또는 4의 배수일 경우의 수를 구하여 봅시다.

3의 배수 : 3, 6, 9 $\Rightarrow$ 3가지

4의 배수 : 4, 8 $\Rightarrow$ 2가지

따라서, 3의 배수 또는 4의 배수인 경우의 수는 $3+2=5$(가지)입니다.

그럼 이번에는 공의 번호가 2의 배수 또는 3의 배수일 경우의 수를 구하여 봅시다.

2의 배수 : 2, 4, 6, 8, 10 $\Rightarrow$ 5가지

3의 배수 : 3, 6, 9 $\Rightarrow$ 3가지

그런데 6은 2의 배수이면서 3의 배수이므로, 공통으로 들어가는 것을 빼주면 $5+3-1=7$(가지)입니다.

이와 같이 일반적으로 두 사건 A, B가 동시에 일어나지 않을 때, 사건 A가 일어나는 경우의 수가 m가지이고, 사건 B가 일어나는 경우의 수가 n가지라고 한다면 '사건 A 또는 사건 B가 일어나는 경우의 수는 $m+n$가지' 입니다. 이것을 '합의 법칙' 이라고 합니다. 이때, 사건 A, B가 동시에 일어나는 경우의 수가 있으면 그 만큼

빼주어야 합니다.

이번에는 다음과 같은 사건을 생각해 봅시다.

A지점에서 B지점까지 가는 방법이 3가지, B지점에서 C지점까지 가는 방법이 2가지 있을 때, A지점에서 B지점을 거쳐 C지점까지 가는 방법의 수를 구해봅시다.

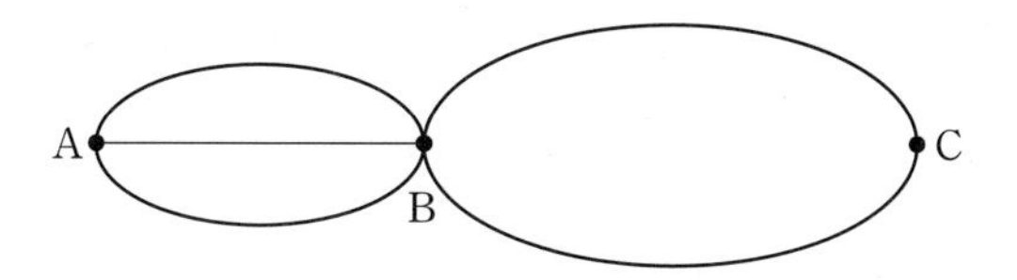

A지점에서 B지점까지는 3가지, B지점에서 C지점까지는 2가지이므로 구하는 방법의 수는 $3\times2=6$(가지)입니다.

이와 같이, 일반적으로 사건 A가 일어날 경우의 수가 m가지이고, 사건 B가 일어날 경우의 수가 n가지라면 '사건 A와 B가 동시에 일어나는 경우의 수는 $m\times n$가지' 입니다. 이것을 '곱의 법칙' 이라고 합니다.

이 두 가지 기본 법칙을 활용하여 수학적 사건의 경우의 수를 구하게 됩니다. 또한 더 다양하고 복잡한 사건들의 경우의 수를 구할 수도 있습니다. 다음의 경우를 살펴봅시다.

학교 체육 대회의 하이라이트는 이어달리기입니다. 이 경기를 하기 위해 각 반에서 달리기를 잘하는 학생들을 뽑아야 합니다. 그리고 이 학생들이 어떤 순서로 달리기를 하면 우승할 수 있을지 작전을 짜야할 것입니다. 그래서 모든 경우의 수를 고려함과 동시에 어느 것이 최선의 선택인지 고민하게 됩니다.

자, 달리기를 잘하는 5명의 후보 중 3명을 선택하고 이들이 달리는 순서를 정하는 모든 경우의 수를 구하여 봅시다.

각 주자 자리에 올 수 있는 각각의 경우의 수를 구한 후, 이들은 동시에 이루어져야 하므로 곱의 법칙에 의하여 $5\times4\times3=60$(가지)의 달리는 순서를 얻을 수 있습니다.

이제 이들 중 가장 최선의 방법을 선택하면 됩니다.

이와 같이 서로 다른 n개에서 r개를 택하여 일렬로 나열하는 것을 '순열(Permutation)' 이라고 하고, 기호로 ${}_{n}\mathrm{P}_{r}$과 같이 나타냅니다. 순열의 수 ${}_{n}\mathrm{P}_{r}$를 구하는 방법을 일반화하면 다음과 같습니다.

$${}_{n}\mathrm{P}_{r}=\underbrace{n(n-1)(n-2)\cdots(n-r+1)}_{r\text{개}}(\text{단}, n\geqq r)$$

잠깐!

순열의 기타 공식

${}_{n}\mathrm{P}_{n}=n(n-1)(n-2)\cdots3\cdot2\cdot1=n!$($n$ factorial, n 계승)

$0!=1$, ${}_{n}\mathrm{P}_{0}=1$, ${}_{n}\mathrm{P}_{r}=\dfrac{n!}{(n-r)!}$

2 단 계 기 초 가 되 는 문 제

극장 좌석 배치도

다음은 어느 극장의 각 행렬 좌석 배치도입니다. 1번과 2번, 3번과 4번은 커플 좌석이고, 5번에서 9번까지는 개인별 좌석입니다.

A행	1 2	3 4	5	6	7	8	9
B행	1 2	3 4	5	6	7	8	9
C행	1 2	3 4	5	6	7	8	9
⋮							

두 쌍의 부부를 포함하여 총 남자 5명과 여자 4명이 A행의 좌석을 예약하였습니다. 부부는 부부끼리 커플 좌석에 앉고, 남은 여자 2명이 이웃하도록 앉는 경우의 수를 구하세요.

1 ¦ 2	3 ¦ 4
⇓	⇓
2가지	1가지

우선, 두 쌍의 부부를 커플 좌석에 배정하는 방법의 수를 알아봅시다. 1·2번 좌석에 앉을 경우가 2가지, 3·4번 좌석에 앉는 경우가 1가지이고, 부부끼리 서로 자리를 바꿔 앉을 경우가 각각 2가지씩 있으므로 $2 \times 2 \times 2 = 8$(가지)입니다.

이제 남은 여자 2명과 남자 3명을 개인별 좌석에 여자끼리 이웃하도록 배정하는 방법의 수를 구합니다. 여자 2명을 한 명으로 생각하여 4명을 나열하는 경우로 생각하면 됩니다. 그리고 여자끼리 자리를 바꾸어 앉는 경우가 있으므로 $4! \times 2! = 48$(가지)입니다.

따라서, 구하는 총 방법의 수는 $8 \times 48 = 384$(가지)가 됩니다.

3 중복순열

모스 부호(Morse Code)는 미국의 화가 사무엘 모스가 1832년에 고안해낸 일종의 전신 부호로서, 단부호(•)와 장부호(—)을 나열하여 문자와 숫자를 표시합니다. 1800년대에 통신을 위한 중요 수단으로 사용되었으나 현재는 군대에서 비상통신용으로 쓰이고 있고, 아마추어 무선 통신사들이 애용하고 있습니다.

과연 두 개의 부호 •와 —만을 나열하여 그 많은 문자를 다 표현할 수 있을까요? 이 두 개의 부호를 한 개부터 네 개까지 사용하여 만들 수 있는 신호의 개수를 구하여 봅시다.

i) 한 개를 사용하여 만들 수 있는 신호의 개수

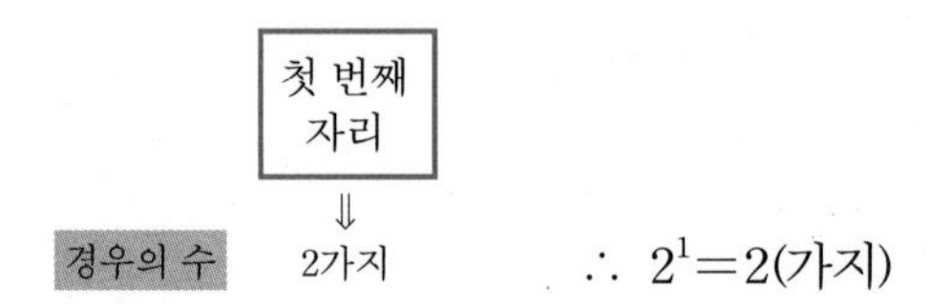

ii) 두 개를 사용하여 만들 수 있는 신호의 개수

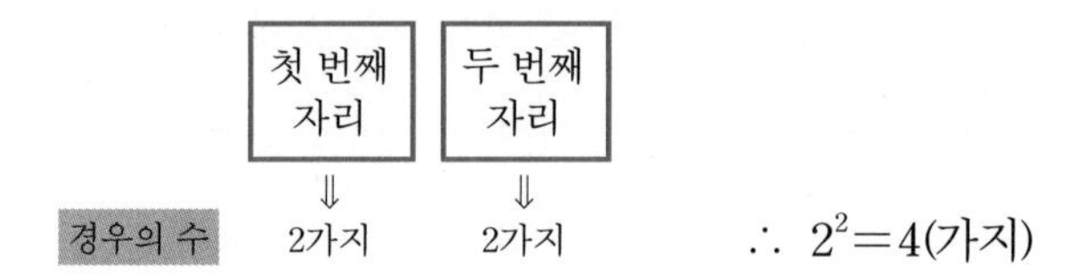

iii) 세 개를 사용하여 만들 수 있는 신호의 개수

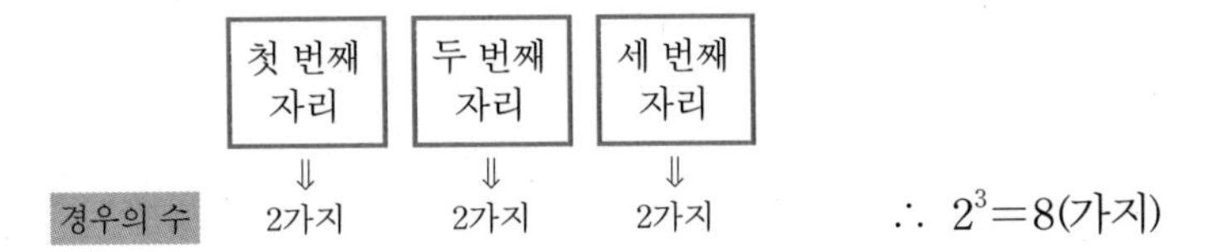

iv) 네 개를 사용하여 만들 수 있는 신호의 개수

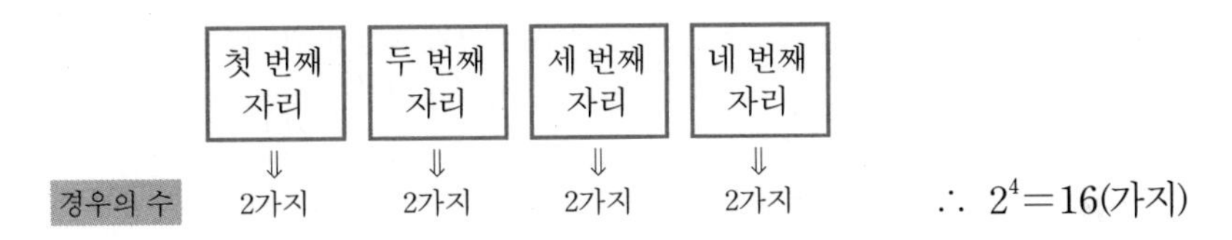

i)~iv)에 의해 $2+4+8+16=30$(가지)

따라서, 두 개의 부호를 중복하여 사용하는 개수에 따라 얼마든지 많은 문자를 표현할 수 있는 것입니다.

여기에서 앞에서 배운 순열과 다른 점은 중복을 허락하여 나열한다는 점입니다. 이와 같이, 서로 다른 n개에서 중복을 허락하여 r개를 택하는 순열을 '중복순열'이라고 하고, 기호로 ${}_n\Pi_r$와 같이 나타냅니다. 중복순열의 수 ${}_n\Pi_r$를 구하는 방법을 일반화하면 다음과 같습니다.

$${}_n\Pi_r = \underbrace{n \times n \times n \times \cdots \times n}_{r\text{개}} = n^r$$

이 중복순열을 응용하여 최단 경로의 수를 구할 수 있습니다.

더 알아보기

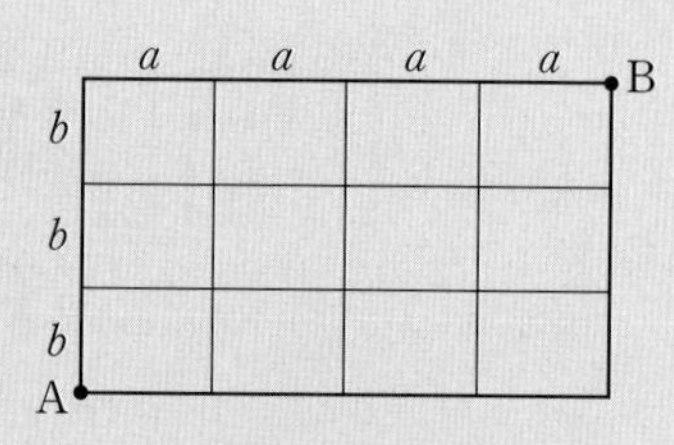

오른쪽 그림과 같은 바둑판 모양의 도로망이 있습니다. 이 도로망 A 지점에서 B 지점에 이르는 최단 경로의 수를 구하여 봅시다.

오른쪽으로 한 칸 이동하는 것을 a라 하고, 위쪽으로 한 칸 이동하는 것을 b로 놓습니다. 그러면 최단 경로의 수는 a, a, a, a, b, b, b의 문자를 일렬로 나열하는 방법의 수와 일치합니다.

이와 같이 나열하는 수나 문자 중에 같은 것이 있는 순열의 가지 수는 어떻게 구할까요?

예를 들어 a, a, a, b를 나열하려고 합니다. a, a, a, b를 나열하는 방법의 수를 x라고 하고, 같은 세 개의 문자 a를 서로 다른 문자 a_1, a_2, a_3라 할 때, 이 네 개의 서로 다른 문자를 나열하는 방법의 수는 $4!(={}_4\mathrm{P}_4)$가지입니다.

또한, 세 개의 a를 같은 문자로 보고 나열한 x개의 각각의 배열에서 서로 다른 문자 a_1, a_2, a_3로 생각합니다.

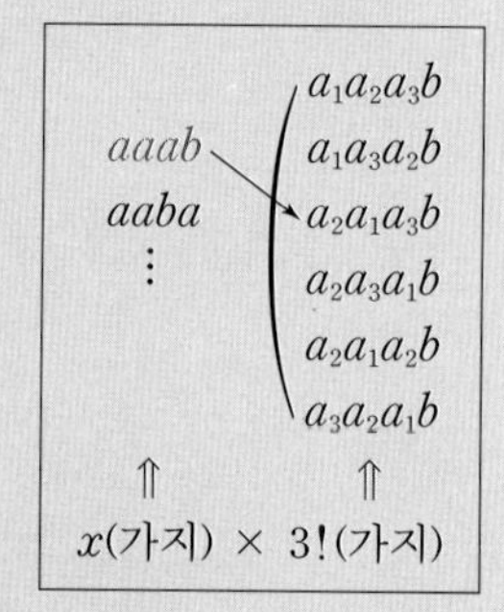

a_1, a_2, a_3를 나열하는 방법은 $3!$가지씩 나오므로

$$x\times3!=4!$$

라는 등식이 성립합니다. 따라서 구하는 방법의 수 x는

$x=\dfrac{4!}{3!}$가 됩니다.

위의 최단 경로의 수를 x라 하고, a가 4개, b가 3개 있으므로

$$x\times(4!\times3!)=7! \qquad \therefore\ x=\frac{7!}{3!4!}=35\text{(가지)}$$

입니다.

즉, n개의 원소 중 같은 것이 각각 p개, q개, ⋯, s개씩 포함되어 있을 때, 이들을 모두 나열하는 순열의 수는 $\dfrac{n!}{p!q!\cdots s!}$(단, $p+q+\cdots+s=n$)가 됩니다.

이웃하지 않는 1

1, 2, 3 세 숫자만을 써서 1000 이상의 4자리 숫자를 만들 때, 1끼리는 이웃하지 않아야 합니다. 이런 수는 몇 개일까요?

1, 2, 3, 세 숫자만을 써서 만들 수 있는 1000 이상의 4자리 숫자는 모두

$$\left.\begin{array}{l} 1\square\square\square \\ 2\square\square\square \\ 3\square\square\square \end{array}\right\} \rightarrow {}_3\Pi_3 \times 3 = 81(\text{가지}) \text{ 입니다.}$$

그런데, 이 중에서 1이 이웃하는 것은 우선, 1천의 자리수에서는

$$\left.\begin{array}{l} 1\,1\square\square \\ 1\square 1\,1 \end{array}\right\} \rightarrow {}_3\Pi_2 + 2 = 11(\text{가지})\text{가 있고,}$$

2, 3천의 자리에서는

$$\left.\begin{array}{l} \square 1\,1\square \\ \square\square 1\,1 \end{array}\right\} \rightarrow {}_2\Pi_2 \times 2 = 8(\text{가지}),\ \text{또},\ \square\ 1\ 1\ 1 \rightarrow 2^1 = 2(\text{가지})\text{가 되므로}$$

구하는 수 $= 81 - (11 + 8 + 2) = 60$(가지)입니다.

홀수는 홀수 자리에

10개의 숫자 1, 1, 1, 2, 2, 3, 4, 4, 4, 5를 일렬로 배열하려고 합니다. 이때, 홀수의 숫자가 모두 홀수 번째에 오도록 하는 방법의 수는 몇 개일까요?

풀이

숫자를 일렬로 배열하는 가운데 홀수 번째는 모두 5개입니다. 이 5개에 1, 1, 1, 3, 5를 나열하는 방법의 수는 $\frac{5!}{3!}=20$(가지)가 됩니다. 또한 짝수 번째도 모두 5개이므로, 이 5개에 2, 2, 4, 4, 4를 나열하는 방법의 수는 $\frac{5!}{2!3!}=10$(가지)입니다. 그러므로 홀수의 숫자가 모두 홀수 번째에 위치하는 방법의 수는 $20\times10=200$(가지)입니다.

3 단계 생각이 필요한 문제

문제 난이도 그래프

논리력 ■■■
사고력 ■■■
창의력 ■■■

카페 관리하기

A, B, C, D, E의 다섯 개의 인터넷 카페에 가입한 마테는 하루에 방문을 효율적으로 하기 위해 다음과 같은 규칙을 정하였다고 합니다.

- 마테가 가장 많이 활동하는 카페 A는 하루에 2번 방문하고, 다른 나머지 네 곳은 하루에 1번씩만 방문합니다.
- A는 2번 연속적으로 방문하지 않습니다.
- B, C는 연속적으로 방문하지 않습니다.

위와 같은 규칙으로 마테가 하루에 카페에 방문하는 방법의 수를 구하세요.

풀이

전체 방법의 수는 $\frac{6!}{2!}=3\times 5!$라는 것은 쉽게 알 수 있습니다.

AA가 이웃하는 방법의 수는 5!이며 BC가 이웃하는 방법의 수는 $\frac{5!}{2!}\times 2!=5!$가 됩니다. 따라서 AA도 이웃하고 BC도 이웃하는 방법의 수는 $4!\times 2!$입니다.

그러므로 구하는 방법의 수는

$3\times 5!-5!-5!+2\times 4!=5!+2\cdot 4!=168$(가지)가 됩니다.

문제 난이도 그래프
논리력 ■■■
사고력 ■■■■■
창의력 ■■■■■

아르키 서점에 가다

아르키는 집에서 최단경로를 따라 약속 장소인 극장으로 가는 길이었습니다. 그런데 어떤 사거리에 이르렀을 때, 약속 장소가 서점으로 바뀌었다는 연락을 받고 곧바로 서점으로 갔습니다. 아르키가 집에서 서점에 가기까지 택할 수 있는 모든 경로의 수는 몇 가지일까요?

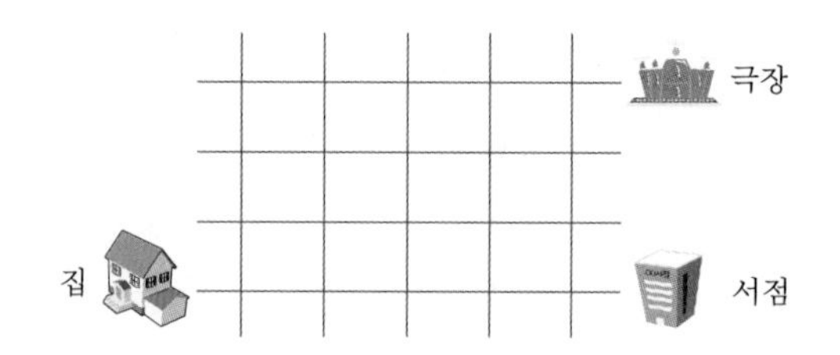

집에서 극장까지의 도로에서 가로줄의 도로를 1, 2, 3, 4라 합시다. 아래 그림과 같이 가로줄의 2번 도로의 ●지점에서 연락을 받은 경우, 지금까지 온 길을 거꾸로 하여 거슬러 가면 B지점에서 출발한 것으로 생각할 수 있습니다.

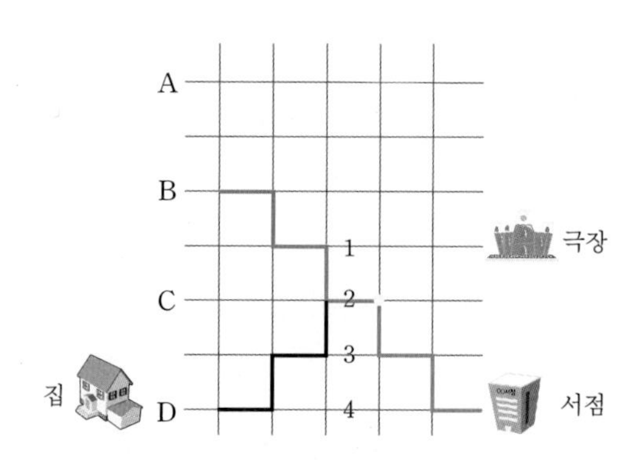

따라서 아르키가 연락을 받은 사거리가 1번 도로라면 A지점에서 출발하여 서점까지 가는 경로의 수와 같습니다. 또는 2번 도로에서 연락을 받은 경우는 B지점에서, 3번 도로에서 연락을 받은 경우는 C지점에서, 4번 도로에서 연락을 받은 경우는 D지점에서 가는 경로의 수와 같습니다. 이제 경로의 수를 구해봅시다.

A지점에서 서점까지의 최단경로의 수는 $\frac{10!}{6!\cdot 4!}=210$

B지점에서 서점까지의 최단경로의 수는 $\frac{8!}{4!\cdot 4!}=70$

C지점에서 서점까지의 최단경로의 수는 $\frac{6!}{2!\cdot 4!}=15$

D지점에서 서점까지의 최단경로의 수는 $\frac{4!}{4!}=1$

따라서 모든 경로의 수는 $210+70+15+1=296$(가지)입니다.

최단 경로의 수의 일반화

문제 난이도 그래프
논리력 ■■■■■
사고력 ■■■■■
창의력 ■■■■■

오른쪽 그림과 같은 $n \times n$ 도로망에서 A에서 B까지 가는 최단 경로의 수를 구하세요. (단, 모든 정사각형은 합동입니다.)

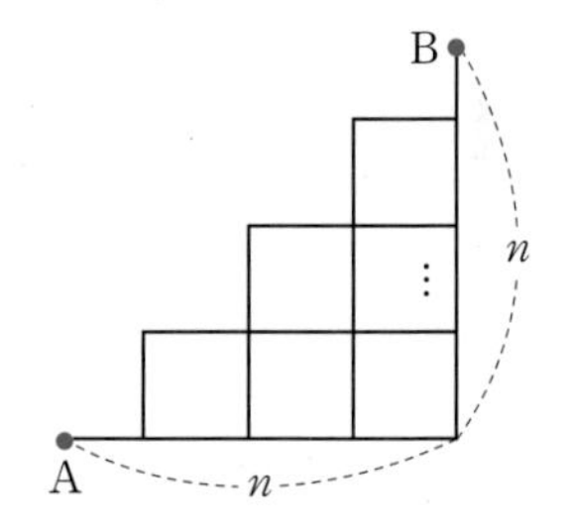

풀이

오른쪽 그림과 같이 5×5 도로망을 이용하여 구해봅시다. 이 도로망을 점 A를 원점으로 하는 좌표평면에 그려봅시다. 그러면 두 점 A와 B를 지나는 직선은 $y=x$가 됩니다. 이때, 문제의 조건을 만족하지 않는 경우가 직선 $y=x$ 위쪽으로 이동하는 경우임을 알 수 있습니다.

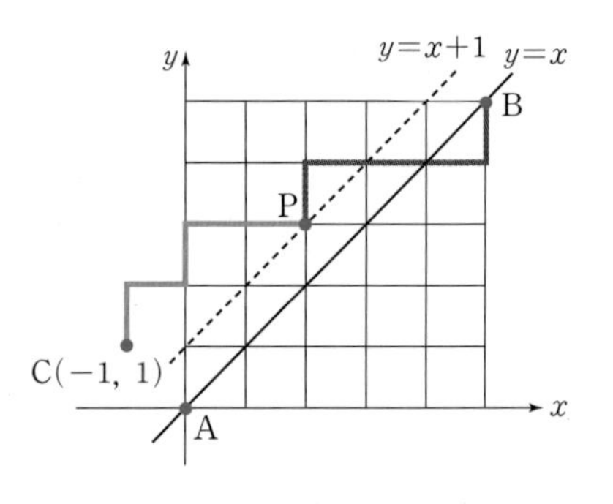

이 경우에는 반드시 처음에 $y>x$인 영역으로 간 지점이 존재합니다. 곧, $y=x+1$ 위의 한 점을 지날 수밖에 없습니다. 그러므로 A에서 B로 가는 최단 경로의 수는 A에서 $y=x+1$ 위의 임의의 한 점 P를 지나고 B에 도착하는 최단 경로의 수를 빼면 됩니다.

ⅰ) A에서 B로 가는 최단 경로의 수$=\frac{10!}{5!5!}$

ⅱ) A에서 직선 $y=x+1$ 위의 한 점 P를 지나 B에 도착하는 최단 경로의 수를 구해봅시다. 이 수는 점 A를 $y=x+1$에 대하여 대칭이동한 점 C$(-1,\ 1)$에서 점 P까지의 경로에 대응됩니다. 그러므로 A에서 P로 가는 경로의 수는 C에서 P로 가는 경로의 수와 같습니다. 따라서 A에서 P를 지나 B에 도착하는 최단 경로의 수는 $\frac{10!}{6!4!}$ 입니다.

결국 구하는 최단 경로의 수는 $\frac{10!}{5!5!}-\frac{10!}{6!4!}=\frac{10!}{5!6!}=42$(가지)입니다.

이와 같은 방법으로 $n\times n$ 도로망에서 A에서 B까지 가는 최단 경로의 수를 일반화하면, 다음과 같습니다.

$$\frac{(2n)!}{n!n!}-\frac{(2n)!}{(n+1)!(n-1)!}=\frac{(2n)!}{n!(n+1)!}$$

4 원순열

영국의 아서왕이 앉았다는 원탁이 있습니다. 이 원탁은 아서왕을 받들던 12명의 기사가 앉아 의견을 나누던 곳입니다. 긴 사각의 탁자는 계급의 차이에 따라 앉는 위치가 다릅니다. 그에 비해 원탁은 차별이 없는 평등성을 의미하지요. 원탁은 아서왕이 기사들의 우위다툼을 방지하기 위해 고안해냈다고 합니다. 현대의 원탁회의(Round Table Conference)는 여기서 유래되었습니다.

그렇다면 아서왕의 원탁에 12명의 기사가 앉을 수 있는 방법의 수는 몇 가지가 될까요?

우선 간단하게 A, B, C, D 4명이 앉는다고 해봅시다. 네 명을 일렬로 나열하는 방법의 수는 $4!=24$(가지)입니다. 그런데 원탁에 앉을 때는 한 명을 고정하고 회전시켜보면 모두 같은 배열이 됩니다.

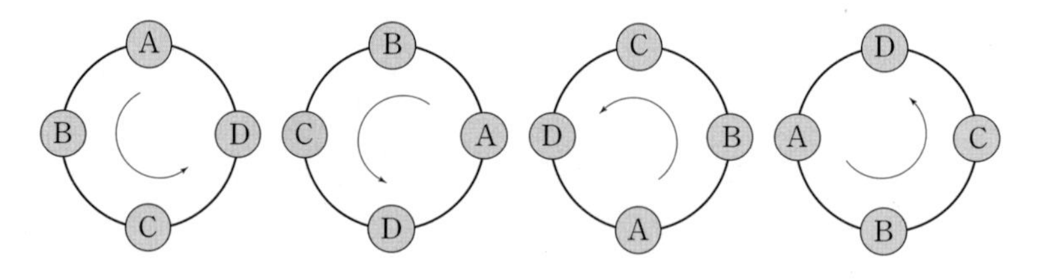

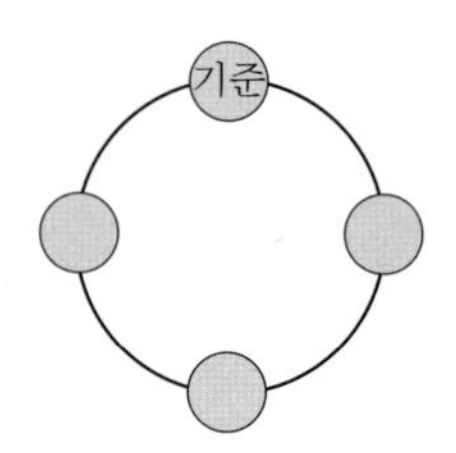

서로 다른 n개를 원형으로 나열할 때는 한 원소의 위치를 고정시키고 기준을 정한 다음 나머지를 배열하는 방법과 동일합니다. 이 기준에 1명을 넣고 나머지 3개의 자리에 3명을 나열하는 방법의 수를 구하면 되는 것이지요. 그래서

$1 \times 3! = 6$(가지)가 됩니다.

그러므로 아서왕과 12명의 기사를 원탁에 앉히는 방법의 수는 $1 \times (13-1)! = 12!$(가지)입니다.

이와 같이 서로 다른 n개를 원형으로 나열하는 것을 '원순열'이라고 하고, 이들을 나열하는 방법의 수는 $(n-1)!$입니다.

원순열의 변형

i) 서로 다른 n개의 원소를 실에 꿰어 염주(목걸이)를 만드는 방법의 수는 다음과 같습니다. 원형으로 배열한 원주를 뒤집어 놓아도 같은 순열이 되므로 $\frac{(n-1)!}{2}$ 입니다.

ii) 원탁이 아닌 다각형의 모양의 탁자에 앉히는 방법의 수는 기준을 어디에 고정하느냐에 따라 서로 다른 방법이 됩니다. 그래서 서로 다른 종류의 자리가 k개인 순열의 방법의 수는 $(n-1)! \times k$입니다.

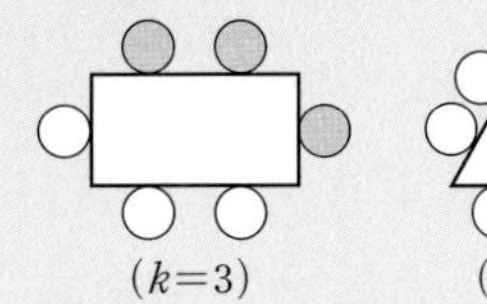

$(k=3)$ $(k=2)$

식사 모임

두 쌍의 부부와 남녀 각각 3명, 총 10명의 사람이 있습니다. 아래의 조건에 맞게 원형의 탁자에 앉으려고 합니다.

조건1. 부부끼리는 이웃하여 앉습니다.

조건2. 남자와 여자는 교대로 앉습니다.

이때, 앉는 방법의 수를 구하세요.

풀이

남자를 A, B, C, D, E라 하고 P, Q는 각각 A, B의 부인, F, G, H는 그 이외의 여자라고 합시다.

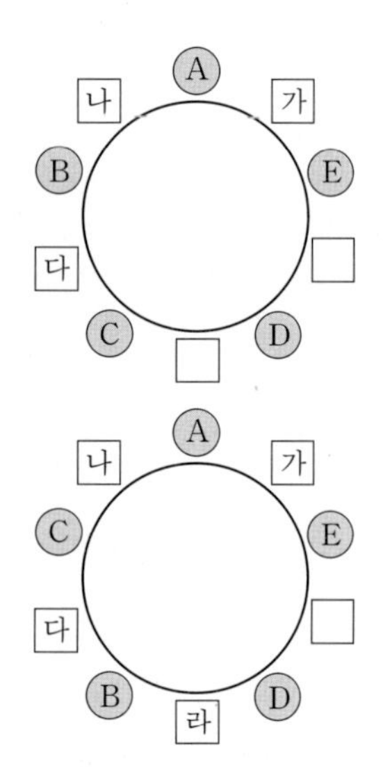

i) 남자 5명을 먼저 원탁에 앉힐 때 A와 B가 이웃하여 앉으면 $3! \times 2$ 입니다. 가, 나, 다의 자리 중 P, Q가 앉을 자리 2곳이 정해집니다. 따라서 10명이 앉은 방법의 수는 다음과 같습니다.

$$3! \times 2 \times {}_3C_2 \times 3! = 6 \times 2 \times 3 \times 6 = 216(\text{가지})$$

ii) 남자 5명을 먼저 원탁에 앉힐 때, A와 B가 이웃하지 않고 앉으면 P, Q가 앉는 방법의 수는 2×2이므로 10명이 앉는 방법의 수는

$$(4! - 3! \times 2) \times 2 \times 2 \times 3! = (24 - 6 \times 2) \times 4 \times 6$$

$$= 12 \times 4 \times 6 = 288(\text{가지})$$가 됩니다.

따라서 i), ii)는 배반사건이므로 $216 + 288 = 504$(가지)입니다.

읽을거리

풀리지 않은 과제 4색 문제

유럽의 여러 국가들이나 미국의 주들을 서로 구별되도록 색칠해 놓은 세계지도를 봅시다. 이 지도 속에는 수학 문제가 숨어 있습니다. 이 문제는 가능한 적은 수의 색을 사용하여 지도를 만들고 싶어 하는 지도 인쇄업자들의 관심이기도 했습니다. 이 수학 문제의 초점은 같은 경계를 갖는 나라가 서로 같은 색을 갖지 않도록 색칠한다고 했을 때, 네 가지 색만으로 충분한가 하는 것이었습니다.

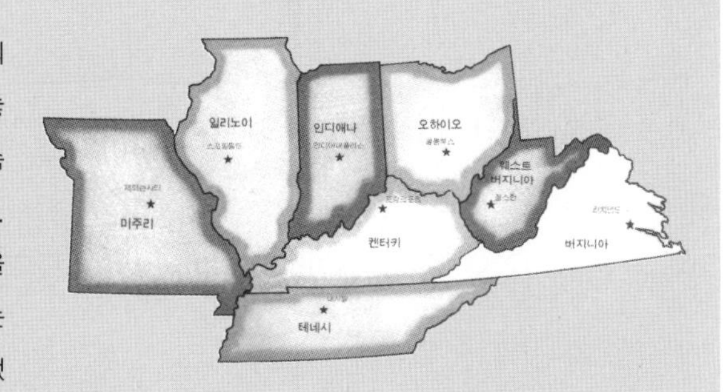

"지도 상에서 서로 인접한 영역을 서로 다른 색으로 칠하기 위해서 최소한 몇 가지 색이 필요한가?"

영국의 대학원생인 구드리가 1852년 그의 동생에게 보낸 편지에서 처음 제안했던 4색문제(the four-color problem)는 전문 수학자와 아마추어 수학자 모두에게 호기심을 불러일으켰습니다. 이미 수학자들은 세 가지 색만으로는 모든 지도를 색칠할 수 없는 게 확실하지만 네 가지 색으로 지도를 색칠할 수 있다는 것을 알았습니다. 한편 영국의 수학자 드모르간은 지도를 색칠하기 위해 반드시 다섯 가지 색 모두가 필요하지는 않다고 생각했습니다.

1976년 두 명의 수학 교수가 4색 정리를 증명했습니다. 이 두 명의 주인공은 바로 일리노이 대학교의 아펠과 하켄 교수입니다. 그들이 4색 문제의 증명을 발표했을 때 수학계에서는 대단히 기뻐했습니다. 그들은 수학의 험난한 산 하나를 정복한 셈이었습니다. 그러나 4색 문제의 증명을 살펴본 사람들에게는 놀랄 만한 사실이 기다리고 있었습니다. 그 증명은 이제까지 해온 어떤 수학적 증명과도 달랐으며, 수많은 도표와 함께 수백 페이지에 달하는 복잡한 증명이었습니다. 그래서 웬만한 사람들은 읽어볼 수조차 없었습니다.

4색 정리를 증명하는데 필요한 모든 경우의 수들은 컴퓨터를 사용해야만 분석할 수 있었습니다. 당시의 빠른 컴퓨터로도 1200시간이나 걸렸으니, 사실상 컴퓨터의 도움이 없었다면 증명이 불가능했을 것입니다.

4색 정리의 증명이 옳은 것인가에 대해서 아직까지도 미심쩍어하는 사람들이 있습니다. 대부분의 수학자들은 하켄과 아펠이 접근한 방법을 받아들이고 있지만, 증명이 불완전하다는 이야기가 끊이지 않고 나오고 있습니다.

5색 지도

문제 난이도 그래프
논리력 ■■■■
사고력 ■■■
창의력 ■■■

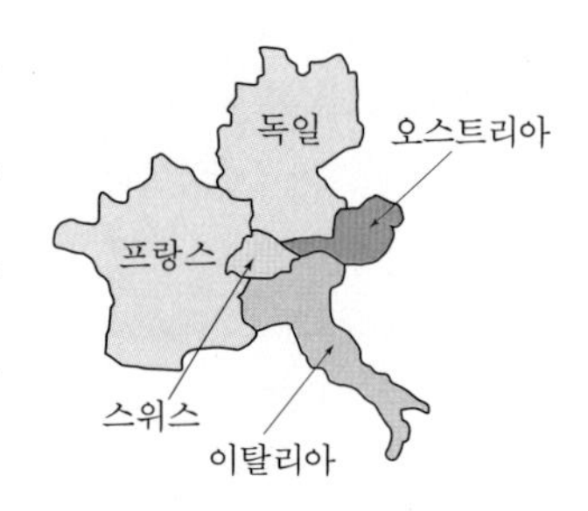

오른쪽 지도의 5개 나라를 청, 황, 적, 백, 흑의 다섯 가지 색으로 나누어 칠하려고 합니다. 단, 사용하지 않는 색이 있어도 좋고, 또한 서로 이웃한 나라는 같은 색으로 칠할 수 없습니다. 다섯 가지 색 모두를 사용해 칠하는 경우의 수는 몇 가지일까요? 그리고 네 가지 또는 세 가지 색으로만 칠하는 경우의 수는 모두 몇 가지일까요?

풀이

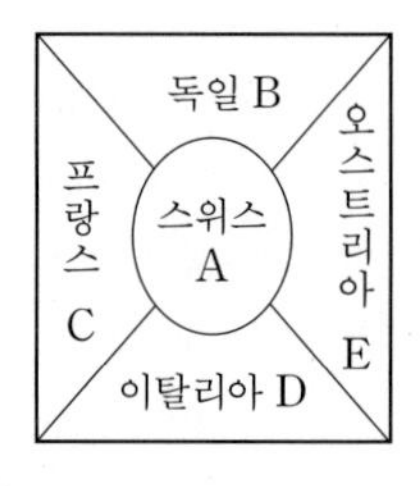

먼저 5개국 각각에 주어진 다섯 가지 색 가운데 색을 선택할 수 있는 경우의 수는

$$5 \times 4 \times 3 \times 2 \times 1 = 120(\text{가지})$$

가 됩니다. 그리고 네 가지 또는 세 가지 색을 칠하는 경우를 생각하기 위해서 오른쪽 그림과 같이 5개국의 위치 관계를 단순화시켜 봅시다.

네 가지 색으로 칠하기 위해 우선 다섯 가지 색 가운데 어느 색을 사용할지 결정합니다.

이 문제는 "어느 한 가지 색을 사용하지 않을까?"라는 아이디어를 통해 풀 수 있습니다. 그림에서 네 가지 색 가운데 한 가지 색을 스위스 A에 칠하는 방법이 4가지, 그리고 마주 보는 두 곳, 예를 들어 (B, D), (C, E)와 같이 칠하는 방법이 $3 \times 2 \times 1 = 6$(가지)가 있습니다. 그리고 나머지 다른 두 곳에 칠하는 방법이 2가지이므로 총 네 가지 색으로 칠하는 경우의 수는 $5\times4\times6\times2=240$(가지)입니다.

또한 세 가지 색으로 칠하는 경우에는 다섯 가지 색 중에서 세 가지 색을 칠하는 경우의 수는 $\dfrac{5\times4\times3}{3\times2\times1}=10$(가지) 이고, (B, D)와 (C, E)에는 같은 색을 칠합니다. 이것과 스위스 A에 칠하는 방법은 $3\times2\times1=6$(가지)가 됩니다.

따라서 총 세 가지 색으로 칠하는 경우의 수는 $10\times6=60$(가지)입니다.

5 조합

학년이 바뀌면 반의 임원을 선출하는 것은 빠질 수 없는 행사입니다. 어떤 반에서 회장, 부회장을 선출하고, 선도부 반대표를 2명 뽑기로 했습니다.

우선, 회장, 부회장을 뽑기 위해 3명의 후보가 나왔습니다. 이때 선출되는 경우의 수는 몇 가지일까요? 이것은 앞에서 본 순열을 이용하면 쉽게 구할 수 있습니다. 3명의 후보 중 2명을 뽑아 회장, 부회장으로 나열하면 되므로 ${}_3P_2=3\times2=6$(가지)입니다.

이번에는 3명의 후보 중 2명의 선도부를 뽑는 경우를 생각해 봅시다. 회장, 부회장을 뽑는 경우와 다른 점은 다음과 같습니다. A, B, C 세 명 중 두 명 A, B를 뽑았다면

A : 회장, B : 부회장

B : 회장, A : 부회장

이 되는 경우가 서로 다른 경우인 것입니다. 그러나 A, B, C 세 명 중 두 명의 대표를 뽑는 경우는 (A, B)이든 (B, A)이든 순서에는 관계가 없으므로 서로 같은 경우라고 할 수 있습니다.

순서에 관계없이 두 명의 대표를 뽑는 방법의 수를 x라 하면, 두 명을 뽑아 그 두 명을 나열하는 $2!$을 곱한 값은 다음과 같습니다. 3명에서 2명을 뽑아 회장, 부회장으로 나열하는 방법 즉, ${}_3P_2$의 값과 같아지므로

$$x\times2!={}_3P_2 \qquad \therefore\ x=\frac{{}_3P_2}{2!}=\frac{3\times2}{2!}=3\text{(가지)}$$입니다.

이와 같이 서로 다른 n개에서 순서를 생각하지 않고 서로 다른 r개를 택하는 것을 '조합(Combination)'이라고 하고, 기호로 ${}_{n}\mathrm{C}_{r}$과 같이 나타냅니다. 조합의 수 ${}_{n}\mathrm{C}_{r}$을 구하는 방법을 일반화하면 다음과 같습니다.

$${}_{n}\mathrm{C}_{r}=\frac{{}_{n}\mathrm{P}_{r}}{r!}\ (\text{단, } n\geq r)$$

잠깐!

조합의 기타 공식

$${}_{n}\mathrm{C}_{r}=\frac{{}_{n}\mathrm{P}_{r}}{r!}=\frac{n!}{r!(n-r)!}$$

$${}_{n}\mathrm{C}_{0}={}_{n}\mathrm{C}_{n}=1$$

$${}_{n}\mathrm{C}_{r}={}_{n}\mathrm{C}_{n-r}$$

쿠키 접시

접시 위에 세 가지 종류의 초콜릿 쿠키, 오트밀 쿠키, 땅콩버터 쿠키가 각각 6개 이상 있다고 합시다. 이 접시에서 6개의 과자를 맘대로 선택할 때, 나올 수 있는 경우의 수는 모두 몇 가지일까요?

풀 이

과자 한 개를 담을 수 있는 접시 6개와 과자의 종류에 따라 구분을 지어주는 막대 2개가 있다고 합시다. 첫 번째 막대의 왼쪽에는 초콜릿 쿠키가 있고, 첫 번째 막대와 두 번째 막대 사이에는 오트밀 쿠키가 있으며, 두 번째 막대의 오른쪽에는 땅콩버터 쿠키가 놓입니다. 예를 들어 과자와 과자 사이의 7개의 자리에서 막대가 놓일 자리 2개를 선택하는 경우는 다음의 그림과 같습니다.

○|○|○○○○ ⇨ 초콜릿 쿠키 1개, 오트밀 쿠키 1개, 땅콩버터 쿠키 4개

○|○○○○○| ⇨ 초콜릿 쿠키 1개, 오트밀 쿠키 5개, 땅콩버터 쿠키 0개

|○○○○|○○ ⇨ 초콜릿 쿠키 0개, 오트밀 쿠키 4개, 땅콩버터 쿠키 2개

○○○||○○○ ⇨ 초콜릿 쿠키 3개, 오트밀 쿠키 0개, 땅콩버터 쿠키 3개

따라서, ${}_7C_2=21$(가지)입니다.

방석과 방석 사이에 놓인 홀수 개의 의자

똑같은 의자 20개가 일렬로 배열되어 있습니다. 여기에 구별되지 않는 똑같은 방석 8개를 올려놓으려고 할 때, 이웃하는 방석 사이에 홀수 개의 빈 의자가 있도록 하는 방법의 수는 몇 개일까요?(단, 한 개의 의자에는 한 개의 방석만 올려놓습니다.)

풀 이

우선, 20개의 의자에 1번부터 20번까지 번호를 붙입니다. 만약 방석 하나가 홀수 번호 의자에 놓였다면 홀수 개의 빈 의자를 지나 방석이 놓이게 되므로 이 의자의 번호도 홀수입니다. 마찬가지로 하나의 방석이 짝수 번호인 의자에 놓였다면 다음 방석이 놓인 의자의 번호도 짝수입니다. 즉, 8개의 방석은 모두 홀수 번호의 의자에 놓이거나 모두 짝수 번호의 의자에 놓여야 합니다.

따라서, 구하는 경우의 수는 10개의 홀수 번 의자 중 8개를 택하거나, 10개의 짝수 번 의자 중 8개를 택하는 경우의 수입니다.

$\therefore\ {}_{10}C_8+{}_{10}C_8={}_{10}C_2+{}_{10}C_2=90$(가지)

읽을거리

월드컵 속에 있는 경우의 수

월드컵 본선 진출을 위한 조 추첨은 본선 경기만큼이나 커다란 관심을 받게 됩니다. 어느 팀과 한 조가 되어 경기를 하느냐에 따라 본선 진출의 당락이 결정되기 때문입니다.

조 편성은 출전 32개국을 4개국씩 묶어서 A조에서 H조까지 8개의 조로 나누는 작업입니다. 그럼 32개국을 8개의 조로 나누는 방법의 수는 몇 가지나 되나 알아볼까요.

간단하게 조건을 만들어 생각해 봅시다. A, B, C, D 4개의 나라를 우선 1개국, 3개국의 2개의 조로 나눈다고 하면,

i) A, B, C, D에서 한 개의 나라를 뽑고,

ii) 나머지 3개에서 3개를 뽑으면 되므로

곱의 법칙에 의하여 ${}_4C_1 \times {}_3C_3 = 4 \times 1 = 4$(가지)의 방법이 있습니다.

A—BCD
B—ACD
C—ABD
D—ABC

이번에는 2개국으로 나누어 봅시다. 마찬가지로 ${}_4C_2 \times {}_2C_2$와 같이 계산을 하면 됩니다. 그런데 이 경우는 다음 그림과 같이 $2(2!)$개씩 같은 것이 생기므로 ${}_4C_2 \times {}_2C_2 \times \frac{1}{2!} = 3$(가지)입니다.

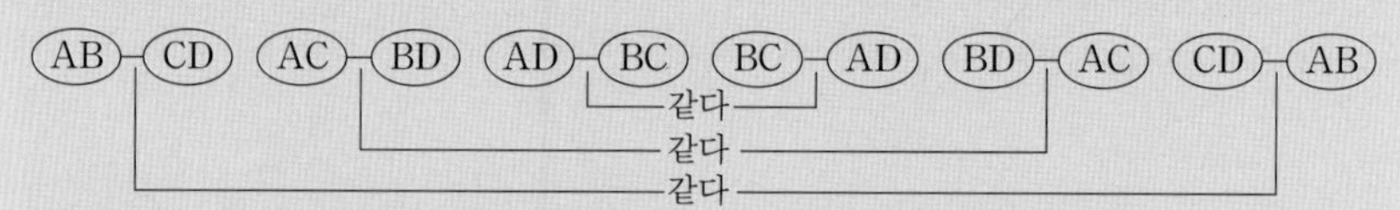

이와 같이 서로 다른 n개를 몇 개의 조로 나누는 것을 '분할'한다고 합니다. p개, q개, r개의 3개조로 분할하는 방법의 수는 다음과 같습니다.

$${}_nC_p \times {}_{n-p}C_q \times {}_{n-p-q}C_r \times \frac{1}{k!}$$

($p+q+r=n$ 이고, k는 p, q, r 중에서 같은 것의 개수)

월드컵 대회의 조 편성은 이렇게 조를 나눈 후, 조의 이름을 명명해야만 합니다. 이와 같이 분할을 한 후 조마다 구별을 지어주는 것을 '분배'라고 하며 이것은 나누어진 조를 나열하는 것과 같으므로 다음과 같이 계산합니다.

$${}_nC_p \times {}_{n-p}C_q \times {}_{n-p-q}C_r \times \frac{1}{k!} \times 3!$$

자! 이제 32개국의 나라는 A에서 H까지 4개국 씩 8개의 조로 나누는 방법을 계산해 봅시다.

$${}_{32}C_4 \times {}_{28}C_4 \times {}_{24}C_4 \times {}_{20}C_4 \times {}_{16}C_4 \times {}_{12}C_4 \times {}_8C_4 \times {}_4C_4 \times \frac{1}{8!} \times 8!$$

$= 35960 \times 20475 \times 10626 \times 4845 \times 1820 \times 495 \times 70 \times 1$(가지)

계산을 해보지 않아도 어마어마한 방법의 수임을 알 수 있습니다. 이 엄청난 경우의 수 중 단 하나의 경우가 월드컵에 참가하는 32개국의 운명을 좌우하는 것을 보면, 조 추첨이 세계의 주목을 받는 것은 당연한 일인지도 모릅니다.

야유회 계획

13명으로 구성된 어느 회사의 부서원들이 야유회를 떠나려고 A, B, C 세 대의 승용차를 준비하였습니다. 갑, 을, 병 세 사람이 운전을 할 수 있고, 나머지 10명은 세 대의 승용차에 나누어 타게 됩니다. 회사 부서원들이 승용차를 나누어 타는 모든 방법의 수를 구하세요.(단, 승용차 한 대에는 운전자를 빼고 5명 이상 탈 수 없으며, 승용차 안에서 자리를 바꾸어 앉는 것은 고려하지 않습니다.)

풀이

갑, 을, 병 세 사람이 운전할 승용차를 정하는 방법의 수는 $3!=6$(가지)입니다.

10명을 세 대의 승용차에 배정하는 방법은 (2, 4, 4), (3, 3, 4)의 두 가지 방법이 있으므로

$${}_{10}C_2 \times {}_8C_4 \times {}_4C_4 \times \frac{1}{2!} \times 3! = 9450(\text{가지})$$

$${}_{10}C_3 \times {}_7C_3 \times {}_4C_4 \times \frac{1}{2!} \times 3! = 12600(\text{가지})$$

따라서, $9450 \times 12600 \times 6 = 714420000$(가지)가 나옵니다.

더 알아보기

리그와 토너먼트

월드컵 축구 대회의 경기 방식은 두 가지로 이루어집니다. 참가하는 32개국 선수들은 우선 4개의 팀으로 구성된 8개의 조로 나눠지게 됩니다. 이때 경기 방식은 리그전입니다. 리그전은 경기에 참가한 모든 팀들이 서로 한 번씩 경기를 하여 우승을 가리는 경기 방식입니다. 조별 리그를 통하여 각 조의 1위와 2위의 국가만이 본선에 진출하게 됩니다. 이렇게 선발된 16개국이 토너먼트 방식으로 대결하게 되는 것이죠.

토너먼트 방식은 두 팀의 경기에서 이긴 팀만이 다음 단계의 경기에 진출하여 우승을 가리는 경기 방식입니다. 월드컵 경기에서 16강전, 8강전, 4강전이라는 말은 이 토너먼트 방식의 경기에서 살아남은 팀들의 수를 말합니다. 단, 4강전에서는 이긴 팀은 결승전에 진출하고, 진 팀은 3～4위전을 갖습니다.

그렇다면 월드컵 경기를 위해 몇 번의 경기를 치러야 하는지 한 번 계산해 봅시다.

4개의 팀이 하나의 조 내의 모든 팀과 한 번씩 경기를 치르는 경우, 경기의 수는 4개 팀에서 2개 팀을 선택하는 조합의 수 ${}_4C_2$와 같으므로 6가지입니다. 조의 수가 8개이므로 치르는 경기의 총 수는 $8 \times 6 = 48$(가지)이 됩니다.

이렇게 하여 각 조 1, 2위는 본선에 진출한 16개의 팀들과 토너먼트 경기방식을 통해 승부를 정합니다. 한 경기를 치를 때마다 한 팀씩 탈락하므로 16개 팀이 토너먼트로 경기를 해서 우승자가 나오려면 다음과 같습니다. 16강전에서 8번, 8강전에서 4번, 4강전에서 2번, 우승팀의 결승전과 진 팀의 3～4위전 즉, 2번의 경기까지 모두 $8+4+2+2=16$(번)의 경기를 하여야 합니다.

따라서, 월드컵 축구대회의 총 경기의 수는 $48+16=64$(번)의 경기를 치릅니다.

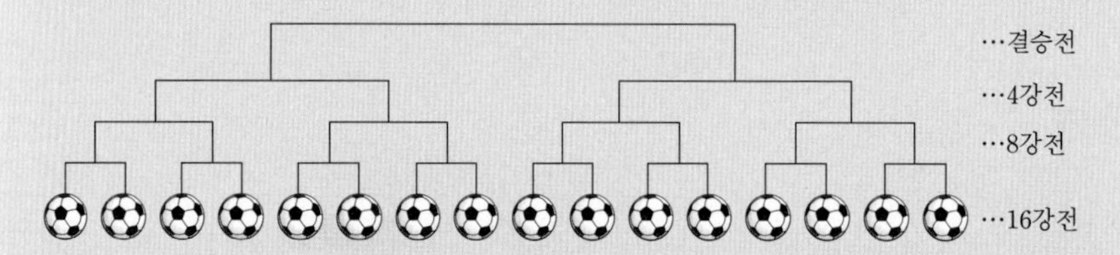

2002년 월드컵 축구 대회에서 한국 팀은 3～4위전에서 패해 아쉽게도 4등을 하였습니다. 그렇다면 한국팀이 4위에 진출하는데 치른 경기는 모두 몇 번일까요?

한국팀이 조별 리그에서 치른 경기의 수는 3번이고, 그 후 16강전, 8강전, 4강전에서 각각 한 번씩, 마지막으로 3～4위전까지 모두 $3+1+1+1+1=10$(번)의 경기를 치렀습니다.

월드컵 우승을 차지하기 위한 각국 선수들의 노력은 참 대단한 것 같습니다. 월드컵을 손에 들고 감격의 눈물과 환희의 포옹을 하는 선수들의 기쁨의 순간은 결코 그냥 생기는 일이 아닌 것이지요.

토너먼트 방식

문제 난이도 그래프
논리력 ■■■■
사고력 ■■■■■
창의력 ■■■

4명의 선수가 토너먼트 방식으로 경기를 치른다고 한다면, 그 경기 방법의 수는 3가지입니다. 다음 물음에 각각 답하세요.

(1) 8명의 선수가 벌이는 경우의 수를 구하세요.

(2) 2^n명의 선수가 벌이는 경우의 수를 구하는 방법을 설명하여 보세요.

(3) 2^n-1명의 선수가 벌이는 경우의 수를 구하는 방법을 설명하여 보세요.

[2004학년도 홍익대학교 수시 2학기]

풀이

(1) 8명의 선수가 토너먼트 방식으로 경기를 벌이는 경우의 대진표는 오른쪽과 같습니다. 따라서 8명을 4명씩 두 조로 나누고, 각 조의 4명을 다시 2명씩 두 조로 나누는 방법의 수를 구하면 됩니다.

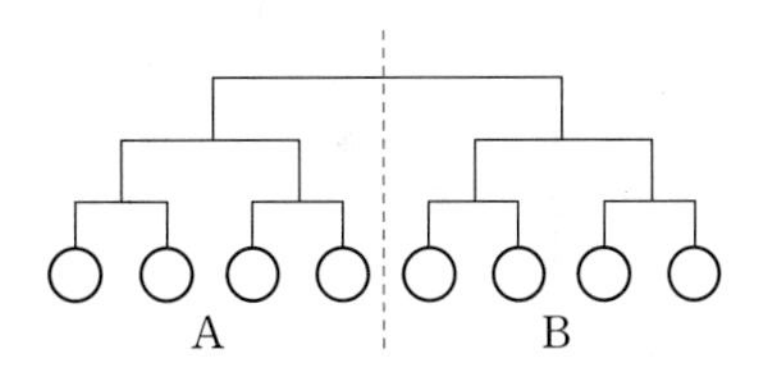

8명을 4명씩 두 조로 나누는 방법의 수는 ${}_8C_4\times\frac{1}{2}=35$(가지)이고, 4명을 2명씩 두 조로 나누는 방법의 수는 ${}_4C_2\times\frac{1}{2}=3$(가지)입니다. 그런데 A와 B와 같은 모양의 대진표를 짜야 하므로 구하는 경우의 수는 $35\times3\times3=315$(가지)입니다.

(2) 2^n명의 선수가 토너먼트 방식으로 경기를 벌이는 경우의 수를 $f(n)$이라 합시다. 2^{n+1}명의 선수가 토너먼트 방식으로 경기를 벌이는 경우의 수 $f(n+1)$는 2^n명씩 두 조로 나누는 방법의 수 $\frac{1}{2}\times{}_{2^{n+1}}C_{2^n}$에 $f(n)$의 제곱을 곱하면 됩니다. 즉,

$$f(n+1)=\frac{1}{2}\times {}_{2^{n+1}}\mathrm{C}_{2^n}\times\{f(n)\}^2$$ 입니다.

(3) 2^n-1명의 선수 외에 실제 존재하지 않는 선수 1명(유령선수 X라 가정)을 추가하면 전체가 2^n명의 선수가 됩니다. 이렇게 2^n명의 선수로 대진표를 짜면 반드시 어느 한 선수는 유령선수 X와 첫 게임을 치르게 되는데, 그 선수를 첫 게임에 부전승으로 처리하면 그 이후부터는 (2)와 경우의 수가 같아집니다.

따라서 2^n-1명의 선수가 토너먼트 방식으로 경기를 벌이는 경우의 수는 2^n명의 선수가 토너먼트 대회를 벌이는 경우의 수와 항상 같습니다.

자동판매기 속의 경우의 수

문제 난이도 그래프
논리력 ■■■■
사고력 ■■■■■
창의력 ■■■

50원짜리와 100원짜리 동전을 이용하는 커피 자동판매기가 있습니다. 이 커피 자동판매기 이용자 중에 50원짜리 동전과 100원짜리 동전이 충분히 있다고 가정할 때, 다음 물음에 답하세요.

[2003학년도 중앙대학교 수시1학기(인문계)]

(1) 200원짜리 보통 커피를 마시기 위해 동전을 투입하는 방법은 (50원 · 50원 · 50원 · 50원), (50원 · 50원 · 100원), (50원 · 100원 · 50원), (100원 · 50원 · 50원), (100원 · 100원) 이렇게 다섯 가지가 있습니다. 그렇다면 500원짜리 고급 커피를 먹기 위해 500원을 자판기에 투입하는 방법은 모두 몇 가지일까요?

(2) 어떤 금액을 만드는데 사용되는 50원짜리 동전의 최대수를 n이라 하고 그 금액을 만드는 방법의 수를 $f(n)$으로 표현합시다. 예를 들어 200원을 만드는데 사용될 수 있는 50원짜리 동전의 최대수는 4이므로 $n=4$이고, 200원을 만드는 방법의 수는 다섯 가지이므로 $f(4)=5$입니다. $f(0)$를 1로 정의했을 때 $f(n+2)$, $f(n+1)$, $f(n)$ $(n=0,\ 1,\ \cdots)$ 사이의 관계를 구하세요.

(3) 어떤 금액을 만드는 데 사용되는 50원짜리 동전의 최대수 n이 결정되면 그 금액을 만드는 방법의 수 $f(n)$이 계산될 수 있도록 일반식을 유도해 보세요.

(1) 50원 짜리 동전과 100원 짜리 동전으로 500원을 만드는 방법에 대한 경우의 수는 다음과 같습니다.

(1, 1, 1, 1, 1, 1, 1, 1, 1, 1) : 1가지

(1, 1, 1, 1, 1, 1, 1, 1, 2) : ${}_9C_1=9$가지

(1, 1, 1, 1, 1, 1, 2, 2) : ${}_8C_2=28$가지

(1, 1, 1, 1, 2, 2, 2) : ${}_7C_3=35$가지

(1, 1, 2, 2, 2, 2) : ${}_6C_4=15$가지

(2, 2, 2, 2, 2) : 1가지

경우의 수 총합은 89가지입니다.

(2) 50원 짜리 동전을 1, 100원 짜리 동전을 2라고 하고, n에 대응되는 $f(n)$을 나열해 봅시다.

n	1	2	3	4	5	
최대 금액	50원	100원	150원	200원	250원	…
방법의 예	(1)	(1, 1) (2)	(1, 1, 1) (1, 2) (2, 1)	(1, 1, 1, 1) (1, 1, 2) (1, 2, 1) (2, 1, 1) (2, 2)	(1, 1, 1, 1, 1) (1, 1, 1, 2) (1, 1, 2, 1) (1, 2, 1, 1) (2, 1, 1, 1) (1, 2, 2) (2, 2, 1) (2,1,2)	…
$f(n)$	1가지	2가지	3가지	5가지	8가지	…

이런 방법으로 전개를 해 나가면 방법 수가 피보나치 수열을 형성하는 것을 알 수 있습니다. 즉, n에 대응되는 $f(n)$을 나열해 가면서 $f(n+2)=f(n+1)+f(n)$

$(n \geqq 0)$의 관계를 확인할 수 있습니다.

(3) (2)에서 얻은 $f(n+2)=f(n+1)+f(n)(n \geqq 0)$로부터 이 식을 다음과 같이 변형합니다.

$$f(n+2)-af(n+1)=b[f(n+1)-af(n)] \cdots\cdots\cdots ①$$

(2)에서 얻은 식과 ①이 같은 식이므로 $a+b=1$, $ab=-1$임을 알 수 있고 이차방정식의 근과 계수와의 관계를 이용하면 a, b는 $x^2-x-1=0$의 근입니다. 따라서 이들 값은 $\frac{1\pm\sqrt{5}}{2}$가 됩니다.

여기서 $g(n)=f(n+1)-af(n)$이라고 하면 $g(n+1)=bg(n)$이므로 이는 공비가 b인 등비수열이 됩니다. 초항 $g(0)=f(1)-af(0)=1-a=b$이므로 수열을 구하면 다음의 식을 얻을 수 있습니다.

$$g(n)=f(n+1)-af(n)=b^{n+1}(n \geqq 0) \cdots\cdots\cdots ②$$

여기서 a의 역할과 b의 역할이 서로 바뀔 수 있으므로 다음 식도 얻어낼 수 있습니다.

$$g(n)=f(n+1)-bf(n)=a^{n+1}(n \geqq 0) \cdots\cdots\cdots ③$$

②－③을 하면

$$(b-a)f(n)=b^{n+1}-a^{n+1} \Rightarrow f(n)=\frac{b^{n+1}-a^{n+1}}{b-a} \cdots\cdots\cdots ④$$

④는 a와 b가 $\frac{1\pm\sqrt{5}}{2}$의 어떤 값을 갖더라도 항상 다음과 같습니다.

$$f(n)=\frac{\left(\frac{1+\sqrt{5}}{2}\right)^{n+1}-\left(\frac{1-\sqrt{5}}{2}\right)^{n+1}}{\sqrt{5}} \quad (n \geqq 0)$$

6 확률을 알면 세상이 보인다

2006년 우리나라에서 도박에 대한 엄청난 사건이 일어났습니다. 일명 '바다 이야기'라는 도박이었습니다. 바다 이야기는 슬롯머신처럼 돌아가는 그림을 맞추어 점수를 얻는 릴게임(reel game) 기계를 사용합니다. 이 기계는 교묘한 확률적 당첨 금액의 기대값을 이용한 기계입니다. '바다 이야기'는 100원을 넣으면 최고 250만원(2만 5000배)까지 당첨되도록 기계를 만들었으며, 점수를 누적하여 그에 따르는 상품권을 연속으로 나오게 하였습니다.

지폐를 투입기에 넣고 버튼을 누르면 각종 바다 생물 그림이 회전하다가 4개가 일직선상에 놓이면 점수를 얻게 됩니다. 이때, 누적되는 점수가 5000점 이상이면 5000단위로 5000원짜리 상품권을 받는 원리입니다. 또한 승률을 95～105%로 알려 사람들에게 심리적으로 "조금만 더 하면 고액이 나온다"라고 유발시켰습니다. 사실상 바다 이야기 평균 승률은 95%였습니다. 결국 사람들이 기계에 10만원을 넣으면 평균적으로는 5000원을 잃도록 만든 것이지요.

비록 '바다 이야기'는 사기성 도박이지만 모든 도박은 확률 예측이 가능합니다. 이길 확률을 높이기 위해서 조직적인 분석을 통해 효과적인 전략을 세울 수도 있습니다.

이러한 분석에 가장 중요한 지식이 확률과 통계입니다. 사실 도박과 승률, 이익 금액에 따른 기대값은 수많은 수학자들의 연구 대상입니다.

게임을 위한 확률은 1494년 파치올리의 『산술 집성(summa de arithmetica)』라는 책에서 시작되었습니다. 이 책은 게임이 중단되었을 때 생기는 상금의 분배문제를 시발점으로 하고 있습니다.

이 후 1654년에 메레경의 부탁으로 파스칼은 주사위 문제와 분배의 문제를 페르마와 함께 해결했습니다. 바로 우연의 게임을 수학화하는 것에 성공한 것이죠. 이는 확률에 관한 수학적 이론을 세우는 데 결정적인 계기가 됩니다. 이 두 사람의 확률에 대한 연구는 세상의 큰 관심을 불러 일으켰습니다. 그 이후 확률에 대한 불충분한 정의로부터 생긴 여러 가지 문제점들이 1700년을 지나면서 연구되고 발전되기 시작했습니다. 이에 1655년에 호이겐스가 파스칼의 아이디어를 통해 확률에 관한 논문을 작성하였고, 베르누이가 확률론에 대한 책을 만들었습니다. 또한 드므와브르와 오일러, 라플라스, 가우스 등 위대한 수학자들이 확률론에 관한 연구에 박차를 가했습니다. 그러다가 20세기에 이르러 여러 수학자들의 협력과 노력 끝에 1930년대에 콜모고로프가 『확률론의 기초』에서 공리적 확률을 정의하면서 확률론의 틀을 완성시키게 됩니다.

"인생은 도박이다"라는 말처럼 우리의 삶은 도박처럼 흘러갈지도 모릅니다. 그렇다면 나의 인생을 내가 이끌어가기 위해 확률은 꼭 필요한 학문이기도 합니다. 여러분도 지금부터 확률을 알고 승률이 높은 삶을 구상해 봅시다.

나와 생일이 같은 사람은?

오늘은 메코의 생일입니다. 메코는 테이를 비롯한 같은 학원에 다니는 반 친구들을 생일파티에 초대했습니다. 그리고 메코는 자신과 생일이 같은 다른 반 친구의 축하전화를 받았습니다. 이 학원은 3개의 반에 각각 6명, 7명, 8명의 학생들이 있습니다. 이들 중에서 메코와 같은 날이 생일인 친구가 한 명이라도 있을 확률은 얼마일까요?

먼저 각 반의 학생들의 수를 보면 $6+7+8=21$명이고 이 중에서 오늘이 생일인 메코를 제외하면 20명이 됩니다. 1년 365일 중에서 메코의 생일은 하루입니다. 이때, 메코의 생일과 2명의 생일이 같아도 되고, 3명이 생일이 같아도 되고, 4명 또는 5명이 생일이 같아도 되므로 경우의 수가 너무 많아집니다. 따라서 여사건인 메코를 포함한 21명의 생일이 모두 다를 경우를 생각하면 됩니다. 즉, 365일 중에서 21명이 서로 다른 날에 생일일 확률은

$$\frac{365}{365}\times\frac{364}{365}\times\frac{363}{365}\times\frac{362}{365}\times\cdots\times\frac{345}{365}\fallingdotseq 0.556$$

이므로 적어도 한 명이 메코와 같은 날 생일일 확률은 $1-0.556=0.444$로 약 44.4%입니다.

7 수학적 확률

주사위는 숫자와 게임을 동시에 즐길 수 있는 도구 중 하나입니다. 메코와 테이는 두 개의 주사위를 던져서 음료수를 사기로 했습니다. 주사위를 던졌을 때, 두 수의 합이 10보다 큰 수가 먼저 나오면 됩니다. 과연 두 사람이 이 게임에서 서로 음료수를 사게 될 확률은 얼마나 될까요?

먼저 메코와 테이가 두 개의 주사위를 던질 때 나오게 될 모든 가능성을 생각하면 됩니다. 어떤 경우들이 일어날 수 있을까요?

각각의 주사위를 A와 B라고 한다면 나오는 숫자의 경우는

$$S=\{(1, 1), (1, 2), (1, 3), (1, 4), (1, 5), (1, 6), (2, 1), (2, 2), (2, 3), (2, 4), (2, 5), (2, 6), (3, 1), (3, 2), (3, 3), (3, 4), (3, 5), (3, 6), (4, 1), (4, 2), (4, 3), (4, 4), (4, 5), (4, 6), (5, 1), (5, 2), (5, 3), (5, 4), (5, 5), (5, 6), (6, 1), (6, 2), (6, 3), (6, 4), (6, 5), (6, 6)\}$$

와 같은 순서쌍들의 모임이 됩니다. 이렇게 모든 가능한 실현 결과의 집합을 '표본공간(sample space)'라고 하고 S로 표현합니다. 이 중에서 두 수의 합이 10보다 큰 경우들을 모두 모은 순서쌍들의 모임을 A라고 하면

$$A=\{(5, 6), (6, 5), (6, 6)\}$$

입니다. 이렇게 가능한 모든 모임인 표본공간 S의 부분집합을 '사건(event)', 또는

'사상' 이라고 합니다.

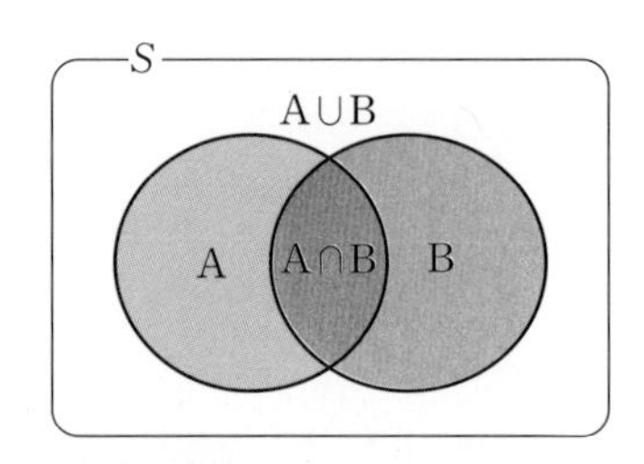

그리고 집합 $A \cup B$, $A \cap B$, A^c를 각각 'A, B의 합사건, 곱사건, 여사건' 이라고 하며, 두 사건 A, B가 $A \cap B = \phi$이면 A, B는 서로 배반인 사건 즉, '배반사건(disjoint event)' 이라고 합니다.

이때 어떤 사건이 일어날 가능성이 같은 정도로 기대되어질 때가 있습니다. 수학자 라플라스(Laplace)는 이를 수치적 척도로서 고정하여 가정했습니다. 사건 A가 일어날 확률 P(A)를 고전적 또는 수학적 확률로 정하여 다음과 같이 정의했던 것입니다.

$$P(A) = \frac{\text{사상 } A\text{에 속하는 원소의 개수}}{\text{표본공간의 전체 원소의 개수}}$$

확률은 단지 숫자에만 국한된 것이 아닙니다. 예를 들어 오른쪽 그림과 같이 세 부분으로 나뉜 지역이 있다고 합시다. 그리고 세 지역을 합한 영역이 1000km^2라고 할 때, A지역은 500km^2, B지역은 400km^2, C지역은 100km^2입니다. 만약 메코, 테이, 준이가 각각 아버지로부터 A, B, C 지역을 재산으로 물려받았다면 각자 몇 %를 받았을지 생각해 봅시다.

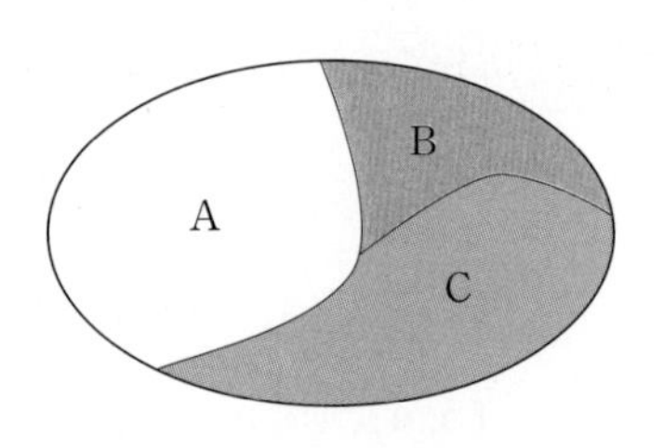

당연히 각각의 확률은 전체 영역에 대한 부분이므로 이를 고려하여 확률을 구하면 메코는 $\frac{500}{1000} = 0.5$, 테이는 $\frac{400}{1000} = 0.4$, 준이는 $\frac{100}{1000} = 0.1$로 50%, 40%, 10%의 영역을 받게 되었다고 할 수 있습니다.

이는 영역의 크기에 대한 값을 수(數)로 사용한 확률이며 이를 기하학적 확률이라 합니다.

잠깐!

기하학적 확률

표본공간 영역 S에 대한 임의의 사건 영역 A에 대하여 기하학적 확률은

$$P(A)=\frac{\text{A가 일어나는 영역의 크기}}{\text{일어날 수 있는 전 영역의 크기}}$$

라고 정의합니다. 단, 일어날 수 있는 전 영역의 크기는 표본공간 영역 S를 말합니다.

다트 게임은 기하학적 확률에 포함됩니다. 원형의 다트 판에는 일정한 전체 영역이 있고, 다트 판 중앙으로 갈수록 배점이 높은 영역이 정해집니다. 그래서 정해진 거리에서 다트 핀을 던져 중앙에 맞을수록 높은 점수를 얻게 되어 승리하게 됩니다.

이때, 정 중앙에 해당되는 고득점 영역이 전체 영역에 대해 몇 %의 확률을 갖는지에 따라 승률도 변하게 되지요. 즉, 만점에 해당되는 영역이 클수록 고득점을 받을 확률이 커져서 득점율이 높아지게 됩니다.

윷놀이

윷놀이는 명절 때마다 가족들이 한 자리에 모여 즐기는 우리나라의 전통 놀이입니다. 이 놀이는 납작한 면과 둥근 면으로 나뉘는 둘 또는 세 팀으로 편을 갈라 네 개의 윷가락을 순서대로 던지는 게임입니다. 각각의 윷을 던져 도, 개, 걸, 윷, 모, 뒷 도가 나오면 자신의 팀의 말들을 한 칸, 두 칸, 세 칸, 네 칸, 다섯 칸, 뒤로 한 칸씩 움직이게 됩니다. 먼저 모든 말들이 골에 다 들어오는 팀이 이기는 재미있는 게임이지요.

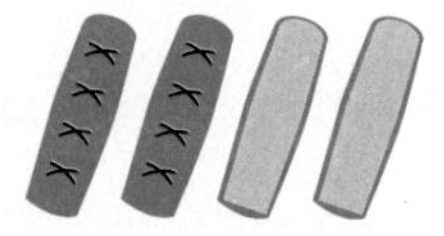

자신의 팀이 유리하도록 하려면 한 번 던졌을 때, 도, 개, 걸, 윷, 모 중 어느 것이 나올 확률이 더 많은지에 따라 작전을 세울 수도 있을 것입니다. 과연 각각의 확률은 얼마일까요?

풀이

네 개의 윷가락은 각각 독립적이며 한 개의 윷가락이 던져질 때, 납작한 면과 둥근 면이 나올 확률은 각각 $\frac{1}{2}$이라는 것은 쉽게 알 수 있습니다. 그리고 던져지는 4개의 윷가락 중에서 윷가락 r개의 납작한 면이 위로 나올 확률 $P(r)$은 다음과 같이 생각할 수 있습니다.

$$P(r) = {}_4C_r\left(\frac{1}{2}\right)^4$$

따라서 다음과 같은 각 경우에 따른 확률이 나옵니다.

도		$P(1)={}_4C_1\left(\frac{1}{2}\right)^4=4\times\frac{1}{16}=\frac{1}{4}$
개	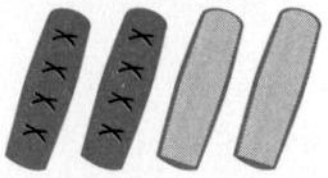	$P(2)={}_4C_2\left(\frac{1}{2}\right)^4=6\times\frac{1}{16}=\frac{3}{8}$
걸	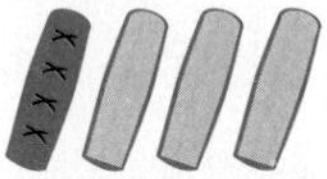	$P(3)={}_4C_3\left(\frac{1}{2}\right)^4=4\times\frac{1}{16}=\frac{1}{4}$
윷	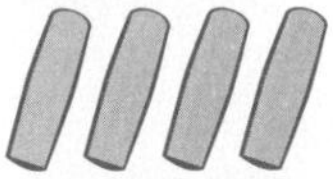	$P(4)={}_4C_4\left(\frac{1}{2}\right)^4=\frac{1}{16}$
모	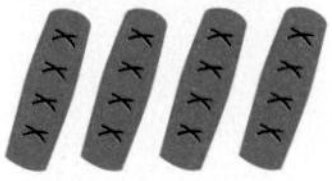	$P(0)={}_4C_0\left(\frac{1}{2}\right)^4=\frac{1}{16}$

두 점이 만날 확률

xy좌표축 위의 두 점 A와 B는 각각 동시에 한 칸씩 움직일 수 있습니다. 점 A는 $(0,\ 0)$에서 출발하여 한 번에 한 칸씩 오른쪽 또는 위쪽으로 움직입니다. 점 B는 $(5,\ 7)$에서 출발하여 한 번에 한 칸씩 왼쪽 또는 아래쪽으로 움직입니다. 좌표축 위에서 두 점이 만날 확률은 얼마일까요?

풀 이

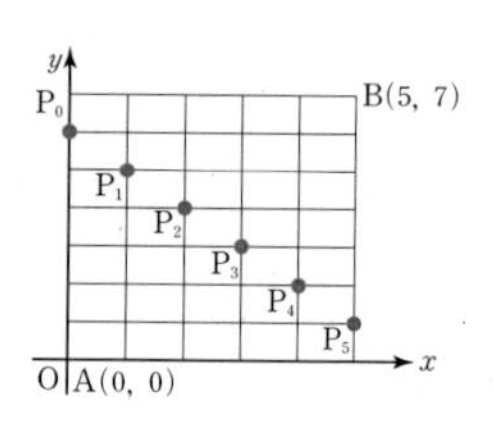

$(0,\ 0)$에서 $(5,\ 7)$까지 움직이는데 총 12칸이 필요하므로 각각의 점은 6칸씩 움직이면 됩니다. 따라서 총 경우의 수는 두 점 A, B가 각각 오른쪽으로 이동하는 칸, 위로 이동하는 칸 두 가지 중 6개를 선택하는 경우 $2^6 \times 2^6 = 2^{12}$ 입니다.

이때, 두 점은 $P_0=(0,\ 6)$, $P_1=(1,\ 5)$, $P_2=(2,\ 4)$ $P_3=(3,\ 3)$, $P_4=(4,\ 2)$, $P_5=(5,\ 1)$의 여섯 점에서 만날 수 있습니다.

i) A $\rightarrow$ P_0 $\leftarrow$ B의 경우의 수 : $\dfrac{6!}{0!6!} \times \dfrac{6!}{1!5!} = 6$

ii) A $\rightarrow$ P_1 $\leftarrow$ B의 경우의 수 : $\dfrac{6!}{1!5!} \times \dfrac{6!}{2!4!} = 6 \times 15 = 90$

iii) A $\rightarrow$ P_2 $\leftarrow$ B의 경우의 수 : $\dfrac{6!}{2!4!} \times \dfrac{6!}{3!3!} = 15 \times 20 = 300$

iv) A $\rightarrow$ P_3 $\leftarrow$ B의 경우의 수 : $\dfrac{6!}{3!3!} \times \dfrac{6!}{4!2!} = 20 \times 15 = 300$

v) A $\rightarrow$ P_4 $\leftarrow$ B의 경우의 수 : $\dfrac{6!}{4!2!} \times \dfrac{6!}{5!1!} = 15 \times 6 = 90$

vi) A $\rightarrow$ P_5 $\leftarrow$ B의 경우의 수 : $\dfrac{6!}{5!1!} \times \dfrac{6!}{6!0!} = 6$

따라서, 구하고자 하는 확률은 $\dfrac{6+90+300+300+90+6}{2^{12}} = \dfrac{99}{512}$ 입니다.

문제 난이도 그래프
논리력 ■■
사고력 ■■■
창의력 ■■

잘려진 두 끈

길이가 1m인 끈을 임의의 위치에서 잘라 두 개의 끈으로 만들려고 합니다. 잘려진 한 끈의 길이와 다른 끈의 길이를 비교하여 그 끈이 적어도 4배 이상의 길이를 가질 확률을 구하세요.

[2005년 성균관대 기출 문제]

풀이

길이가 1m인 끈의 양끝을 O, A라 하고 선분 OA 위의 점 P에서 잘라 두 개의 끈으로 만든다고 합시다. 이때,

점 P의 좌표를 x라 하면, 잘려진 한 끈의 길이가 다른 끈과 비교하여 적어도 4배 이상의 길이를 가지는 경우는 다음과 같습니다.

$x \geqq 4(1-x)$ 혹은 $4x \leqq 1-x$

각각을 풀면 $x \geqq \frac{4}{5}$ 혹은 $x \leqq \frac{1}{5}$입니다.

따라서 구하는 확률은 기하학적 확률로 계산하여 $\frac{2}{5}$가 됩니다.

A+B=C를 만족하는 임의의 수

문제 난이도 그래프

논리력 ■■
사고력 ■■■
창의력 ■■

0과 1 사이에서 임의의 수 a, b를 무작위로 선택합니다. 이때, a와 b의 합은 c이고, a, b, c에 가장 가까운 정수를 각각 A, B, C라 하면, A+B=C가 성립할 확률은 얼마일까요?

풀 이

i) $0<a<\frac{1}{2}$, $0<b<\frac{1}{2}$ 일 때, $0<a+b<1$ 이므로

① $0<a+b<\frac{1}{2}$ 이면 $\mathrm{A}=0$, $\mathrm{B}=0$, $\mathrm{C}=0$ $\therefore$ $\mathrm{A}+\mathrm{B}=\mathrm{C}=0$

② $\frac{1}{2}<a+b<1$ 이면 $\mathrm{A}=0$, $\mathrm{B}=0$, $\mathrm{C}=1$ $\therefore$ $\mathrm{A}+\mathrm{B}\neq\mathrm{C}$

ii) $\frac{1}{2}\leqq a<1$, $0<b<\frac{1}{2}$ 일 때, $\mathrm{A}=1$, $\mathrm{B}=0$, $\mathrm{C}=1$ $\therefore$ $\mathrm{A}+\mathrm{B}=\mathrm{C}=1$

iii) $0<a<\frac{1}{2}$, $\frac{1}{2}\leqq b<1$ 일 때, $\mathrm{A}=0$, $\mathrm{B}=1$, $\mathrm{C}=1$ $\therefore$ $\mathrm{A}+\mathrm{B}=\mathrm{C}=1$

iv) $\frac{1}{2}\leqq a<1$, $\frac{1}{2}\leqq b<1$ 일 때, $1\leqq a+b<2$ 이므로

① $1<a+b<\frac{2}{3}$ 이면 $\mathrm{A}=1$, $\mathrm{B}=1$, $\mathrm{C}=1$ $\therefore$ $\mathrm{A}+\mathrm{B}\neq\mathrm{C}$

② $\frac{2}{3}\leqq a+b<2$ 이면 $\mathrm{A}=1$, $\mathrm{B}=1$, $\mathrm{C}=2$ $\therefore$ $\mathrm{A}+\mathrm{B}=\mathrm{C}=2$

A+B=C를 만족하는 영역은 그림의 색칠된 부분이며 이 영역들의 합은 $\frac{3}{4}$이고, 전체 영역의 면적이 1입니다. 따라서 구하고자 하는 확률은 $\frac{3}{4}$ 입니다.

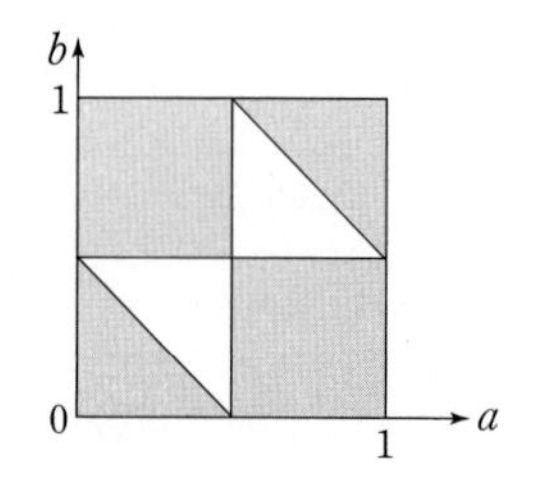

상금의 공평한 분배

문제 난이도 그래프
논리력 ■■■
사고력 ■■■■
창의력 ■■■

철수와 영희는 민속 씨름경기 결승전을 보러 갔습니다. 결승전에 오른 두 선수의 상대방에 대한 승률은 동일합니다. 철수는 A선수에게, 영희는 B선수에게 각각 10000원의 돈을 걸고 내기를 하였습니다.

결승전은 5전 3선승제로 승자가 결정됩니다. 그런데 현재 A선수가 2승 1패를 한 상황에서 불가피한 사정으로 더 이상 경기를 진행할 수 없게 되었습니다. 이 경우 지금까지의 경기 결과를 고려하여, 두 사람이 낸 돈 20000원을 얼마씩 나누어 가지면 공평할까요? 또한 그 이유를 설명하세요.

[2005년 동국대, 숙명여대 기출 문제]

이 문제는 파스칼이 연구했던 문제를 각색한 것으로 확률과 조건부 확률 등의 이해도를 평가하는 문제입니다. 경우의 수에 대한 이해도, 조건부 확률에 대한 이해도, 수학적으로 문제를 검토하고 논리적으로 표현하는 정도를 중심적으로 평가합니다.

먼저 A선수가 2승 1패한 현재 상황에서 A와 B선수 각각 승리할 확률을 계산합시다. 그 확률에 따라 상금을 나누어 갖는 것이 공평하다고 할 수 있습니다.

각 선수가 승리할 확률은 다음과 같습니다. 만약 4번째 판을 할 경우 $\frac{1}{2}$의 확률로 A가 승리하게 될 것이고, 이 경우에 경기는 끝납니다. 그러나 $\frac{1}{2}$의 확률로 B가 승리할 수도 있습니다. 이 경우에는 2승 2패가 되어 마지막 5번째 판을 하게 되고, 각 선수가 승리할 확률은 $\frac{1}{4}$로 동일합니다.

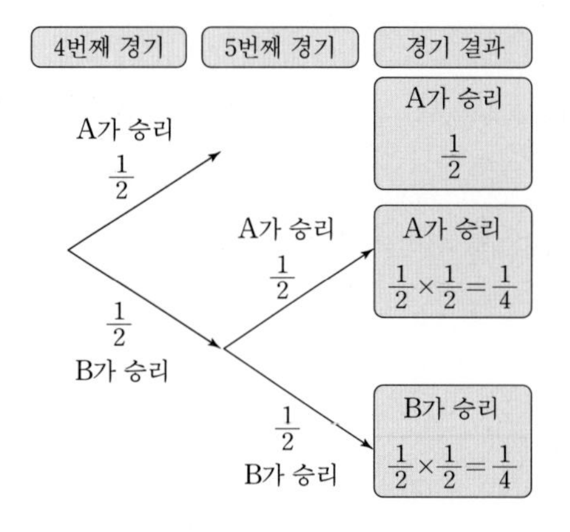

결과적으로 A가 승리할 확률은 $\frac{1}{2}+\frac{1}{4}=\frac{3}{4}$, B가 승리할 확률은 $\frac{1}{4}$ 입니다.

따라서, 철수와 영희는 낸 돈 20000원을 각각 $\frac{3}{4}$과 $\frac{1}{4}$의 비율, 즉 철수는 15000원, 영희는 5000원씩 나누어 가지면 공평하다고 할 수 있습니다.

읽을거리

로또복권은 인생 역전을 위한 필요조건?

2002년 12월, 우리나라에서도 일명 온라인 연합 복권이라고도 하는 로또(LOTTO)복권이 국민은행 주최로 시작되었습니다. 제 1회에는 당첨자가 없었지만 2회에 20억짜리 당첨자가 나타나기 시작하여 100억 이상의 당첨금을 받는 사람들도 생겨났습니다. 그러자 인생 역전을 외치며 너도나도 로또복권을 구입했지요.

로또복권은 복권 구매자가 직접 1부터 45까지의 숫자 중에서 6개를 골라 컴퓨터에 입력하게 됩니다. 그리고 매주 1회씩 6개의 숫자를 무작위로 추첨합니다. 복권 구매자가 미리 입력한 숫자 6개와 추첨한 숫자 6개가 모두 맞으면 1등에 당첨되는 원리이죠. 이 복권은 1등에 당첨된 사람이 여러 명일 때에는 당첨된 사람 수대로 똑같이 당첨금을 나누어 주고, 1등 당첨자가 없을 경우는 당첨금이 다음 회로 넘어가게 됩니다. 그래서 당첨 금액은 수십억 원에서부터 수백억 원에 달하게 되는 것입니다. 만약 몇 차례 당첨자가 없어 당첨금이 이월되면 당첨금의 규모는 수백억 원에서 수천억 원까지 올라갈 수도 있어 '꿈의 복권' 또는 '황제 복권'이라고도 칭합니다.

과연 로또복권이 정말 당신의 인생을 역전시켜 줄까요? 로또복권의 1등에 당첨될 확률은 얼마나 될지 계산해봅시다.

먼저 1, 2, 3, 4 네 개의 숫자에서 3개를 고르는 경우의 수를 살펴보면 {1, 2, 3}, {1, 2, 4}, {1, 3, 4}, {2, 3, 4}와 같이 네 가지 있습니다. 이를 수학적으로 계산해보면

$${}_4C_3=\frac{4\times3\times2}{3\times2\times1}=4$$가 됩니다.

마찬가지 방법으로 45개 숫자에서 순서에 상관없이 6개를 뽑는 경우의 수는

$${}_{45}C_6=\frac{45\times44\times43\times42\times41\times40}{6\times5\times4\times3\times2\times1}=8145060$$ 입니다.

이중에서 1등에 해당하는 경우는 단 한 가지밖에 없으므로 로또복권의 1등 당첨 확률은

$$\frac{1}{8145060}\fallingdotseq 0.000000123$$ 입니다.

1년을 약 53주로 생각한다면 매주 1장씩 15만 3680년(8145060÷53)동안 로또복권을 사야한다는 결과가 나옵니다. 이는 당첨될 확률이 매우 희박하다는 것을 의미하며 평생을 투자해도 로또복권 1등 당첨이 힘들다는 것을 말합니다.

그러나 사람들은 계속해서 로또복권을 구매하고 당첨의 꿈을 꿉니다. 그 이유를 2002년 노벨 경제학상을 수상한 미국 프린스턴 대학교의 카너먼 교수는 이렇게 말했습니다. 사람들은 복권의 당첨확률이 낮은 것을 알면서도 혹시 자기가 당첨될 수도 있다는 기대심리로 괜한 희망을 가지고 계속해서 구매한다는 것이죠.

공동 1등의 당첨금

문제 난이도 그래프
논리력 ■■■■
사고력 ■■■■
창의력 ■■■

한 장에 2000원씩 판매되고 있는 로또복권은 복권 번호가 미리 지정되어 있지 않으며, 구입할 때 구입자가 임의로 정할 수 있습니다. 구입자는 1부터 45까지의 숫자 중에서 서로 다른 6개를 선택할 수 있으며 복권번호는 작은 수부터 열거해 놓습니다. 복권판매가 마감된 후 추첨에 의해 복권 번호가 하나 결정되면 그 번호가 일등 당첨 번호가 됩니다.

구입자가 선택한 6개의 숫자들과 추첨에 의해 나온 6개의 숫자들을 비교할 때, 숫자 중에 3개가 같으면 5등이 됩니다. 그리고 5등 당첨금액을 제외한 나머지 당첨금액의 60%가 1등 당첨금액으로 결정됩니다. 또한 1등이 여러 명 나오게 되면 금액을 균등 분배합니다. 그렇다면 이때, 1등 한 사람의 평균 당첨금액을 구하세요.

(단, $41\times42\times43\times11=814506$, $37\times38\times13=18278$)

n장이 팔리고 마감되었다고 합시다. 그러면 총 판매금액은 $A=n\times2000$원이 되고, 총 당첨금액은 $B=A\div2=n\times1000$원이라 볼 수 있습니다.

이때, 45개의 숫자들 중에서 6가지의 숫자들을 선택하는 경우를 a라고 하면

$$a={}_{45}C_6=41\times42\times43\times110=8145060$$

입니다. 당첨되어야 할 3가지 숫자와 다른 2가지 숫자가 적힌 5등의 복권 번호가 될 경우의 수를 b라고 하면 다음과 같은 식을 구할 수 있습니다.

$$b={}_6C_3\cdot{}_{39}C_3=37\times38\times130=182780$$

그리고 복권 한 장이 1등으로 당첨될 확률을 $\frac{1}{a}$이라 하면

$$\frac{1}{a}=\frac{1}{8145060}\fallingdotseq 0.000000123$$

입니다. 또한 복권 한 장이 5등으로 당첨될 확률을 $\frac{b}{a}$이라 하면

$$\frac{b}{a}=\frac{182780}{8145060}\fallingdotseq 0.02244$$

입니다. 5등 당첨자의 수를 X명으로 두고, 팔린 n장의 복권에 대한 5등 당첨자수의 평균이 $E(X)=\frac{nb}{a}$ 이므로 총 5등 당첨평균금액은 $C=\frac{nb}{a}\times 10000$원입니다.

따라서 총 1등 당첨평균금액은 $D=(B-C)\times 0.6=n\left(1-\frac{10b}{a}\right)\times 600$원이고, 1등 당첨자의 수를 Y명으로 두면 n장의 복권에 대한 1등 당첨자수의 평균은 다음과 같습니다. $E=E(Y)=\frac{n}{a}$

그러므로 1등 한 사람의 평균 당첨금은

$$F=\frac{D}{E}=(a-10b)\times 600\text{원}=38\text{억 }1435\text{만 }6000\text{원}$$

이 됩니다.

러시안 룰렛

옛날 서부 영화를 보면 두 카우보이가 서로의 용기와 자존심, 그리고 돈이나 여자를 사이에 두고 게임을 하는 것을 종종 볼 수 있습니다. 이 게임은 총알을 여섯 개 넣을 수 있는 권총에 단 1개의 총알을 넣고, 두 사람이 번갈아 가면서 한 번씩 자기 머리에 권총을 들이대고 방아쇠를 당기는 무시무시한 게임입니다. 이 게임의 이름이 바로 '러시안 룰렛' 입니다.

러시안 룰렛은 19세기 말, 러시아 귀족들이 행했던 생사를 건 도박을 원조로 한 이름입니다. 게임 참가자 중 첫 번째 시도를 한 사람이 관자놀이에 대고 총을 쏠 때, 죽을 확률은 전체 6개의 구멍 중 1개에만 총알이 들어 있으므로 $\frac{1}{6}$이 되며 반대로 살 확률은 $\frac{5}{6}$입니다. 만약 첫 번째 시도를 한 사람이 목숨을 건졌다면 두 번째 권총을 든 사람은 $\frac{1}{5}$의 죽을 확률을 갖게 됩니다. 또한 그 사람도 살았다면 세 번째 사람이 죽을 확률은 $\frac{1}{4}$이 됩니다. 이것을 반복하게 되어 총을 다섯 번 쏠 때까지 두 사람 모두 무사하다면 여섯 번째로 총을 들게 되는 사람이 죽을 확률은 $\frac{1}{1}$ 즉, 1로 반드시 죽게 되는 것이죠. 또 다른 경우, 만일 첫 번째 사람이 죽었다면 두 번째 사람이 죽을 확률은 $\frac{0}{5}$, 즉 0%의 확률을 갖고 100% 생존할 수 있습니다.

이와 비슷한 원리로 축구에서의 '승부차기'가 있습니다. 승부차기는 양쪽의 팀에서 한정된 숫자만큼의 선수들이 한 명씩 나와 상대방의 골키퍼와 일대일 승부를 하는 것입니다. 그리고 각 팀의 선수들이 순번이 다 하는 동안에 골을 몇 개나 넣느냐에 따라 승부가 결정납니다. 그래서 승부차기의 순번이 끝나갈수록 양 팀의 승률은 점차적으로 결정되는 것입니다.

이는 러시안 룰렛의 또 하나의 예가 될 수 있습니다. 우리의 주변에는 생각 이외로 이러한 승부수를 띄워야 하는 경우가 많습니다. 한번 둘러보세요. 여러분도 결정이 날 수 밖에 없는 승부수 위에 있을지도 모릅니다.

8 통계적 확률과 공리들

기상 예보는 우리의 삶에 매우 큰 영향을 줍니다. 특히 우리나라를 비롯한 주변 인근 여러 나라들도 여름철마다 찾아오는 태풍의 경우, 미리 그 강도나 이동 방향을 파악하여 비상대책을 마련해야 합니다.

일기도

사실 기상에 대한 100% 정확한 예측은 힘듭니다. 기상청에서는 과거 장마철에 나타난 태풍의 생성과 풍향, 기온, 기압 등에 관한 정보들을 자료로 하여 면밀히 조사합니다. 그리고 기존에 나타났던 태풍들의 자료들을 통계적 수치를 내어 이번 태풍의 영향력에 대한 예측을 확률로 구하는 것입니다.

이렇게 과거의 경험을 이용해 통계적 수치를 구하고, 그것을 통해 미래의 사건을 예측하기 위한 확률을 통계적 확률이라고 합니다.

잠깐!

통계적 확률(경험적 확률)

장기간 통계적 시행을 여러 번 반복하면 한 사건 A의 상대도수는 어떤 값에 가까워지게 됩니다. 이와 같이 오랜 관찰 끝에 일정한 패턴을 찾아내어 상대도수의 극한으로 정의된 확률을 통계적 확률이라 합니다.

하지만 이 상대적 극한으로 나온 확률도 더 정확하게 증명할 방법이 없다는 것이 통계적 확률의 단점입니다. 통계적 확률의 단점을 보완하기 위해 러시아의 수학자 콜모고로프는 오랫동안 쌓아온 확률현상에 대한 경험적 인식을 이론적으로 뒷받침해야 했습니다. 그래서 기하학 부분의 점과 선에 대한 개념을 탄생시키는 방법과 같은 원리로 확률을 정의하였습니다. 그것이 바로 공리적 확률이며 다음과 같은 확률 공리들을 만족하고 있습니다.

잠깐!

확률 공리

표본공간 S에 대한 임의의 사건 A에 대하여

(1) $0 \leqq P(A) \leqq 1$

(2) $P(S)=1$

(3) 서로 배반인 사건 A, B에 대하여 $P(A \cup B)=P(A)+P(B)$

이를 만족하는 $P(A)$를 사건 A의 확률이라고 합니다.

수학자 콜모고로프가 정립한 이 공리들은 수많은 확률 이론들을 확립하는 데에 기준이 되었습니다.

길 찾아가기

문제 난이도 그래프
논리력 ■■■
사고력 ■■■
창의력 ■■■

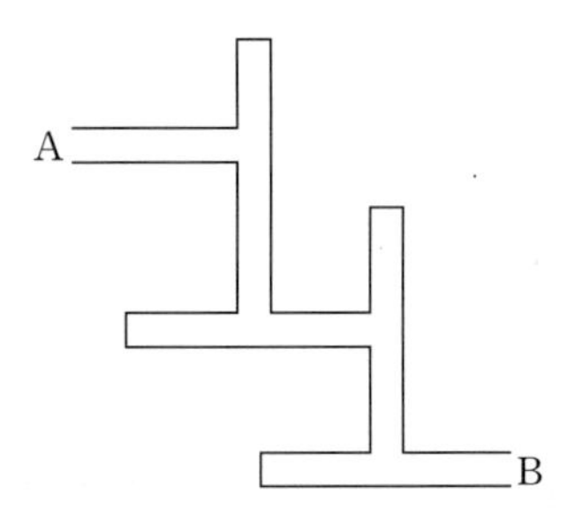

어느 도시에 다음과 같은 도로망이 있습니다. 길을 전혀 모르는 한 행인이 A 지역에서 B 지역으로 길을 물어 찾아가려고 합니다. 각 갈림길에는 다섯 명의 사람이 있습니다. 행인이 이 중 네 명에게 길을 물으면 바른 방향을 알려주고, 나머지 한 명은 반대 방향을 알려주는데 행인은 이 사실을 알고 있습니다.

각 갈림길에서 행인은 한 번에 한 사람에게만 길을 물어볼 수 있고, 길을 물어 본 후 바른 방향인지 확실히 알 수 있으면 그 길을 따라 다음 갈림길로 갑니다. 그렇지 않으면 다른 사람에게 다시 물어보아야 합니다. 그렇다면 A에서 B까지 가는데 평균 몇 회 길을 물어야 하는지 설명하세요.

[2006년도 고려대 수시 문제]

풀이

각 갈림길에서 한 번 물어서는 바른 방향을 확실히 알 수 없습니다. 그러나 두 명 이상이 잘못된 방향을 가리켜 줄 수는 없으므로 두 사람이 같은 방향을 가리켜 주면 그 방향이 올바른 방향입니다. 즉, 한 갈림길에서 두 번 물어서 정확한 방향을 알아낼 수 있을 확률을 생각해봅시다.

다섯 명 중에서 동일하게 길을 가리켜 준 두 사람은 올바른 길을 말하는 것이고, 길을 반대로 가리켜 주는 사람은 나머지 세 사람 중 하나가 됩니다.

다섯 명 중 두 명을 선택하는 경우의 수는 ${}_5C_2=10$가지입니다.

바른 길을 가리켜주는 두 사람을 선택하는 경우의 수는 ${}_4C_2=6$이므로 한 갈림길에서 두 번 물어서 정확한 방향을 알아낼 수 있을 확률은 $\frac{6}{10}=\frac{3}{5}$입니다. 또한 한 갈림길에서 세 번 이상 물어보아야 할 확률은 $1-\frac{3}{5}=\frac{2}{5}$입니다.

한 갈림길에서 세 번 물으면 반드시 두 사람 이상이 같은 방향을 알려주게 되므로 각 갈림길에서 많아야 세 번만 물어보면 됩니다.

따라서 한 갈림길에서 세 번 물어보아야 할 확률은 $\frac{2}{5}$입니다. 그러므로 한 갈림길에서 물어보아야 하는 평균 횟수는 $\frac{3}{5}\times 2+\frac{2}{5}\times 3=\frac{12}{5}$입니다. A에서 B까지 가기 위해서는 갈림길을 네 번 지나야 하므로 물어보아야 할 평균 횟수는 $\frac{12}{5}\times 4=\frac{48}{5}$이 됩니다.

문제 난이도 그래프
논리력 ■■■■
사고력 ■■■■■
창의력 ■■■

최대 수익을 올리자

차 재배지에서 오늘 수확할 수 있는 차를 하루 더 재배하여 내일 수확하면 1.5배의 양을 수확할 수 있다고 합니다. 내일 비가 오지 않으면 차 값은 수확시기에 관계없이 3(천원/kg)으로 일정하지만, 비가 온다면 오늘 수확한 차는 4(천원/kg), 수확할 차는 2(천원/kg)이 됩니다. 내일 비올 확률 p를 알 수 없기 때문에 오늘은 전량 수확하면 얻을 수 있는 400kg의 일정 비율 $0 \leqq x \leqq 1$만 수확하고, 나머지는 하루 더 재배하여 내일 수확하려고 합니다.

(1) 내일 비가 오지 않는 경우 $(p=0)$와 비가 오는 경우 $(p=1)$ 각각에 대하여 수확비율에 대한 수입 기대값 $\mathrm{E}_0(x)$와 $\mathrm{E}_1(x)$을 구하고, 수입을 최대로 하기 위한 수확비율 x를 결정하세요.

(2) 앞의 계산 결과를 이용합니다. 내일 비올 확률이 p인 경우 수확비율 x에 대한 수입 기대 $\mathrm{E}_p(x)$값을 구하고, 수입을 최대로 하기 위한 최선의 선택이 무엇인가를 논하세요.

[2006년도 이화여대 수리논술 문제]

(1) i) 내일 비가 오지 않을 경우 $(p=0)$

$$\mathrm{E}_0=3(\text{천원/kg})\times 400x(\text{kg})+3(\text{천원/kg})\times 400(1-x)(\text{kg})\times\frac{3}{2}$$

$$=1200x+1800-1800x=600(3-x)\ (\text{단, } 0\leqq x\leqq 1)$$

내일 비가 오지 않을 경우에 수입 기대값은 감소함수이므로 수입을 최대로 하기 위해서는 $x=0$일 경우입니다. 즉, 오늘은 수확하지 않고 내일 차를 전량 수확해야 함을 의미합니다.

ii) 내일 비가 오는 경우($p=1$)

$$E_1=4(\text{천원/kg})\times 400x(\text{kg})+2(\text{천원/kg})\times 400(1-x)(\text{kg})\times\frac{3}{2}$$
$$=1600x+1200-1200x=400(3+x)(\text{단, }0\leqq x\leqq 1)$$

내일 비가 오는 경우에 수입 기대값은 증가함수이므로 수입을 최대로 하기 위해서는 $x=1$일 경우입니다. 즉, 오늘 차를 전량 수확해야 함을 의미합니다.

(2) 내일 비가 올 확률이 p라면 (1)의 결과를 활용하여 수입 기대값이 다음과 같게 됩니다.

$$E_p(x)=600(3-x)(1-p)+400(3+x)p=200(5p-3)x+600(3-p)$$

수입 기대값에 대한 최선의 선택을 하기 위해서는 기울기에 따라서 세 가지 경우로 구분해야 합니다.

i) $5p-3>0$일 경우 ($0.6<p\leqq 1$)

내일 비올 확률이 0.6 초과이면 $E_p(x)$는 증가함수이므로 $x=1$일 경우가 수입 기대값이 최대입니다. 즉, 오늘 전량 수확을 해야 함을 의미합니다.

ii) $5p-3=0$일 경우 ($p=0.6$)

내일 비올 확률이 0.6이면 $E_p(x)$는 상수함수이므로 오늘 혹은 내일의 수확비율에는 관계없이 수입은 최대입니다.

iii) $5p-3<0$일 경우 ($0\leqq p<0.6$)

내일 비올 확률이 0.6 미만이면 $E_p(x)$는 감소함수이므로 $x=0$일 경우가 수입 기대값이 최대입니다. 즉, 내일 전량 수확을 해야 함을 의미합니다.

읽을거리

멘델의 유전법칙

1860년대 오스트리아의 한 수도원의 정원, 이곳에서 유전학은 수도승 멘델에 의해 꽃을 피우기 시작했습니다. '멘델의 법칙(Mendel's Principles)'이라고도 잘 알려진 이 유전학의 실험법칙은 완두콩의 자가 수정 과정을 통해 유전 현상의 원리를 파악하는 데에 매우 큰 성과를 거두었습니다.

멘델은 완두콩의 유전 실험의 결과로 다음과 같은 네 가지 가설을 세워 이론을 설명하고 있습니다.

1) 유전자(gene)는 유전되는 성질을 결정하는 단위이며, 여러 가지 형태로 존재합니다.
2) 생명체는 각각의 유전되는 특성에 따라 각 부모로부터 받은 두 개의 유전을 가지고 있습니다.
3) 정자와 난자는 각각 하나의 유전자만을 가지고 있고, 수정을 통하여 다시 두 개의 유전자를 가집니다.
4) 한 개체 안에 두 가지 유전자가 있을 경우, 한 개의 유전자는 그 특성을 나타내고 다른 한 개의 유전자는 나타나지 않을 수도 있습니다.

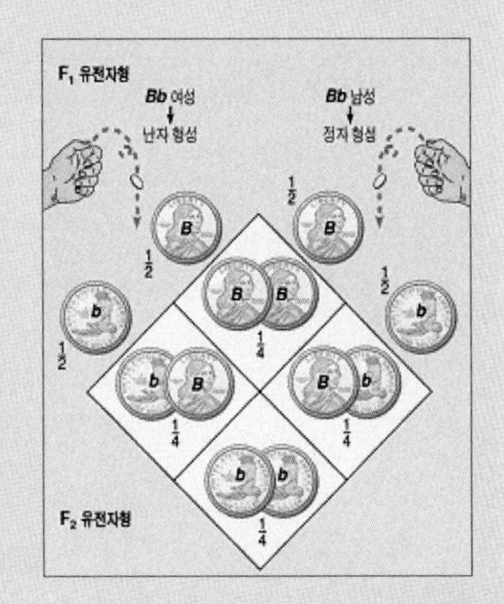

멘델의 독립적 분류의 법칙은 두 가지 성질이 서로 어떻게 유전되는가를 설명하고 있습니다. 또한 개체의 유전인자형을 통해 얻어지는 정자와 난자의 인자형의 발생 확률을 가지고 생산될 개체의 인자형까지 추정할 수 있습니다. 즉, 멘델의 법칙은 확률의 법칙을 반영하고 있는 것입니다. 예를 들어, Bb여성은 B 또는 b인자형의 난자를 생산하며, Bb남성은 B 또는 b인자형의 정자를 생산합니다. 그러면 정자와 난자에서 B 인자형이 존재할 확률은 $\frac{1}{2}$이고, b인자형이 존재할 확률도 $\frac{1}{2}$입니다. 따라서

1) BB형의 개체가 나올 확률 $=\frac{1}{2}\times\frac{1}{2}=\frac{1}{4}$

2) bb형의 개체가 나올 확률 $=\frac{1}{2}\times\frac{1}{2}=\frac{1}{4}$

3) Bb형의 개체가 나올 확률 $=\left(\frac{1}{2}\times\frac{1}{2}\right)+\left(\frac{1}{2}\times\frac{1}{2}\right)=\frac{2}{4}=\frac{1}{2}$ 입니다.

이를 이용하면 사람의 유전도 추정할 수 있고, 유전병도 치료할 수 있습니다. 이러한 멘델 법칙의 변형에는 전 세계 사람들이 가지는 한 유전자의 대립 유전 인자가 여러 가지인 경우가 있습니다. 그 중 한 가지가 ABO 혈액형인 것입니다.

확률과 실험

멘델은 수도원 뒤뜰에서 8년 동안 완두콩을 교배하는 실험을 통해 유전의 법칙을 입증할 수 있는 통계적 규칙을 찾았습니다. 그는 노랗고 둥근 모양의 완두콩과 녹색이고 주름진 모양의 완두콩을 교배했습니다. 그 결과 노랗고 둥근 완두를 얻고, 다시 이들을 교배시켜 노랗고 둥근 완두, 노랗고 주름진 완두, 녹색이고 둥근 완두, 녹색이고 주름진 완두의 비율이 차례로 $\frac{9}{16}$, $\frac{3}{16}$, $\frac{3}{16}$, $\frac{1}{16}$임을 밝혔습니다. 아래의 주어진 표는 멘델과 같은 교배 실험을 하여 1000개의 완두콩의 형질을 조사한 것입니다. 이 실험 결과는 멘델의 유전 법칙에 잘 맞는다고 할 수 있을까요?

완두콩	노랗고 둥금	노랗고 주름짐	녹색이고 둥금	녹색이고 주름짐	계
개수	560	192	180	68	1000

풀이

실험 결과에 의하면 노랗고 둥근 완두콩의 상대도수는 0.56, 노랗고 주름진 완두콩의 상대도수는 0.192, 녹색이고 둥근 완두콩의 상대도수는 0.18, 녹색이고 주름진 완두콩의 상대도수는 0.068입니다.

이 상대도수는 멘델의 유전법칙에 의한 각 완두콩의 비율 $\frac{9}{16}$, $\frac{3}{16}$, $\frac{3}{16}$, $\frac{1}{16}$과 근사적으로 같습니다. 따라서 실험 결과는 멘델의 유전 법칙에 잘 맞는다고 할 수 있습니다.

하디-바인베르크의 법칙과 혈액형

문제 난이도 그래프
논리력 ■■■■
사고력 ■■■■■
창의력 ■■■■

아래의 지문을 읽고 답하세요.

난자 \ 정자	pA	qa
pA	p^2AA	pqAa
qa	pqAa	q^2aa

A와 a의 두 대립인자를 가진 어떤 집단 내에서 A인자의 빈도를 p, a인자의 빈도를 q라고 하면 '$p+q=1$' 이 성립합니다. 이때 이들 대립 인자 간에 임의의 교배가 이루어진다면 암 · 수 모두가 $(p\text{A}+qa)$인 셈이 되므로 표에서와 같이 AA가 될 빈도는 p^2, Aa가 될 빈도는 $2pq$, aa가 될 빈도는 q^2이 됩니다. 이것은 $(p\text{A}+qa)^2$의 전개식, 즉 $(p^2\text{AA}+2pq\text{Aa}+q^2aa)$와 같으며, 이러한 관계는 세대가 바뀌어도 변하지 않고 평형상태를 유지하게 됩니다.

이처럼 집단의 대립 유전자 빈도 및 유전자형 빈도는 대를 거듭해도 변하지 않고 평형상태를 이루게 되는데, 이를 '하디-바인베르크의 법칙'이라고 합니다.

하디-바인베르크의 법칙은 멘델 집단에서만 적용되는 법칙입니다. 즉, 집단에 돌연변이, 자연선택, 이입, 이출, 교배 방식의 변화, 그리고 집단 크기의 갑작스런 변화가 일어나지 않으면 유전적 평형이 계속 유지되어 집단은 안정 상태에 있게 된다는 것이죠. 그러나 사실상 자연계에서는 유전적 평형이 계속 유지되는 집단은 거의 존재하지 않으며, 존재하더라도 일시적이고 곧 깨어지게 됩니다. 이처럼 유전적 평형이 깨어지는 것은 진화의 요인 때문입니다.

A형, B형, AB형, O형으로 분류되는 ABO식 혈액형을 놓고 생각해봅시다. 혈액형은 사람이 가진 22쌍의 상염색체 중 9번 염색체 쌍을 이루는 두 염색체에 의해 결정됩니다. 이 두 염색체는 각각 A, B, O 중 한 가지의 유전자를 가지고 있

어서 사람에게는 AA, BB, OO, AB, AO, BO의 6가지 유전자형이 있을 수 있습니다. 그런데 유전자 A와 B 사이에는 우열 관계가 없으나, 두 유전자 모두 O에 대해서는 우성입니다. 따라서 혈액형과 유전자형은 오른쪽 표와 같은 관계를 가집니다.

혈액형	유전자
A	AA 또는 AO
B	BB 또는 BO
AB	AB
O	OO

우리나라 사람들의 혈액형의 비율은 A형이 34% O형이 28%라 합니다. 이 정보를 이용하여 B형의 비율과 AB형의 비율을 추정할 수 있는 방법을 한 가지 제시하고, 제시한 방법의 타당성에 대하여 설명하세요.

[2006년도 고려대 수시 1학기]

풀이

유전자 A가 발현할 확률을 a, 유전자 B가 발현할 확률을 b, 유전자 O가 발현할 확률을 c라고 하면 $a+b+c=1$입니다.

혈액형 A형이 34%, O형이 28% 이므로 다음과 같은 경우를 고려하여 계산해야 합니다.

$$\text{AA형}+\text{AO형}+\text{OA형}=a^2+2ac=0.34=\frac{17}{50} \cdots ①$$

또, $\text{OO형}=c^2=0.28=\frac{7}{25} \quad \therefore\ c=\frac{\sqrt{7}}{5}$

이 결과를 ①에 대입하면 $a^2+\frac{2\sqrt{7}}{5}a-\frac{17}{50}=0$ 이므로

$a=\frac{-2\sqrt{7}+\sqrt{62}}{10}$, $b=1-a-c=\frac{10-\sqrt{62}}{10}$ 입니다.

다음으로 B형은 BB형+BO형+OB형$=b^2+2bc$,

그리고 AB형은 AB형+BA형$=2ab$ 입니다.

원래 문제에서는 방법만 서술하는 것을 원했으므로 여기서 복잡한 a, b, c를 대입하여 손으로 계산할 이유는 없습니다. 계산기로 대략 계산해보면 B형은 27%, AB형은 11% 정도의 확률이 나옵니다. (실제로 계산을 할 필요는 없고, 설명만 하면 됩니다.)

다음과 같은 방식으로 타당성을 확인해봅시다.

A형+B형+O형+AB형$(0.34+0.28+0.27+0.11=1)$

$=a^2+2ac+b^2+2bc+2ab+c^2$

$=(a+b+c)^2=1$

∴ 타당하다.

9 조건부 확률

도박의 도시! 라스베가스!

라스베가스에 가는 사람들은 이런 말을 많이 듣습니다.

"잭팟을 터트리고 싶으면 돈을 계속 잃은 사람의 자리에 앉아라. 다음은 당첨이다!"

이것은 앞선 사람이 여러 번 승부수를 내어도 당첨이 되지 않았기 때문에 그 다음 사람이 당첨될 확률이 높다는 의미입니다. 과연 이 말은 사실일까요?

이 이론의 논리는 일명 '도박사의 오류(gambler' s fallacy)' 라고도 하며, 천재 도박사였던 몬테 까를로(Monte Carlo)를 빗대어서 '몬테 까를로의 오류' 라고도 합니다. 이 오류는 "모든 사건은 앞에서 일어난 사건과 독립되어 있다"는 수학적 확률 이론의 전제를 바탕으로 두지 않았기 때문에 생겨난 오류입니다. 즉, 먼저 게임을 한 사람과 다음에 하는 사람의 게임의 승률은 서로 아무런 상관없이 일어나는 것이기 때문에 반드시 다음 사람이 승리한다는 것이 아니란 것이죠.

그렇다면 모든 확률은 서로 독립적인 관계에서만 일어난다고 판단할 수 있을까요?

이 문제에 관심을 가지고 연구를 한 수학자가 있습니다. 바로 1742년 왕립협회 회원으로 선출되었고 '수학의 아인슈타인' 이라는 평가를 받는 목사 토머스 베이즈입니다. 특히 확률에 관심이 많았던 그는 통계학과 경제학에서 불후의 저작이라고 각광을 받은 「가능성 이론과 문제 해결방법 소론」의 논문에서 '베이즈 이론' 또는 '베이즈 정리' 를 썼습니다.

"과거 데이터를 기반으로 미래를 예측한다"는 관점에서 시작되는 이 이론은 데이터가 바뀌면 예측도 저절로 수정되고, 데이터의 양이 많을수록 확률이 정확해진다는 원리를 내세웠습니다.

이 정리에 대해 알아보기 전에 우선 먼저 몇 가지 정의를 살펴보도록 합시다.

잠깐!

조건부 확률과 분할

1) 조건부 확률(conditional probability)

사건 B가 일어났다는 조건 하에서 사건 A가 일어날 조건부 확률을 $P(A|B)$라고 하며, 이는 $P(A|B)=P\dfrac{P(A\cap B)}{P(B)}(B)$로 나타낼 수 있습니다. 단, $P(B)>0$과 같이 정의되며 다음과 같은 승법공식이 유도될 수 있습니다.

$$P(A\cap B)=P(A|B)P(B)=P(B|A)P(A)$$

이때, 사건 A가 일어났다는 것이 사건 B가 발생하는데 아무런 영향을 미치지 않는다면 사건 A, B는 독립사건(independent event)라고 하고 $P(A)>0$일 때 $P(B|A)=P(B)$임을 말합니다. 즉, 사건 A, B가 독립사건이면, 조건부확률의 정의를 이용해서 $P(A\cap B)=P(A)\times P(B)$가 성립됩니다.

2) 분할(partition)

사건 A_1 A_2, $\cdots$, A_n에 대하여 $A_i\cap A_j=\phi(i\neq j)$이고 $A_1\cup A_2\cup\cdots\cup A_n=S$이면 사건 A_1 , A_2, $\cdots$, A_n을 표본공간 S의 분할이라고 합니다. 예를 들어 전체 표본공간을 S라고 한다면 간단하게 A와 A^C는 S의 분할이 됩니다.

'베이즈의 정리' 는 위의 내용을 바탕으로 만들어졌습니다. 조건부 확률의 응용이라고 할 수 있는 사건 A_1, A_2, $\cdots$, A_n을 표본공간 S의 분할이라고 할 때, 처음에 주어진 정보에 의하여 발생한 사전확률(piror probability) $P(A_i)>0$ $(i=1, 2, 3, \cdots, n)$와 추가적인 정보에 의해 수정된 사후확률(posterior probability) $P(B)>0$에 대하여

$$P(A_k|B) = \frac{P(A_k)P(B|A_k)}{\sum_{i=1}^{n} P(A_i)P(B|A_i)}$$

를 만족한다는 것이었습니다.

'베이즈의 정리'는 오답 투성이인 각종 포털사이트 지식검색의 정확성, 경기의 승부와 기상 예측, 의료 분야와 유전자 감식 판단, 금융자산 포트폴리오 구성, 주택 및 도시계획 등에 다양하게 활용되고 있습니다. 또한 이 정리는 미래사회에서도 유용하게 쓰일 것이며 지금 이 순간에도 이 확률적 이론은 수학에서 뿐만 아니라 수많은 분야에서 그 가치를 인정받고 있습니다.

누가 먼저 집에 도착할까요?

문제 난이도 그래프
논리력 ■■■■
사고력 ■■■■
창의력 ■■■

아래 표는 지영, 지수 자매가 전철을 타고 퇴근하여 역에 도착할 확률을 나타낸 것입니다.

전철 시간표와 자매가 전철역에 도착할 확률 (단위 %)

자매 \ 전철 도착 시간	7:05	7:15	7:25	7:35	7:45	7:55
지영	5	15	15	30	20	15
지수	15	20	35	15	10	5

(1) 위의 표를 참고하여 자매가 같은 시각 전철역에 도착할 확률을 구하는 방법에 대해 설명하세요.

(2) 두 자매는 같은 시각 역에 도착하거나 한 사람이 먼저 도착하면 바로 다음 전철이 올 때까지 기다려서, 함께 집에 가기로 하였습니다. 이들 자매가 역에서 만나 함께 집으로 갈 수 있는 확률이 높을지, 따로 갈 확률이 높을지를 판정하고, 그 근거를 제시하세요.

[이화여대 기출 문제]

풀 이

(1) 지하철이 역에 도착하는 횟수는 7:05부터 10분 간격으로 총 6회이고, 이들 자매가 같은 시각에 역에 도착할 확률은 여섯 가지의 경우에 대한 각각의 확률의 합으로 나타낼 수 있습니다. 자매가 7:05에 역에 도착할 확률은 각각 5%, 15%이므로 이 시각에 만날 확률은 곱의 법칙($0.05 \times 0.15 = 0.0075$)에 의하여 0.75%입니다. 마찬가지로 나

머지 다섯 가지의 경우도 모두 구해 보면, 7:15에 만날 확률은 3%, 7:25에 만날 확률은 5.25%입니다. 7:35에 만날 확률은 4.5%, 7:45에 만날 확률은 2%, 7:55에 만날 확률은 0.75%가 됩니다. 따라서, 이들 자매가 역에서 만날 확률은

0.75+3+5.25+4.5+2+0.75=16.25(%)가 됩니다.

(2) 함께 들어갈 확률을 P라 할 때 따로 들어갈 확률은 1−P입니다. 그렇다면 함께 들어갈 경우를 구해봅시다. 같은 시각 역에 도착하거나 한 사람이 먼저 도착하면 바로 다음 전철이 올 때까지 기다려서 함께 집에 가게 되므로 P는 다음과 같습니다.

P=16.25%((1)의 결과에 의하여)+한 사람이 기다려서 같이 들어갈 경우의 확률

한 사람이 기다려서 같이 들어갈 경우의 확률은 다음과 같이 경우를 나누어 구해야 합니다. 그러므로

i) 지영 7:05 도착 & 지수 7:15 도착 : 0.05×0.2=0.01

ii) 지수 7:05 도착 & 지영 7:15 도착 : 0.15×0.15=0.0225

iii) 지영 7:15 도착 & 지수 7:25 도착 : 0.15×0.35=0.0525

iv) 지수 7:15 도착 & 지영 7:25 도착 : 0.2×0.15=0.03

v) 지영 7:25 도착 & 지수 7:35 도착 : 0.15×0.15=0.0225

vi) 지수 7:25 도착 & 지영 7:35 도착 : 0.35×0.3=0.105

vii) 지영 7:35 도착 & 지수 7:45 도착 : 0.3×0.1=0.03

viii) 지수 7:35 도착 & 지영 7:45 도착 : 0.15×0.2=0.03

ix) 지영 7:45 도착 & 지수 7:55 도착 : 0.2×0.05=0.01

x) 지수 7:45 도착 & 지영 7:55 도착 : 0.10×0.15=0.015

이므로 모든 경우의 확률을 더하면 0.3257 입니다.

∴ P=0.1625+0.3275=0.49

즉 자매가 함께 집에 가게 되는 확률은 49% 입니다. 따로 집에 갈 확률은 51% 이므로 따로 집에 갈 확률이 더 높습니다.

4 단 계 발 상 이 전 환 되 는 문 제 2

문제 난이도 그래프
논리력 ■■■■
사고력 ■■■■
창의력 ■■■■

어떤 기계가 불량품을 만들었을까?

한 여름날 메코와 테이는 가게에 가서 아이스크림을 한 개씩 사먹었는데 메코의 아이스크림이 불량품이었습니다. 이에 신고 받은 직원이 H아이스크림 공장에서 문제가 된 S모델의 아이스크림을 만드는 3개의 생산라인을 조사하였습니다. 그 결과 제1번 라인에서는 전체 생산량의 32%, 제2번 라인에서는 33%, 제3번 라인에서는 35%의 아이스크림을 각각 생산하고 있다는 사실을 알았습니다. 한편 불량률을 생산 라인별로 보면 제1번 라인은 1%, 제2번 라인은 1.5%, 제3번 라인은 2.1%였습니다. 그리고 하루 동안 생산된 전체 S모델의 아이스크림으로부터 임의로 한 개의 라인을 선택하여 불량여부를 시험하였더니 이때의 아이스크림이 불량품이었습니다. 과연 불량 아이스크림은 제1, 제2, 제3번 생산라인 중 어느 생산라인에서 생산되었을 확률이 더 많을까요?

풀 이

우선 추출된 아이스크림이 불량품일 경우를 B라고 두고, 또한 이 아이스크림이 제1번 생산라인에서 생산되었을 경우를 A_1, 제2번 생산라인에서 생산되었을 경우를 A_2, 제3번 생산라인에서 생산되었을 경우를 A_3라고 둡니다. 그렇다면 각각의 생산율은

$$P(A_1)=0.32\ ,\ P(A_2)=0.33\ ,\ P(A_3)=0.35$$

가 됩니다. 그리고 각 생산라인에서 나타날 불량률은

$$P(B|A_1)=0.01\ ,\ P(B|A_2)=0.015\ ,\ P(B|A_3)=0.021$$

입니다. 베이즈 정리를 이용하여 선택된 불량품이 각 생산라인으로부터 나왔을 확률을 구하면 다음과 같습니다.

i) 제 1번 생산라인에서 나올 확률

$$=P(A_1|B)=\frac{P(A_1)\cdot P(B|A_1)}{P(A_1)\cdot P(B|A_1)+P(A_2)\cdot P(B|A_2)+P(A_3)\cdot P(B|A_3)}$$

$$=\frac{0.32\times 0.01}{0.32\times 0.01+0.33\times 0.015+0.35\times 0.021}\fallingdotseq 0.2065$$

ii) 제 2번 생산라인에서 나올 확률

$$=P(A_2|B)=\frac{P(A_2)\cdot P(B|A_2)}{P(A_1)\cdot P(B|A_1)+P(A_2)\cdot P(B|A_2)+P(A_3)\cdot P(B|A_3)}$$

$$=\frac{0.33\times 0.015}{0.32\times 0.01+0.33\times 0.015+0.35\times 0.021}\fallingdotseq 0.3194$$

iii) 제 3번 생산라인에서 나올 확률

$$=P(A_3|B)=\frac{P(A_3)\cdot P(B|A_3)}{P(A_1)\cdot P(B|A_1)+P(A_2)\cdot P(B|A_2)+P(A_3)\cdot P(B|A_3)}$$

$$=\frac{0.35\times 0.021}{0.32\times 0.01+0.33\times 0.015+0.35\times 0.021}\fallingdotseq 0.4741$$

따라서 불량 아이스크림은 제 3번 생산라인에서 나왔을 가능성이 가장 큽니다.

몬티 홀 딜레마

1900년대 초에 수학을 수수께끼처럼 다룬 『이 세상에서 제일 유명한 수학 문제』라는 책을 발간해서 수학자들의 미움을 받았던 사람이 있습니다. 그녀는 IQ 228을 가진 보스 사반트였습니다. 그녀의 책과 함께 매주 일요일마다 쓰는 퍼레이드 칼럼은 수백만의 독자에게 인기가 있었습니다. 그러던 어느 날 보스 사반트는 한 독자에게 다음과 같은 문제를 받았습니다.

> "당신은 현재 게임 쇼에 나와 있고, 당신은 세 개의 문 중에서 하나의 문을 선택할 권리가 있습니다. 한쪽 문 뒤에는 자동차가 숨겨져 있고, 다른 한 쪽에는 염소가 있습니다. 그런데 가령 당신이 1번 문을 선택했다고 합시다. 이때 어디에 상품이 숨겨져 있는지 아는 사회자가 1번 문을 제외한 두 곳 중에서 상품이 아닌 곳의 문을 열어서 확인시켜 줍니다. 그러면 당신은 1번 문을 고수하겠습니까? 아니면 다른 남은 문으로 옮기겠습니까?"

이것은 텔레비전 게임 쇼 'LET'S MAKE A DEAL'의 사회자 몬티 홀이라는 진행자가 낸 '몬티 홀 딜레마'라는 문제입니다. 당시에 보스 사반트는 자동차를 선택할 확률이 $\frac{1}{3}$이지만 남은 다른 문으로 옮기면 확률 $\frac{2}{3}$이므로 옮기라고 대답했습니다. 그러나 이에 수많은 독자들과 수학자들은 자동차가 당첨될 확률이 $\frac{2}{3}$가 아니라 $\frac{1}{2}$이 된다고 반박을 해왔습니다. 그 반박의 이유는 자동차가 아닌 문 하나를 이미 확인한 상태이기 때문에 남은 문은 두 개 뿐이고, 그 중 하나가 자동차가 있는 문이라고 여겼기 때문입니다.

자, 우리도 이 문제를 생각해봅시다.

먼저 염소를 각각 G1와 G2로 나타내고 자동차는 C로 나타내봅시다. 이 상황을 조금 간단하도록 하기 위해 마지막 문을 선택할 때에는 항상 세 번째 문을 열 것이라고 가정합니다. 몬티 홀이 첫 번째 문 뒤에 염소가 있다고 항상 공개할 수는 없기 때문에 아래와 같이 고려해야 할 경우가 $6=3!$가지 있습니다.

첫 번째 문	두 번째 문	세 번째 문
G1	G2	C
G2	G1	C
G1	C	G2
G2	C	G1
C	G1	G2
C	G2	G1

첫 번째 경우에는 첫 번째 문 또는 두 번째 문 뒤의 염소가 공개되므로 선택을 바꾸는 것은 이익이 되지 않으며 두 번째 경우도 첫 번째의 경우와 비슷합니다. 세 번째 경우에는 첫 번째 문 뒤의 염소를 공개하므로 선택을 바꾸는 것이 바람직하고, 네 번째 경우는 세 번째 경우와 비슷하기 때문에 선택을 바꾸는 것이 옳습니다. 다섯 번째 경우에는 두 번째 문 뒤의 염소가 공개되므로 선택을 바꾸어야 하며, 여섯 번째 경우에는 다섯 번째의 경우와 같기 때문에 선택을 바꿔야 합니다. 따라서 염소를 공개한 후에 선택을 바꾸면 이익이 될 확률은 $\frac{1}{2}$입니다.

전구 켜기

8개의 전구가 있습니다. 전구마다 스위치가 달려 있어서 스위치를 누르면 전구가 켜지고 다시 누르면 꺼집니다. 전구가 모두 꺼져 있는 상태에서 학생 A가 임의로 3개의 스위치를 한 번씩 누르고 간 후, 학생 B도 임의로 3개의 스위치를 한 번씩 누르고 갔습니다. 이때, 〈보기〉의 설명 중 옳은 것을 모두 고르세요.

[2002년 9월 한국교육과정 평가원]

보기

ㄱ. 꺼져 있는 전구의 수는 짝수이다.

ㄴ. 2개의 전구만 켜지는 경우는 없다.

ㄷ. 4개의 전구가 켜질 확률이 6개의 전구가 켜질 확률보다 더 크다.

풀이

먼저 학생 A가 3개의 스위치를 누른 다음에 학생 B가 3개의 스위치를 누르게 되므로 4가지의 경우가 나옵니다.

우선 학생 A가 누른 것을 제외하면 학생 B가 다른 스위치를 누를 경우에 켜진 전구의 수는 6개입니다. 다음으로 학생 B가 A가 누른 스위치 중 한 개만 누르고 다른 스위치를 2개 눌렀을 경우에 켜진 전구의 수는 4개가 됩니다.

또한 학생 B가 A가 누른 스위치 중 두 개만 누르고, 다른 스위치를 1개 눌렀을 경우에 켜진 전구의 수는 2개입니다. 마지막으로 학생 A가 누른 전구 3개를 학생 B가 모두 다 눌렀을 경우에 켜진 전구의 수는 0개가 됩니다.

그러므로 켜져 있는 전구의 수는 각각 0, 2, 4, 6입니다. 그래서 꺼져 있는 전구의 수는 8, 6, 4, 2로 짝수가 돼서 ㄱ은 참이고, ㄴ은 거짓이 됩니다.

ㄷ의 경우에 4개의 전구가 켜질 확률을 살펴봅시다. 학생 A가 켜놓은 전구 3개의 스위치 중 1개를 누르고, A가 누르지 않은 5개 중에서 2개의 스위치를 누르는 경우의 확률이므로

$$\frac{{}_8C_3 \times {}_3C_1 \times {}_5C_2}{{}_8C_3 \times {}_8C_3} = \frac{{}_3C_1 \times {}_5C_2}{{}_8C_3} = \frac{15}{28}$$

가 됩니다. 즉, 6개의 전구가 켜질 확률은 학생 A가 누른 나머지의 스위치 중 3개를 누를 경우의 확률이므로

$$\frac{{}_8C_3 \times {}_5C_3}{{}_8C_3 \times {}_8C_3} = \frac{{}_5C_3}{{}_8C_3} = \frac{5}{28}$$

입니다. 이는 4개의 전구가 켜질 확률이 더 크므로 참입니다. 따라서 옳은 것은 ㄱ, ㄷ입니다.

올바른 선택

문제 난이도 그래프
논리력 ■■■
사고력 ■■■
창의력 ■■

메코와 테이가 컵을 이용하여 게임을 하고 있었습니다. 이 게임은 메코가 동전을 세 컵 중 하나에 넣은 다음 그림처럼 뒤집고, 테이가 세 컵 중 어떤 컵에 동전이 들어 있는지 맞추는 것입니다. 먼저 테이가 하나의 컵을 선택한다면 메코는 테이가 선택하지 않은 컵 중에서 빈 컵 하나를 보여준 후 바꿀 기회를 줄 수 있습니다. 이때 테이가 컵의 선택을 바꾸는 것이 유리한지 바꾸지 않는 것이 유리한지 설명하세요.

이 문제는 몬티 홀 문제라 불리며, 결과를 상식적으로 추측하기가 어렵기 때문에 확률을 다룰 때 자주 나오는 문제입니다. 빈 컵을 보여 준 상태에서 남은 컵은 2개밖에 없으므로 동전이 든 컵을 맞출 확률이 $\frac{1}{2}$이 될 것 같다는 착각을 하기 쉽습니다.

i) 선택을 바꾸지 않는 경우 : 컵 3개 중에 한 개를 맞추는 것이므로 맞출 확률은 $\frac{1}{3}$입니다.

ii) 선택을 바꾸는 경우 : 처음 선택이 맞았을 때, 선택을 바꾸면 틀리게 되고, 처음 선택이 틀렸을 때, 선택을 바꾸면 항상 동전이 든 컵을 선택할 수 있게 됩니다. 그래서 선택을 바꿨을 때, 맞출 확률은 처음 선택이 틀렸을 때 확률과 같습니다.

따라서 선택을 바꿔서 동전이 든 컵을 맞출 확률은 $\frac{2}{3}$입니다. 그러므로 선택을 바꾸는 것이 유리합니다.

읽을거리

머피와 샐리의 법칙(Murphy's & Shally's Law)

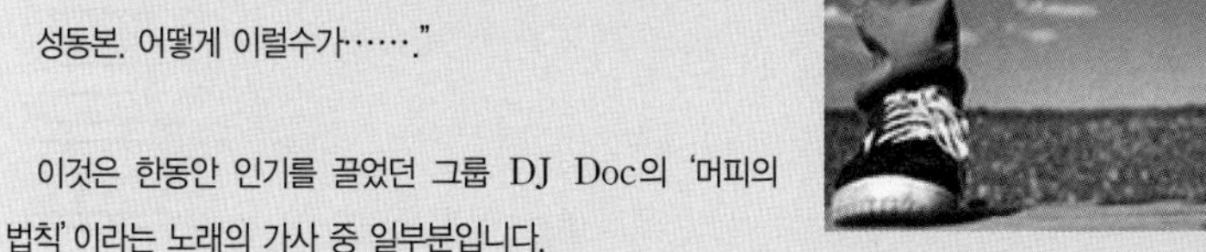

"……친구들과 미팅을 갔었지. 뚱뚱하고 못생긴 애 있길래, 와! 걔만 빼고 다른 애는 다 괜찮아. 그러면 꼭 걔랑 나랑 짝이 되지. 내가 맘에 들어 하는 여자들은 꼭 내 친구 여자 친구이거나 우리 형 애인 형 친구 애인 아니면 꼭 동성동본. 어떻게 이럴수가……."

이것은 한동안 인기를 끌었던 그룹 DJ Doc의 '머피의 법칙'이라는 노래의 가사 중 일부분입니다.

이 법칙은 기술자의 사소한 배선 실수로 인해 생겨난 법칙입니다. 머피의 법칙은 머피대령이 내뱉은 말로서 잘못될 가능성이 있는 일은 반드시 잘못된다는 의미를 가집니다. 즉, 머피의 법칙은 일반적으로 하려던 일들이 예상했던 것과는 달리 자꾸 꼬이거나 어긋나는 경우를 말합니다.

머피의 법칙과는 반대인 샐리의 법칙은 좋거나 행복한 일들이 연달아 일어나는 것을 의미합니다. 이 법칙은 영화 「해리가 샐리를 만났을 때」에서 엎어지고 넘어져도 결국은 해피엔딩이 되는 샐리의 모습에서 생겨났다고 합니다.

이 두 법칙들은 우연성만을 강조하는 듯하지만, 사실은 사람들이 자주 일으키는 판단의 착각을 지적하는 법칙입니다. 어떤 사건이 일어날 확률을 평가할 때, 사람들은 쉽게 기억이 나는 사건들이 일어날 확률을 높게 평가하게 됩니다. 이를 판단오류 중 하나인 유용성 오류(availability bias)라고 합니다. 예를 들어, 사람들은 TV나 신문에 나오는 살인사건은 대개 크고 자세히 다루어지므로 기억을 쉽게 떠올립니다. 그러나 거의 보도가 되지 않는 자살사건은 살인사건보다 훨씬 더 많이 일어납니다. 그러므로 전 세계의 인구 중 누군가가 당신을 죽일 확률은 당신이 자살하게 될 확률보다 작습니다. 그러나 우리는 여전히 살인될 확률이 더 많다고 생각합니다.

아리스토텔레스는 일어날 것 같지 않은 일들이 가끔씩 일어나는 경험을 이렇게 설명합니다. 믿을 수 없는 경험은 사람들의 뇌리에 인상적으로 남기 때문에 '일어날 것 같지 않은 일들이 반드시 일어난다'고 착각하는 것이라고 말이지요. 이렇듯 머피의 법칙은 잘못될 가능성이 있는 사건이 우연에 의해서 잘못된 것을 말합니다.

이밖에도 일상생활 속에서 자주 인용되는 법칙들이 있습니다. 예를 들면, 일어나지 말았으면 하는 일일수록 더 잘 일어난다는 의미의 '검퍼슨의 법칙', 먼저 했던 이사 때 없어진 것은 다음 번 이사 때 나타난다는 '질레트의 이사 법칙'을 들 수 있습니다. 또한 펜이 있으면 메모지가 없고 메모지가 있으면 펜이 없으며 둘 다 있으면 메세지가 없는 식, 즉 모든 일들에 대한 적당한 시기를 맞추지 못한다는 '프랭크의 전화의 불가사의'도 있지요. 찾지 못한 도구는 새 것을 사자마자 눈에 띄게 된다는 '미궤트의 일요 목수 제 3법칙', 그리고 라디오를 틀면 언제나 가장 좋아하는 곡의 마지막 부분이 흘러나온다는 '호로위츠의 법칙' 등이 있습니다.

에이즈에 걸릴 확률 구하기

문제 난이도 그래프
논리력 ■■■
사고력 ■■■■
창의력 ■■■

사람들은 대체로 수치를 정확하게 이해하고 사용한다. 예를 들어, 우리나라 국회의원 중 남자의 비율이 약 94%라고 하자. 이 확률을 보고 자신이 대한민국 남자이기 때문에 국회의원이 될 확률을 94%라고 믿는 사람은 없다. 실제로 대한민국 남자가 국회의원이 될 확률은 아주 낮다. 그런데 2002년에 노벨상을 수상한 카네만(Kahneman)과 그의 동료들은 사람들이 수치를 정확하게 이해하지 못해 판단오류를 범하기도 한다는 것을 보여주었다. 이러한 판단오류는 교육을 잘 받은 사람에게서도 발생한다.

(가) 에이즈를 야기하는 바이러스(HIV)의 발병률이 0.1%라고 하자. 한 과학자가 HIV보균자를 탐지할 수 있는 검사 방법을 개발하였나. 그런데 이 김사 방법은 완벽하지 않았다. 이 검사에서 양성이 나오면 보균자로, 음성이 나오면 비보균자로 진단하게 된다. HIV보균자일 경우에 검사 결과가 100% 양성으로 나오지만, HIV비보균자인 경우에도 양성으로 나올 확률은 5%였다. 만약 어떤 사람의 검사 결과가 양성으로 나왔을 때, 이 사람이 HIV 보균자일 확률은 얼마일까? 이 질문에 대하여 대부분의 사람들은 95%라고 대답한다. 그러나 정답은 2%이하이다.

(나) 육군 총기난사 사건의 범인이 인터넷 게임광이라는 사실이 알려지면서 게임과 현실 속 폭력범죄의 연관성이 논란거리로 떠오르고 있다. 군 당국에 따르면 범인은 평소 휴가 때 국산 온라인게임을 열심히 즐기는 '게임광' 수준의 게이머였던 것으로 나타났다. 이에 따라 "범인이 게임을 광적으로 즐겼다면 내부구조가 사각형인 군 내무반을 같은 사각형 구조인 컴퓨터 화면 속의 가상현실로 착각했을 가능성도 배제할 수 없다"는 등 이번 사건과 게임의 연관성을 시사하는 관측

이 일각에서 제기되었다. 게임과 폭력성의 상관관계가 부각된 것은 이번이 처음은 아니다. 특히 게임 내용이 갈수록 사실적이고 잔인해지면서 외국에서는 논쟁이 뜨거워지고 있는 추세이다. 미국에서는 컬럼바인 고등학교 총기난사 사건의 희생자 가족들이 "범인들이 폭력게임의 영향을 받았다"며 유명 게임업체를 상대로 소송을 제기하기도 했다. 이에 따라 미국에서는 학부모 단체나 종교 단체가 주도해 폭력적 게임에 대한 규제를 촉구하는 운동이 활발히 벌어지면서 게임업계와 갈등을 빚고 있다.

논제 1 제시문 (가)에서 정답이 2% 이하인 이유와 사람들이 95% 이상이라고 잘못 판단하게 되는 이유를 각각 설명하세요.

논제 2 제시문 (나)의 신문기사는 게임이 청소년의 폭력범죄의 원인임을 강력히 시사하고 있습니다. 만약 이것이 사실이라면, 인터넷 게임을 하는 많은 청소년들은 심각한 위험에 노출되어 있으며, 이는 커다란 사회문제가 아닐 수 없습니다. 한 학생이 폭력범죄에 미치는 게임의 영향을 알아보기 위해 비행 청소년 1000명을 조사하였는데, 그 중 990명이 게임에 중독되었거나 중독될 위험이 있는 집단으로 분류되었습니다. 그는 이러한 결과에 근거하여 게임이 청소년 폭력범죄의 주범이라고 주장하였습니다. 논제 1 에 근거하여 이러한 주장을 비판하세요.

논제 3 논제 2 에서의 비판에 근거하여 게임과 폭력의 상호연관성을 정확하게 파악하기 위한 방안을 제시하세요.

[2007년 서울대 모의논술]

논제 1

어떤 사람이 HIV보균자일 사건을 H, 검사결과 양성이 나올 사건을 A라고 합시다.

제시문 (가)에 의하면,

$$P(H)=0.001,\ P(A|H)=\frac{P(A\cap H)}{P(H)}=1,\ \ P(A|H^c)=0.05$$

이므로, 양성일 때, 보균자일 확률은

$$P(H|A)=\frac{P(H\cap A)}{P(A)}=\frac{P(H\cap A)}{P(A\cap H)+P(A\cap H^c)}=\frac{0.001}{0.001+(0.999)\cdot(0.05)}$$

$$\fallingdotseq\frac{0.001}{0.001+1\cdot(0.05)}=\frac{1}{51}<\frac{1}{50}=2(\%)$$

가 됩니다.

그렇다면 비보균자인 경우에 양성으로 나올 확률을 $P(A|H^c)$라고 가정합시다.

양성인 경우에 비보균자일 확률을 $P(H^c|A)$로 생각한다면, $P(H^c|A)=0.05$로 간주하게 됩니다. 그래서 구하고자 하는 확률

$$P(H|A)=1-P(H^C|A)=1-0.05=0.95$$

로 잘못 계산하게 되는 것입니다.

논제 2

청소년 중 게임에 중독되었거나 중독될 위험이 있을 법한 사건을 G, 폭력범죄 비행일 사건을 V라고 합시다. 제시문 (나)의 조사결과는 $P(G|V)=\frac{990}{1000}=0.99$, 폭력범죄를 가진 청소년 중 게임중독의 비율이 99%로 매우 높다는 것일 뿐입니다. 그 결과를 $P(V|G)$, 즉 게임중독자 중 비행청소년의 비율이 높다고 해석할 수는 없습니다.

논제 3

게임중독자 중 폭력범죄자 비율 $P(V|G)$를 놓고 생각합시다. 전체 청소년 중 폭력범죄자 비율 $P(V)$과 비교해야 하고, 또한 게임중독이 아닌 자 중 폭력범죄자 비율 $P(V|G^C)$와도 비교해야 합니다. 만약, $P(V|G)>P(V)>P(V|G^C)$라면, 게임과 폭력의 상관관계가 있다고 할 수 있습니다.

매력적인 우연, 확률

뉴턴의 미적분학으로 인해 우리는 물체의 운동과 변화를 성공적으로 예측할 수 있게 되었습니다. 그리고 자연과학자나 철학자들은 자연현상은 물론 미래의 모든 사상조차도 미적분학으로 정확한 예측을 할 수 있을 것이라며 자신감을 나타냈지요. 심지어 프랑스의 수학자 라플라스는 천체역학(메카닉크 셀레스트)에서 "자연을 지배하는 모든 힘을 이해하는 능력이 한번 주어지고……. 분석할 수 있는 데이터가 충분하다면 거대한 천체운동과 극미한 원자운동조차도 하나의 공식 속에 포함되어 버릴 것이다. 그로써 불확실한 것은 사라지고 미래도 과거와 마찬가지로 확실히 알 수 있게 될 것이다"라고 선언합니다.

그러나 오늘날의 수학자와 과학자 그리고 철학자들은 그 누구도 라플라스가 선언했던 내용의 꿈이 가능하리라고 생각하지 않습니다. 사람들은 자연을 움직이는 법칙과 광대한 우주의 데이터를 분석하는 일 따위가 얼마나 어리석은 일인지 깨달았기 때문입니다. 혹, 그것이 가능하더라도 그 계산은 무한히 계속되기에 아무런 의미가 없습니다.

사람들의 이러한 깨달음 속에는 하이젠 베르크의 "전자의 정확한 위치와 속도는 결코 정확하게 측정할 수 없다"는 불확정성 원리가 결정적인 역할을 합니다. 그래서 오늘날의 수학자들은 확률론에 의한 예측으로 발상의 전환을 할 수 있었습니다.

예를 들어 하나의 동전을 던졌을 때, 앞이 나올지 뒤가 나올지는 아무도 알 수 없습니다. 그렇지만 동전을 수백 번, 수천 번 던지게 되면 앞과 뒤가 나오는 비율은 점점

$\frac{1}{2}$에 가까워집니다. 이 사실은 우리가 지금까지 다루어온 확률의 기본개념입니다.

자연계는 분명 예측할 수 없는 움직임을 보이지만, 자연의 대부분은 하나의 큰 패턴 안에서 집단적으로 움직이고 있습니다. 그러므로 확률은 어느 정도의 근사적인 오차와 정확성을 가지고 충분히 예측할 수 있는 것입니다. 수학에 있어서 확률을 단순하게 표현하자면 비율(percentage)의 문제입니다. 일어날 수 있는 여러 가지 사상 중에서 어떤 특정한 사상이 일어나는 빈도의 문제, 바로 그것이 확률이죠. 확률을 잘 묶어낸다면 충분히 추측이 가능합니다. 이러한 여러 가지 조합을 묶기 위해 몇 개의 기초적인 법칙이 생겨났고, 거기에서 공식이 파생되었습니다. 또한 특정한 현상들을 설명하기 위해 많은 이론들이 생겨나게 되었고, 현재 우리는 생활 속에서 확률을 사용하고 있습니다.

확률은 파스칼과 페르마에 의해 시작되었고, 확률이 생겨난 초기에는 과학과 상행위 그리고 도박에 봉사하는 정도였습니다. 그러나 오늘날 확률은 훨씬 중요한 것이 되었습니다.

가우스 이후의 수학자들은 확률을 통한 정규분포곡선, 여러 가지 방정식과 곡선을 연구했습니다. 그래서 확률의 유익성은 널리 인정받게 되었고 수학에서 당당하게 높은 위치를 차지하게 되었습니다.

오늘날에는 확률을 반드시 교과과목에 포함시킵니다. 그 이유는 확률이 과학과 기술 그리고 비즈니스의 분야에서 다양하게 적용되기 때문입니다.

2장

생활 속의 수학

함수

함수 개념은 단순히 하나의 수학적 방법이

아니라 수학적 사고의 심장이요 혼이다.

– 클라인

★★★★

슈퍼 토끼와 코끼리

코끼리의 무게는 2.64톤이고 토끼의 무게는 1파운드라고 합니다. 이 두 마리의 동물이 시소의 양 끝에 있습니다. 만약 코끼리가 지레 받침대쪽으로 1분당 1피트의 속도로 움직인다면 토끼는 지레의 균형을 맞추기 위해 시간당 몇 마일을 달려야 할까요?(1톤=2000파운드, 1마일=5280피트)

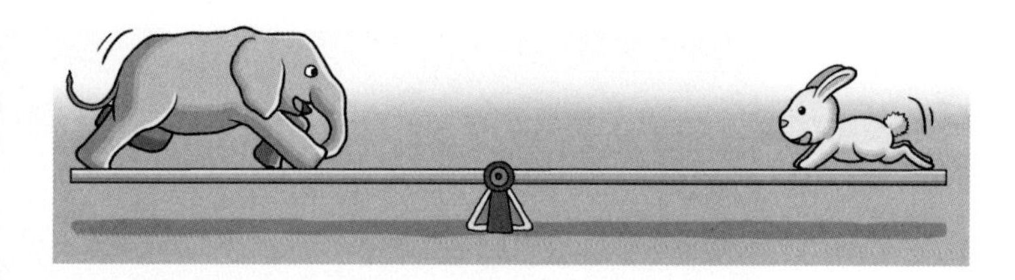

풀이

코끼리의 무게는 5280파운드이고 토끼의 무게는 1파운드이므로 지렛대로 균형을 잡으려면 토끼는 코끼리보다 5280배 빨리 움직여야 합니다. 그러므로 토끼의 속도는 5280피트/분이고 이를 시간당 마일로 계산하면 60mph입니다.

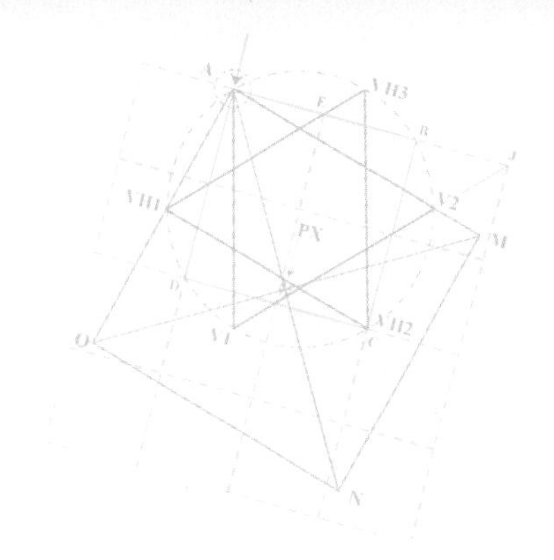

함수로 가득한 세상

다음은 영화 「그 남자 작곡, 그 여자 작사」의 내용입니다.

「그 남자 작곡, 그 여자 작사」의 한 장면. 작사와 작곡이라는 떨어질 수 없는 관계 속에서 사랑을 키워가는 두 주인공

80년대 최고의 인기를 누리던 그룹 '팝'의 멤버였던 알렉스(휴 그랜트)는 중년층들의 추억 속에나 아련히 기억되는 잊혀진 가수입니다. 현재 알렉스는 놀이공원이나 동창회 등의 행사가수로 불려 다니는 신세가 되었습니다. 그러던 어느 날, 인기 댄스가수인 코라 콜만이 듀엣을 제의해옵니다. 단, 알렉스가 직접 노래를 만들어야 한다는 조건으로 말이지요. 이것은 그에게 마지막 기회일지도 모릅니다. 그러나 알렉스에게 작곡은 손을 뗀 지 오래고, 작사를 해본 적 없었기 때문에 모험과 같은 일이었습니다. 작사에 골머리를 앓던 알렉스는 화초에 물을 주러 방문한 수다쟁이 아가씨 소피(드루 배리모어)가 작사가로서의 선천적인 재능이 있다는 사실을 알게 됩니다. 한때 작가지망생이었던 소피는 알렉스의 동업 제안에

머뭇거리지만, 이내 곧 두 사람은 각각 피아노와 노트를 손에 쥐고 한 곡의 노래를 완성합니다. 그리고 노래를 만들어가는 과정 속에서 그들의 사랑은 시작됩니다.

갑갑하리만큼 느리게 진전되는 작사 작업에 초초해진 알렉스가 소피에게 작사 독촉을 합니다. 이런 그에게 소피는 정색을 하며 '작사와 작곡의 함수관계'에 대해 설명합니다.

알렉스 : "그냥 가사일 뿐이에요."

소피 : "그냥 가사라구요?"

알렉스 : "가사가 중요하기는 하지만 멜로디만큼은 아니에요."

소피 : "잘 모르시는 것 같군요."

알렉스 : "화난 것 같은데, 펜 좀 그만 똑딱거려요."

소피 : "멜로디는 누군가를 처음 보는 느낌과 같아요. 매력과 끌림같은 거지요."

알렉스 : "그런가요?"

소피 : "그리고, 서로 알게 되면 그게 가사에요. 그들 사이에 벌어지는 이야기지요. 그 둘의 조화로 마법이 만들어지는 거라고요."

「그 남자 작곡, 그 여자 작사(Music And Lyrics)」 속에서 찾아진 함수 관계는 비단 이 영화에서만 나타나는 것은 아닙니다.

이 세상은 밀접한 관계를 맺고 있는 사물과 현상들로 가득 차 있습니다. 예를 들어, '직업과 그 직업을 가진 사람'이라는 관계로 서로 짝을 지어 볼까요.

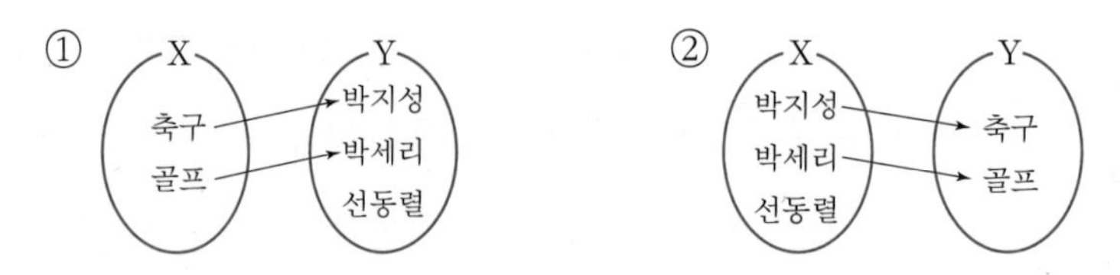

이처럼 집합과 집합의 원소끼리 서로 짝을 맺어주는 것을 '대응'이라고 합니다. 이런 관계를 맺을 수 있는 대응관계는 무수히 많습니다. 그리고 수많은 대응 중에서 원쪽에 있는 원소가 모두 하나씩 오른쪽의 원소와 짝을 갖는 대응을 '함수'라고 합니다. 다시 말해서 ①의 대응은 함수이지만, ②의 대응은 선동렬에 대응되는 직업이 없기 때문에 함수가 아닙니다. 이때 왼쪽에 있는 원소들의 집합을 '정의역', 오른쪽에 있는 원소들의 집합을 '공역'이라고 하고, 정의역의 원소에 대응되는 공역의 원소를 '치역'이라고 합니다.

정의역 X＝{축구, 골프}

공역 Y＝{박지성, 박세리, 선동열}

치역＝{박지성, 박세리}

이와 같은 함수들은 우리 생활에서 많이 찾아 볼 수 있습니다. 학교에서 학생들은 자기 고유의 번호를 하나씩 가지고 있는데, 출석부, 생활기록부, 성적표 등 각종 서류에 '이름과 번호' 라는 관계로 기록됩니다. 컴퓨터의 한글 자판을 눌러 보면 자판에 대응하는 글자들이 하나씩만 나타납니다. 나타나지 않거나 여러 가지 글자가 동시에 나타나는 일은 없습니다. 또한 길거리에 있는 자동판매기에서 음료수를 살 때, 동전을 넣고 버튼을 누르면 거기에 대응하는 음료수가 하나씩만 나옵니다.

변하는 두 개의 숫자 사이에 성립하는 함수 관계 또한 무수히 많습니다. 택시 요금과 거리, 전화 통화 시간과 통화 요금, 옥상에서 떨어뜨린 공의 높이와 시간, 창던지기 선수가 던진 창의 속도와 시간, 바이킹 놀이 기구의 스릴감과 속도 등 수많은 예를 찾아볼 수 있습니다. 특히, 그 관계가 일정한 규칙이 있을 때는 규칙을 알아내어 간단한 공식으로 나타내거나 특별한 규칙으로 알아두면 필요할 때마다 사용할 수 있습니다. 간단한 예로 우리나라에서는 대부분 기온을 나타낼 때 섭씨(C)를 사용하지만, 유럽이나 미국에서는 화씨(F)를 많이 사용합니다. 섭씨온도(C)를 화씨온도로 바꾸는 방정식은 $F=\frac{9}{5}C+32$로 알려져 있습니다. 이 방정식에 의해 섭씨온도 하나에 화씨온도가 하나씩만 대응됩니다.

그러나 함수가 항상 공식이나 방정식으로만 나타나야 한다는 법은 없으며, 항상 수를 포함해야 할 필요도 없습니다. 가령

m(풍선)=동방신기, m(유혹의 소나타)=아이비, m(I do)=비

이라고 하면, 함수 m은 노래와 그 노래를 부른 가수가 관계되는 것임을 알 수 있고, 노래가 주어지면 노래마다 가수를 대응시킬 수도 있습니다.

생활 속에서 다양하게 응용되는 함수는 수학 교과 과정에서도 당연히 커다란 위치를 차지할 수밖에 없습니다. 함수의 개념이 포함되지 않은 곳은 거의 없으며, 그 모든 것들이 함수라는 큰 줄기에서 뻗어 나왔다고 해도 과장이 아닙니다.

이 함수개념이 교과과정에 도입된 것은 20세기 초에 독일에서 클라인이 수학 교육 개혁을 주창한 이후입니다. 클라인은 "함수 개념은 단순히 하나의 수학적 방법이 아니라 수학적 사고의 심장이요, 혼이다"라고 함수를 극찬하며 함수가 학교 수학 교육의 중심이 되어야 한다고 강조하였습니다.

클라인이 이와 같은 주장을 펼친 이유는 무엇일까요? 왜냐하면 함수적 사고는 대수와 기하를 관련지어 주고 응용 수학을 포함하며 수학적 사고 전체의 바탕에 놓여 있는 기본적인 관점이기 때문입니다.

1 단계 주제를 이해하는 문제

김영철의 아버지

'김영철의 아버지' 라는 표현의 일상적 의미는 함수를 나타내는 것으로 생각될 수도 있고, 그렇지 않을 수도 있습니다.

(1) 이 표현이 어떤 경우에 함수적 표현이 되고 어떤 경우에는 함수적 표현이 되지 못하는지 예를 들어 그 이유를 설명하세요.

(2) '김영철의 아버지' 가 함수적 표현인 경우, 이 표현이 나타내는 함수를 f라 합시다. 이때, f를 엄밀히 규정해 보세요.

(3) $f(f(a))=b$의 등식은 두 사람 a와 b 사이에 어떤 친족관계가 성립할까요?

[2006년도 고려대 수시 1학기]

집합의 개념에 의한 함수의 정의와 조건, 대응관계를 묻는 문제로서 수학적 기초력과 추론능력을 동시에 갖추어야 풀 수 있는 문제입니다.

(1) 정의역을 김영철의 집합, 즉 자식의 집합이라 하고, 공역은 아버지의 집합이라 합시다. 함수가 되기 위해서는 반드시 자식 한 명에게 아버지도 한 명씩 대응되어야 합니다. 문제에서 주어진 조건으로만 추론해볼 때 자식은 한 명이라도 생물학적으로 친아버지, 법적으로 가능한 양아버지 등의 관계가 구별되어 있지 않습니다. 생물학적으로 가능한 친아버지와 자식의 관계로 본다면 함수로 볼 수 있고, 그렇지 않고 법적인 양아버지의 관계까지 확대해석하면 함수관계가 성립하지 않습니다.

(2) $f: X \rightarrow Y$가 있을 때, 정의역 X를 자식들의 집합, 공역 Y를 친아버지들의 집합이라 하면 함수적인 관계가 성립합니다. 자식이 모두 한 명이 아닌 이상 일대일 함수나 일대일 대응은 되지 않고 치역과 공역이 같은 함수가 됩니다.

(3) $f(a)=c$라 하면 c는 a의 친아버지임을 말하는데, $f(c)=b$로 정리되므로 b는 c의 친아버지임을 동시에 말해줍니다. 결국 b는 친할아버지, a는 c의 자식임과 동시에 b의 친손자임을 알 수 있습니다.

1 좌표 평면의 탄생

서울은 우리나라에서 가장 복잡하고 삭막한 도시입니다. 그러나 조금만 벗어나면 세계 어디에 내놓아도 부럽지 않은 산맥이 서울을 둘러싸고 있습니다. 특히 북쪽으로 불암산, 수락산, 사패산, 도봉산, 북한산으로 이어지는 수려한 산맥이 바로 그것이죠. 이러한 산의 아름다움은 도시에 찌든 피로를 말끔히 씻어주는 청량제 같은 역할을 해주고 있습니다. 그래서 주말이면 많은 사람들이 이곳을 찾아 갑니다. 그런데 한 등산객이 혼자 등산을 즐기다가 다리가 부러져 움직일 수 없게 되는 사고가 발생했다고 합시다. 등산객은 자신의 위치를 어떻게 알려 도움을 받을까요? 만약 다음과 같은 지도가 있고, 한 쌍의 숫자만 알려준다면 구조대가 손쉽게 찾아올 수 있을 것입니다.

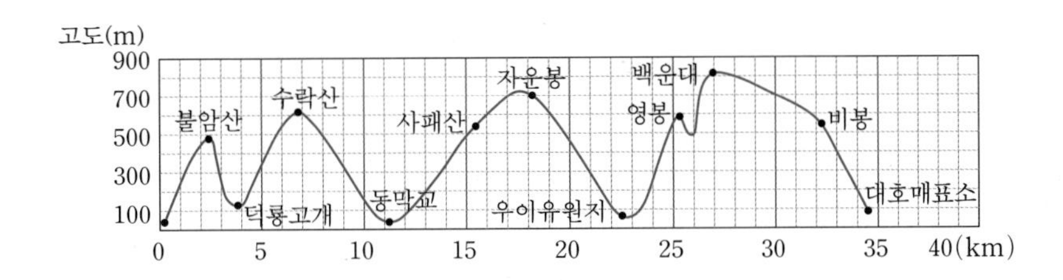

지도를 살펴보면 가로축과 세로축이 있습니다. 세로축은 산의 고도를 나타내고, 가로축은 등산 출발선에서 떨어진 위치를 나타내고 있습니다. 덕룡고개에서 수락산으로 가는 중간 (5,400)에서 사고를 당했다고 구조대에게 알려주면 됩니다. 그러면 구조대는 가로축과 세로축에 각각 대응하는 숫자 2개로 등산객의 조난된 위치를 알 수 있습니다.

구조 요청을 받은 구조대는 헬리콥터를 타고 (5, 400) 지점으로 향했습니다. 그렇다면 이 헬리콥터의 위치는 어떻게 알 수 있을까요? 헬리콥터의 높이를 나타내는 축 하나가 더 필요합니다. 가로축, 세로축과 높이를 나타내는 3개의 축이 각각 수직으로 만나도록 그리고 가로, 세로, 높이까지 숫자 3개로 위치를 표시하는 것입니다.

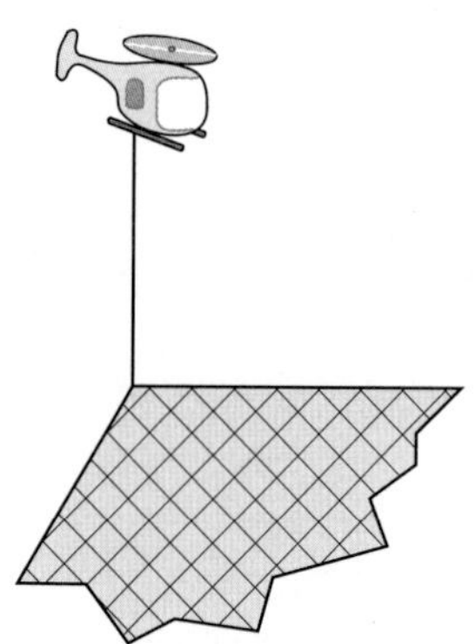

이것은 축 하나로 1차원의 세계인 직선을, 축 두 개로 2차원의 세계인 평면을, 축 세 개로 3차원의 세계인 공간을 좌표로 표현한 것입니다.

이러한 좌표평면이 어떻게 만들어졌을지 생각해 봅시다.

평범한 학생이라면 아침마다 어쩔 수 없이 학교에 가야만 합니다. 일어나고 싶을 때까지 침대에 누워 휴식을 취해도 된다면 정말 행복할 것입니다. 그런데 이러한 행운을 교장 선생님으로부터 받은 한 소년이 있었습니다. 그가 바로 17세기 근대 수학자 데카르트였습니다. 근대 과학의 성립을 사상적으로 뒷받침한 철학자이기도 한 그는 "생각한다. 고로 존재한다"라는 말로 우리에게 잘 알려져 있습니다. 어려서부터 허약했던 그는 학창 시절을 회상할 때마다 침대에서 보낸 조용한 아침의 명상이 자신의 철학과 수학의 참다운 원천이었다고 말했습니다. 데카르트가 만든 좌표의 개념도 조용한 아침의 명상에서 나왔다는 일화가 있습니다.

어느 날 아침 침대에 누워 있던 소년 데카르트는 천정에 붙어 있는 파리를 보고 파리의 위치를 나타내는 일반적인 방법을 찾으려고 애쓰다가 '좌표'라는 발상을 하게 되었다고 합니다. 모눈종이 위에 (1, 2), (−2, 3)과 같이 순서쌍을 이용하여 좌표 평면에 점을 찍는 상식적인 좌표의 사용이 뭐 그리 대단한 발견인가 의아해할 수도 있습니다. 그러나 순서쌍에 의해 찍힌 고정된 점이 아니라 파리처럼 움직이는 점을 찍는다는 것은 무척 중요한 의미가 있습니다. 파리가 움직이면 x의 값이 변하면서 y의 값도 그에 따라 변합니다. 만약 파리가 x축, y축을 따라 직각의 이등분선을 그리면서 움직인다면 파리의 움직임을 $y=x$라는 식으로 간단히 나타낼 수가 있게 됩니다. 직선뿐만 아니라 원, 타원, 쌍곡선과 같은 기하학적 도형도 모두 식으로 나타낼 수 있는 것입니다.

이것은 한 개의 점이 어떤 법칙에 따라 이동할 때, 그 움직인 거리는 그것에 소요된 시간의 함수 즉, 시간의 변화에 관계되는 것입니다. 이 관계는 방정식으로도 나타낼 수 있고, 또 직선이나 곡선으로 그래프 위에 그릴 수도 있습니다. 미적분은 이 함수의 그래프를 분석할 뿐만 아니라 그 물리적인 운동이나 변화 그 자체를 분석하기도 합니다. 이 세상에서 변하지 않는 것은 없으므로 함수를 해석적으로 취급한다는 것은 대단히 중요한 일입니다. 예를 들어, 금속은 뜨거워지면 팽창합니다. 그래서 철봉의 길이와 온도의 관계에서 함수를 찾을 수 있습니다. 차가울 때의 철봉의 길이를 알고 있으면, 온도변화에 따른 철봉의 길이의 변화도 알 수가 있습니다. 멀지 않은 우주 시대의 함수는 인공위성의 속도와 그 궤도의 직경과의 관계, 나아가서는 우주여행자들에게 필요한 산소의 분량과 육체적 스트레스와의 관계를 예측 가능하게 할 것입니다.

다음 그림은 신장의 변화를 측정한 그래프입니다. 신장을 연령의 함수로서 나타내는 이 그래프들은 신장과 연령의 함수관계를 정확하게 측정할 수 있게 도와줍니다.

연령에 따른 신장의 변화에 대한 함수. 5년간의 기울기는 직선으로 나타나 있다.

해마다 키를 측정하여 더 정확한 성장의 근사치를 얻는다. 머리 위의 직선이 곡선에 가까와지기 시작.

반 년마다 재면 더 정확한 성장률의 매끄러운 곡선이 나타난다.

신장의 변화

이처럼 함수는 그래프라는 가시적인 힘을 더하여 세상과 수학을 연결하는 수단으로서 어떠한 현상을 패턴화 하는데 널리 사용됩니다. 그중에서도 운동을 시간의 함수로 나타내는 것은 특히 중요합니다. 함수는 집합과 함께 현대 수학의 대표적인 통합 개념이면서 조직 개념이기 때문에 현대 수학을 전개하는데 있어 필수조건이라 할 수 있습니다.

잠깐!

곡선과 양의 행복한 결합

개성적인 명칭을 가진 색다른 곡선은 수학자들의 수학적 솜씨를 느낄 수 있는 좋은 예입니다. 실용적인 가치는 거의 없으나, 그 밑에 적힌 방정식을 그래프로 그린 것입니다.

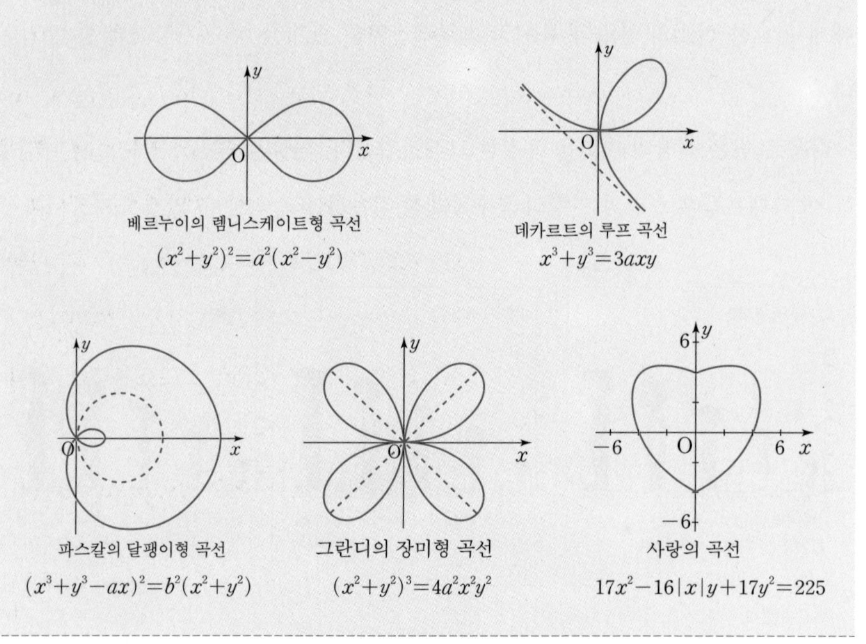

베르누이의 렘니스케이트형 곡선 $(x^2+y^2)^2=a^2(x^2-y^2)$

데카르트의 루프 곡선 $x^3+y^3=3axy$

파스칼의 달팽이형 곡선 $(x^3+y^3-ax)^2=b^2(x^2+y^2)$

그란디의 장미형 곡선 $(x^2+y^2)^3=4a^2x^2y^2$

사랑의 곡선 $17x^2-16|x|y+17y^2=225$

급행 열차와 보통 열차

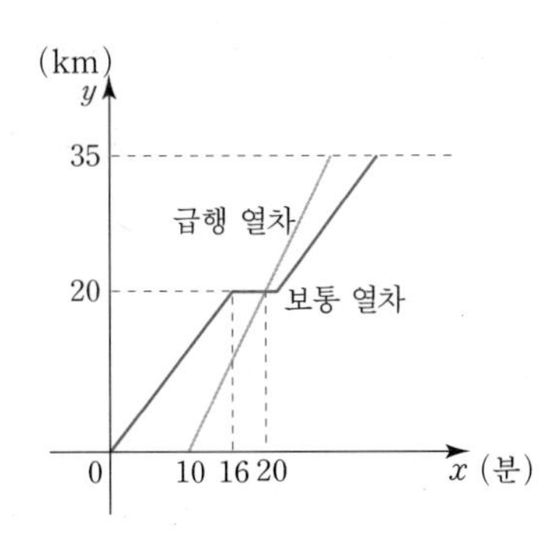

오른쪽 그래프는 A역으로부터 35km 떨어져 있는 B역으로 가는 급행 열차와 보통 열차의 운행 시간 그리고 거리 사이의 관계를 나타낸 것입니다. 급행 열차는 보통 열차보다 10분 후에 A역을 출발하고, 도중에 정차해 있는 보통 열차를 추월하여 B역에 먼저 도착하게 됩니다. 이때, 다음 물음에 답하세요. (단, 정차한 시간을 제외하면 두 열차 모두 일정한 속력으로 달립니다.)

(1) 급행 열차는 A역을 출발한 지 몇 분 후에 B역에 도착하게 될까요?

(2) 보통 열차가 급행 열차보다 5분 20초 뒤에 B역에 도착한다고 할 때, 도중에 정차한 시간을 구하세요.

풀이

(1) 급행 열차는 20km지점까지 10(=20−10)분 걸렸으므로 1분에 2km씩 갑니다.
따라서 B역까지 35km를 가려면 17분 30초가 걸립니다.

(2) 급행 열차의 도착 시각은 보통 열차가 출발한 지 10+17.5=27.5=27(분) 30(초) 후입니다. 보통 열차의 도착 시각은 27분 30초+5분 20초=32분 50초 입니다.
그래프에서 보통 열차는 20km를 가는데 16분 걸렸으므로, 속력은 $\frac{20}{16}$=1.25(km/분) 입니다.
이 속력으로 35km를 가려면 $\frac{35}{1.25}$분, 즉 28분이 걸리므로 보통 열차의 정차 시간은 32분 50초−28분=4분 50초입니다.

인터넷 포털 사이트

문제 난이도 그래프
논리력 ■■■
사고력 ■■■
창의력 ■■

인터넷 포털 사이트 A, B의 총 누적 접속건수(2003년 12월부터 2004년 4월까지)를 매달 1일 집계하여 오른쪽의 그래프를 그렸습니다. 이 그래프를 이용하여 두 사이트의 매월 접속건수와 월간 접속건수의 변화에 대한 추이를 비교하고, 이를 토대로 두 사이트의 누적 접속건수에 대한 앞으로의 전망을 비교 설명하시오.

[2005 고려대 수시 1 예시문항]

총 접속건수 집계 시기 \ 대상 사이트	A	B
2003년 12월 1일	349	2051
2004년 1월 1일	395	2250
2004년 2월 1일	472	2499
2004년 3월 1일	625	2805
2004년 4월 1일	957	3147

(단위 : 천 건)

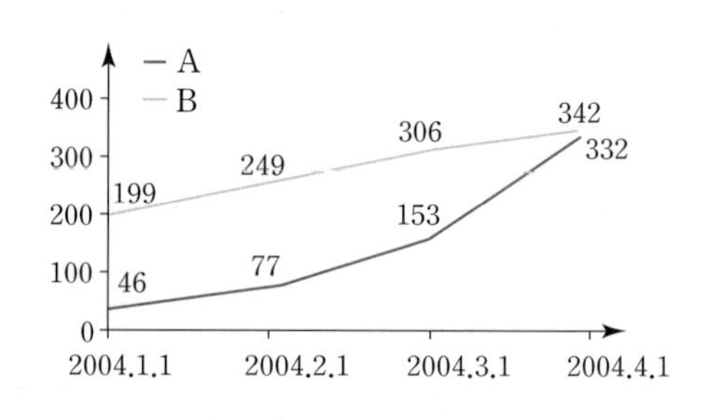

풀이

전월대비 월간 접속건수의 증가 정도를 보면 사이트 B의 경우 전월대비 약 5만 건 정도의 산술급수적으로 증가합니다. 반면 사이트 A는 전월대비 약 2배 정도의 기하급수적으로 증가하고 있습니다. 따라서 2004년 4월 이후 사이트 A의 접속건수는 보다 급격하게 증가할 것입니다. 그래서 절대적 수치로서의 사이트 A의 총 누적 접속건수가 사이트 B의 총 누적

접속건수를 조만간 추월할 것으로 예상할 수 있습니다.

절대적 수치로 보면 사이트 A의 누적접속건수는 사이트 B의 누적접속건수에 비해 적습니다. 그러나 그래프에 의하면 사이트 A의 월간 접속건수는 꾸준히 증가했습니다. 이렇듯 2004년 3월 한 달간의 접속건수만 봤을 때, 사이트 B의 접속건수에 비해 1만 건 정도의 차이를 두고 증가하였음을 알 수 있습니다.

나는 네가 한 일을 낱낱이 알고 있다

영화 「에너미 오브 스테이트」를 보면 주인공인 윌 스미스가 터널에서 추격자들을 피해 도망치는 장면이 나옵니다. 추격자들이 주파수를 조정해서 터널 관리자에게 "용의자가 터널 안으로 도망치고 있다. 위치를 확인해 달라"고 말합니다. 그러자 터널 관리자가 "용의자는 XX로 도망치고 있다"라고 말합니다. 그리고 추격자는 "알았다" 라고 말합니다. 주인공이 아무리 재빠르게 달려도 추격자들은 위성을 이용하여 위치를 추적하기 때문에 이들에게서 벗어나는 것은 쉽지 않습니다. 데카르트의 직교 좌표축을 이용한 이 위성추적장치는 너무 정교해서 바로 옆에서 주인공의 숨소리를 듣듯이 생생하게 전달됩니다.

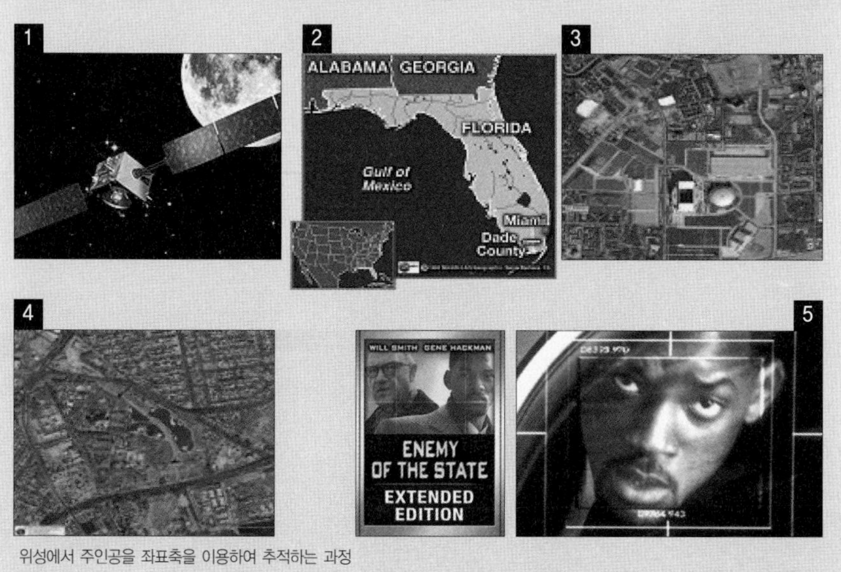

위성에서 주인공을 좌표축을 이용하여 추적하는 과정

이처럼 국가나 거대 조직이 어느 특정 개개인을 감시하려 한다면 불가능한 것은 아닐 것입니다. 극소형 위치 추적 장치나 도청장치, 소형 감시카메라 같은 것은 이미 쓰이고 있으며, 실제로 전화도청을 위해 전화기에 도청장치를 붙이는 것은 장난에 불과할 정도가 된 상태라고 합니다. 국가 정보기관이라면 그것도 미국의 CIA나 FBI, 그리고 영화에 나온 NSA같은 곳에서는 이보다 더 성능이 우수한 장치로 도청을 할 수도 있습니다.

현재 우리나라에 주둔 중인 미군의 어느 첩보부대는 훨씬 이전부터 북한의 최고 기관을 비롯한 국가기관 건물의 도청을 해왔다는 얘기도 있습니다. 그중 가장 유명한 것이 에셜론(Echelon) 프로젝트라는 것입니다.

에셜론(Echelon) 프로젝트는 미국 국가안보국(NSA)의 주도하에 영국, 캐나다 등의 정보기관이 참여해 비밀리에 운영되고 있는 국제 통신감청망입니다. 에셜론은 120여 개의 위성을 기반으로 전화통화, 팩스, e메일 등 통신 감청을 통한 정보수집 및 암호해독 등의 활동을 하고 있습니다.

에셜론의 원래 뜻은 삼각편대입니다. 이 시스템의 취지는 국제안보를 위해 테러리스트, 마약 거래, 정치와 외교정보를 수집하는 게 본연의 임무입니다.

에셜론은 1947년 미국과 영국이 통신정보를 공동으로 수집·공유하자는 비밀 합의에서 출발했습니다. 1972년 영국과 미국이 먼저 시작한 UKUSA라는 국제 통신감청망에 캐나다, 호주, 뉴질랜드 3개 영어권 국가를 포함시켜 이들 회원국을 제외한 전 세계 모든 종류의 통신정보를 수집·분석·공유하는 것이죠. 에셜론 시스템은 첩보위성 120여 개를 기반으로 전화, 팩시밀리, 무선통신, e메일 등 모든 종류의 통신을 하루에 200만 건까지도 감청할 수 있습니다. 정확한 음성인식 기능을 가진 에셜론의 슈퍼컴퓨터는 시간당 수십억 개의 단어를 감청할 수 있는 능력을 갖추고 있습니다.

에셜론의 범위와 그 능력에 관해서는 아직까지 확실히 밝혀진 바가 없습니다. 다만 이 가공할 힘을 어느 특정개인에 대해 사용한다면 영화 「에너미 오브 스테이트」에서의 장면이 결코 불가능한 것은 아닐 것입니다.

효율적인 난방 관리

문제 난이도 그래프
논리력 ■■■
사고력 ■■■■
창의력 ■■■

겨울철 실내 온도를 적정 수준으로 유지하기 위해 자동 온도 조절이 가능한 난방 장치를 사용합니다. 이 난방 장치의 눈금은 희망 실내 온도를 나타냅니다. 외부 온도는 항상 −10℃로 일정하다고 가정합시다.

(1) 실내 온도가 20℃인 상태에서 당신은 8시간 동안 외출을 하려고 합니다.

(A) 난방 장치를 끄고 외출한 경우

(B) 난방 눈금을 10℃로 설정하고 외출한 경우

두 경우 모두 8시간 뒤 귀가하여 난방 눈금을 20℃로 재설정한다고 가정합시다. 외출 이후부터, 귀가하여 실내 온도가 20℃에 이를 때까지 시간의 흐름에 따른 실내 온도의 변화를 (A)와 (B) 두 경우에 대해 비교 가능하도록 한 좌표상의 그래프로 그려보고, 이에 대한 논리적 근거를 제시하세요.

(2) 집을 비우고 외출할 때, 위 문제의 (A)와 (B) 중 한 가지의 경우를 선택해야 한다면, 어떤 사항들을 고려하여 어떻게 결정하겠는지 논리를 간략히 전개하세요.

[2003학년도 중앙대학교 수시2학기 학업적성평가 문제지(자연계)]

(1) 아래와 같은 그래프를 생각할 수 있습니다.

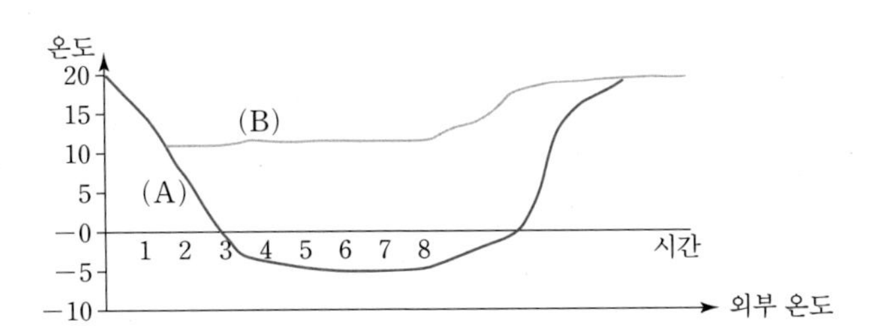

위 그래프에서 (A)의 경우는 난방장치를 정지시킨 경우이므로 시간이 흐름에 따라 실내 온도가 점차 내려갑니다. 그러나 실외 온도인 −10℃ 이하로는 내려가지 않습니다. 8시간 후에 귀가하여 난방장치를 눈금이 20이 되도록 하여 가동시키면 실내 온도가 서서히 희망 설정 온도인 20℃로 올라가 실내 온도가 일정하게 유지됩니다.

(B)의 경우에는 난방 장치의 눈금을 10으로 설정하였으므로 실내 온도가 내려가다가 10℃ 이하가 되면 난방 장치가 자동적으로 가동됩니다. 그래서 희망 설정 온도인 10℃를 계속 유지 하게 됩니다.

8시간 후에 귀가하여 난방 장치를 눈금이 20이 되도록 하여 가동시키면 실내 온도가 (A)의 경우보다는 빠르게 상승합니다. 마찬가지로 희망 설정 온도인 20℃로 올라간 후 실내 온도가 일정하게 유지됩니다.

(2) (A)와 (B)의 장단점을 고려하여 결정합니다.

i) (A)의 장점은 난방비를 절약할 수 있다는 것입니다.

ii) (A)의 단점은 귀가한 후에 한동안 추운 실내에서 따뜻해질 때까지 기다려야 하고, 경우에 따라서는 난방 배관이 동파될 수도 있다는 것입니다.

iii) (B)의 장점은 귀가 후 난방눈금을 20으로 재설정하였을 때 20℃까지 도달되는 시간이 빠르다는 것과, 집안 내에 낮은 온도에 나쁜 영향을 받는 물건이나 식물이 있을 때 이들을 보호할 수 있다는 것입니다.

iv) (B)의 단점은 비어 있는 집에 난방장치를 가동함으로써 난방비용이 증가한다는 것입니다. 이러한 장단점을 비교하고 경제성과 편리성 등의 선호에 따라 결정할 수 있습니다.

2 정비례와 반비례

우리는 정비례 또는 반비례라는 용어를 많이 사용합니다. 이 용어는 함수관계를 나타냅니다. 그러나 이러한 단어의 일상적인 쓰임새와 수학적 정의 사이에는 조금 차이가 있습니다. 우선 정비례와 반비례라는 단어를 일상에서 사용하고 있는 몇 가지 예를 살펴봅시다.

정비례 용어 사용의 예	반비례 용어 사용의 예
스트레스와 담배 소비량	국제 유가와 산유국들의 정세 안정
출산율과 인구 증가	물가 상승과 소비량
경제력과 군사력	보유세와 집값
투자위험과 수익률	게임 이용 시간과 성적
주택 보급률과 정부 지원	국민 건강과 담배 소비량
고민의 양과 머리카락의 수	국가 치안과 범죄율

위의 예를 잘 살펴보면 "x와 y는 정비례한다"라는 말은 일상적으로 "x가 커지면 y도 커진다"는 의미로 받아들이기 쉬우며, 실제로 많은 사람들이 그런 의미로 사용하고 있습니다. 마찬가지로 "x와 y는 반비례한다"라는 말은 "x가 커지면 y는 작아진다"는 뜻으로 사용합니다. 그러나 정비례 함수라고 해서 x가 커질 때 반드시 y가 커지는 것은 아니며, 반비례 함수도 x가 커질 때 반드시 y가 줄어드는 것만을 의미하지는 않습니다.

수학적 의미의 정비례란 '두 변수 사이의 비가 일정한 함수 관계' 입니다. 또한 반비례란 '두 변수의 곱이 일정한 함수 관계'를 뜻합니다. 즉, 두 변수 x, y 사이의 관계는 다음과 같습니다.

$\frac{y}{x}=a$ 즉, $y=ax(a\neq0)$ $\Leftrightarrow$ 정비례 함수

$xy=a$ 즉, $y=\frac{a}{x}$ $\Leftrightarrow$ 반비례 함수

(※ a는 일정한 값입니다. 이처럼 x, y가 비례 관계를 만족하는 a를 비례상수라고 합니다.)

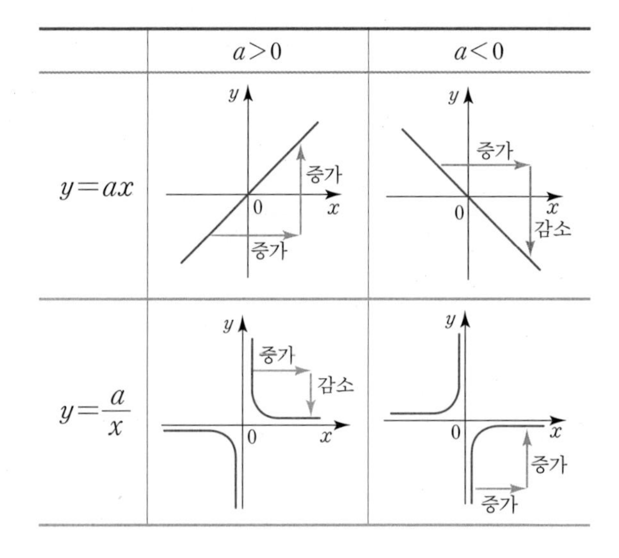

따라서, 정비례의 경우 $y=-2x$ 함수는 x의 값이 $-1,\ 0,\ 1,\ 2, \cdots$로 커질 때, y의 값은 $2,\ 0,\ -2,\ -4,\ \cdots$로 작아집니다. 만약 $a<0$이라면 x의 값이 증가할 때 y의 값은 감소하게 됩니다.

또, 반비례의 경우도 $y=-\frac{2}{x}$인 경우와 같이 x의 값이 $1,\ 2,\ 3,\ \cdots$으로 커질 때, y의 값은 $-2,\ -1,\ -\frac{2}{3},\ \cdots$로 커집니다. 즉, $a<0$이라면 x의 값이 증가할 때, y의 값도 증가하게 됩니다.

그러므로 '증가한다'는 의미로 정비례라는 표현을 쓰거나, '감소한다'는 의미로

반비례라는 표현을 쓰는 것은 부정확한 표현입니다. 정비례 대신 '증가함수', 반비례 대신 '감소함수' 라는 단어를 사용하는 것이 수학적으로 더 정확한 표현입니다.

정비례 또는 반비례의 함수관계는 자연과학에서도 자주 등장합니다.

사례 1 보일-샤를의 법칙(Boyle-Charles' Law)

보일-샤를의 법칙은 "일정량인 기체의 부피는 압력에 반비례하고 절대온도에 정비례한다" 입니다.

압력은 깊이의 함수라고도 합니다. 사진처럼 양철통의 구멍에서 뿜어져 나오는 물의 수압은 물의 깊이에 따라 달라지는 함수를 보여 주고 있습니다.

양철통 위에서 나오는 물은 압력이 낮기 때문에 물줄기가 약하고, 아래에서 나오는 물은 압력이 높기 때문에 세게 분출됩니다.

이처럼 기체의 부피를 V, 압력을 P, 절대온도를 T라 할 때,

$$\frac{PV}{T}=a(\text{일정}) \Leftrightarrow V=\frac{aT}{P} \Leftrightarrow \text{V와 P는 반비례 관계,}$$

V와 T는 정비례 관계

$$\Leftrightarrow P=\frac{aT}{V} \Leftrightarrow \text{P와 T는 정비례 관계입니다.}$$

이를 그래프로 나타내면 다음과 같습니다.

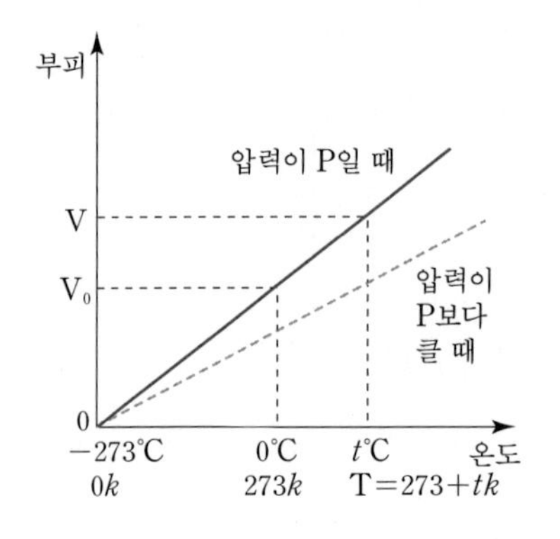

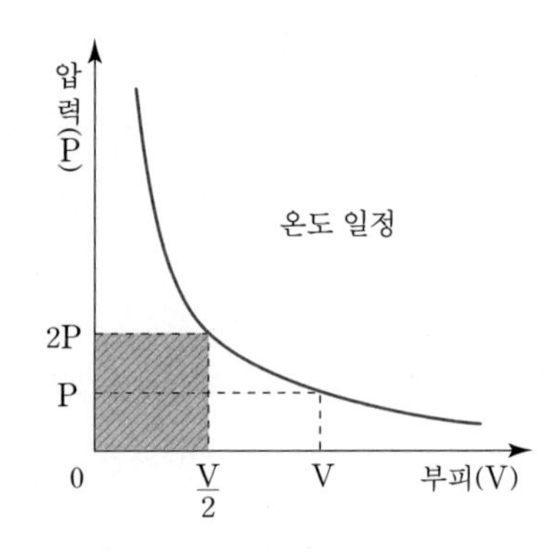

사례 2 쿨롱의 법칙(Coulomb's Law)

쿨롱의 법칙은 "두 전하 사이에 작용하는 전기력 F는 두 전하량 q_1, q_2의 곱에 비례하고 두 전하 사이 거리 r의 제곱에 반비례한다" 입니다.

$$F = k\frac{q_1 q_2}{r^2} \quad (k\text{는 상수})$$

로 표시할 수 있으며, 여기서도 정비례와 반비례의 함수관계를 찾아볼 수 있습니다.

톱니바퀴 배열 속의 함수

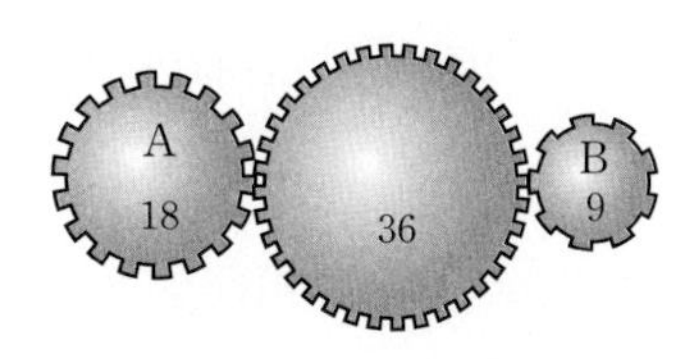

전기드릴, 시계, 믹서기, 장난감, 자동차 등과 같은 물건들은 모두 톱니바퀴를 이용하여 하나의 회전축의 운동을 다른 회전축으로 전달합니다.

오른쪽 그림에서 각각의 톱니바퀴에 적혀 있는 숫자가 톱니의 개수라고 할 때, A가 시계방향으로 한 바퀴 회전하는 동안 B는 시계 방향으로 두 바퀴 회전하게 됩니다.

A가 x번 회전할 때, B는 y번 회전한다고 하면 x와 y 사이에는 $y=2x$인 관계가 성립합니다. (1)번과 (2)번 그림에서 톱니바퀴 A가 시계방향으로 회전할 때, x와 y 사이의 관계식 그리고 B의 회전 방향을 구하세요.

(1)

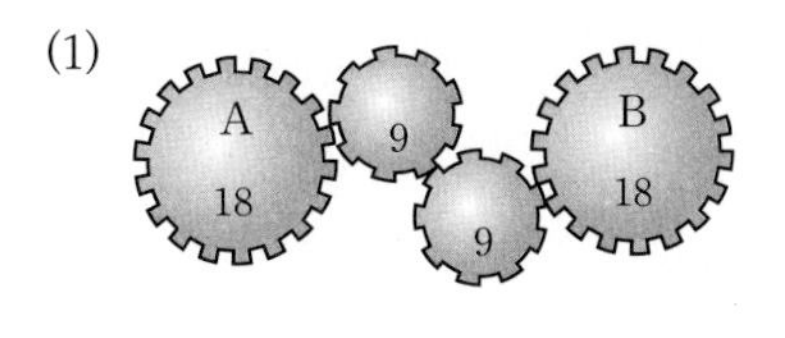

(2)

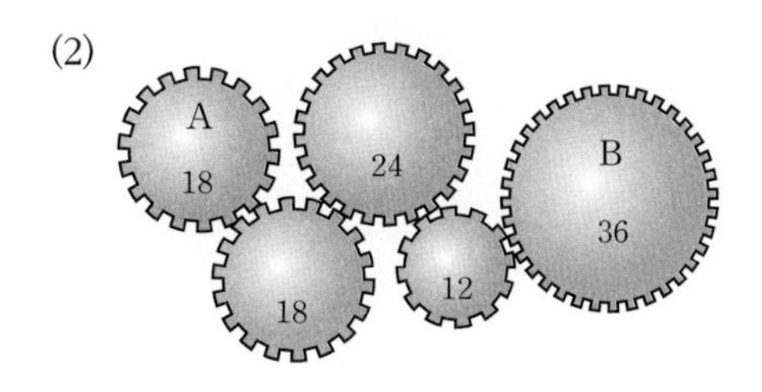

(1) 톱니수의 비가 18∶18=1∶1이므로 관계식은 $y=x$입니다. A가 시계 방향으로 회전하므로 두 번째 톱니가 시계 반대 방향, 세 번째가 시계 방향으로 회전하므로 톱니 B는 시계 반대 방향으로 회전합니다.

(2) (1)과 같은 방법으로 생각하면, 관계식은 $y=\frac{1}{2}x$이고 톱니 B는 시계 방향으로 회전합니다.

시간과 물의 높이

문제 난이도 그래프
논리력 ■■■
사고력 ■■■
창의력 ■■

[그림 1]과 같이 깊이가 60cm인 원기둥 모양의 용기 바닥에 직육면체 모양의 벽돌이 놓여 있고, 이 용기에 일정한 비율로 물을 넣습니다. [그림 2]는 시간이 지남에 따라서 물의 깊이의 변화를 그래프로 나타낸 것입니다.

(1) 벽돌의 높이는 몇 cm인가요?

(2) 벽돌의 부피는 이 용기의 부피의 몇 배인가요?

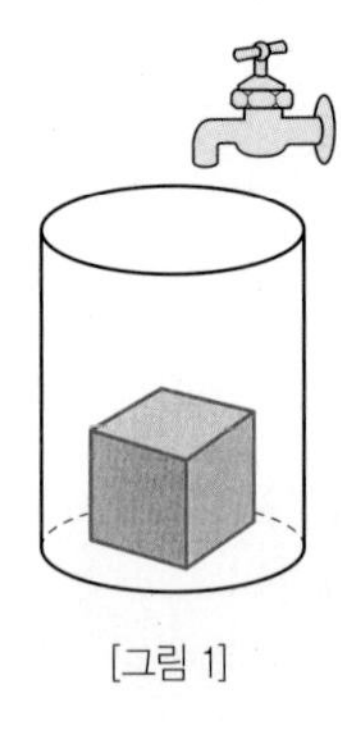

[그림 1]

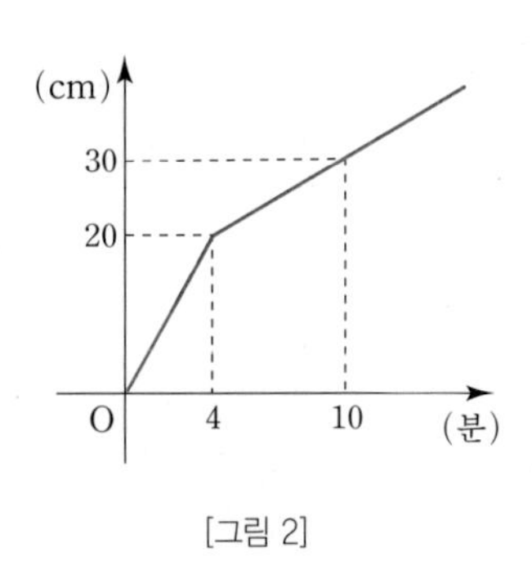

[그림 2]

풀이

(1) 물의 깊이가 20cm가 될 때까지 그래프의 기울기가 급격히 기울어졌으므로, 벽돌의 높이는 20cm입니다.

(2) 1분 동안 나온 물의 양을 V라고 합시다.

4분에서 10분까지, 6분 동안 물의 깊이는 10cm 증가했습니다. 이때 증가한 물의 양은 6V입니다. 즉, 물의 깊이가 10cm 증가할 때, 물의 양은 6V만큼 증가하였으므로 벽돌이 없다면 원기둥 전체에 채워질 물의 양은 $6 \times 6V = 36V$입니다.

한편, 처음부터 4분 동안 나온 물의 양은 4V이고, 벽돌이 없다면 물의 깊이 x는

$$6\text{V} : 10 = 4\text{V} : x \qquad \therefore x = \frac{20}{3}(\text{cm})$$입니다.

그런데 벽돌을 넣은 용기에서 4분 후 물의 깊이가 20cm, 즉 벽돌을 넣지 않았을 때보다 3배가 증가했으므로 부피도 3배가 증가하여 $3 \times 4\text{V} = 12\text{V}$입니다.

따라서, 벽돌의 부피는 $12\text{V} - 4\text{V} = 8\text{V}$이므로 용기의 부피의 $\frac{8}{36} = \frac{2}{9}$배입니다.

문제 난이도 그래프
논리력 ■■■■
사고력 ■■■■
창의력 ■■■

기압과 고도의 관계

해수면의 기압을 P_0, 해수면으로부터의 고도가 hm인 곳의 기압을 P_h라 할 때, 기압과 고도 사이의 관계는 근사적으로 다음과 같이 주어집니다.

$$h=k\log_{10}\frac{P_0}{P_h} \text{ (단, } k\text{는 상수)}$$

이때, P_0, P_h, P_{2h} 사이의 관계를 식으로 나타내세요.

풀이

$$2h=k\log_{10}\frac{P_0}{P_{2h}} \cdots ㉠$$

한편, $h=k\log_{10}\frac{P_0}{P_h}$의 양변에 2를 곱하면

$$2h=2k\log_{10}\frac{P_0}{P_h}=k\log_{10}\left(\frac{P_0}{P_h}\right)^2 \cdots ㉡$$

㉠, ㉡에서 $k\log_{10}\frac{P_0}{P_{2h}}=k\log_{10}\left(\frac{P_0}{P_{2h}}\right)^2$

$\therefore \frac{P_0}{P_{2h}}=\left(\frac{P_0}{P_h}\right)^2$이므로 $P^2{}_h=P_0P_{2h}$

잠깐!

잠깐! log의 정의

log는 logarithm의 약자로 어떤 값을 표현하기 위한 개념과 기호에 대한 약속입니다. 예를 들어, $2^x=8$이 되는 실수 x의 값은 오직 3 하나뿐입니다. 이 3을 log라는 기호를 사용하여 나타내면 $3=\log_2 8$과 같이 새롭게 표현되며 '2를 밑으로 하는 8의 로그'라고 읽습니다.

$a>0, a\neq1$이고 $M>0$일 때, $a^m=M \Leftrightarrow m=\log_a M$

3 실생활에 적용되는 일차함수

오른쪽 사진과 같은 1분에 2m씩 가는 장난감 로봇이 있습니다. 이 로봇을 작동시켜서 '시간과 로봇이 걸어간 거리' 사이의 관계와 '시간과 로봇의 속력' 사이의 관계를 그래프로 나타내면 다음과 같습니다.

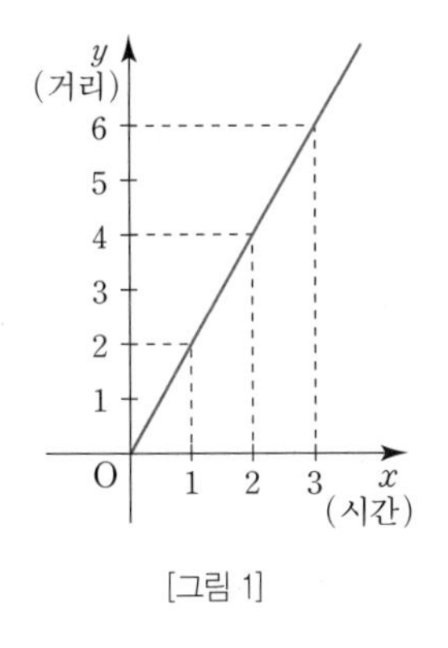

[그림 1]

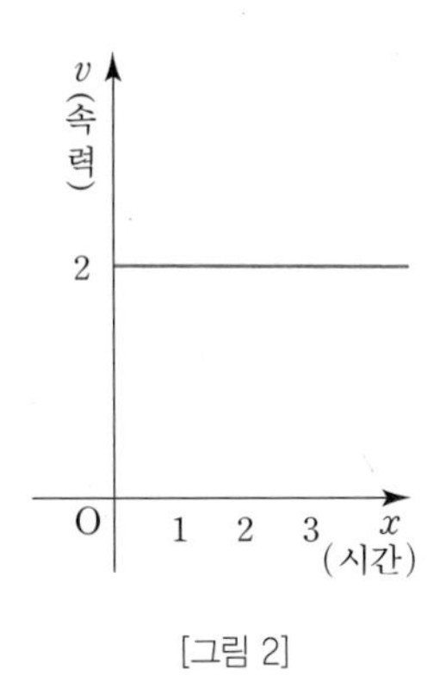

[그림 2]

시간을 x, 로봇이 걸어간 거리를 y라 하면 $y=2x$인 관계가 성립하고 그래프는 [그림 1]과 같이 직선이 그려집니다. 이처럼 y를 x에 대한 일차식으로 나타낼 수 있는 함수를 '일차함수'라고 합니다. 그런데 시간이 지나도 로봇의 속도 v는 일정하므로 x값에 상관없이 $v=2$라는 항상 같은 값을 갖게 됩니다([그림 2] 참조). 이런 함수를

'상수 함수' 라고 합니다.

우리는 우리도 모르는 사이에 주위에 있는 일차함수들을 체험하는 경우가 많습니다. 그러나 정작 자신은 일차함수를 사용하고 있다는 생각을 하지 않습니다. 그 이유는 일차함수의 계산방식이 이미 우리의 생활에 녹아들어서 따로 생각을 할 필요가 없기 때문입니다. 다음은 우리의 실생활에서 적용되는 일차함수들의 사례들입니다.

사례 1 물건값 계산하기

편의점에서 하나에 300원짜리 아이스크림을 10개 사고 50원짜리 봉투에 넣었을 때, 지불해야 하는 총 금액은 $300 \times 10 + 50 = 3050$(원)입니다. 이 상황을 일반화해봅시다.

일반적으로 a원씩 하는 물건 x개를 사고, 그것을 b원하는 봉투에 넣었을 때, 지불하는 총 금액은 y원입니다. 이것을 식으로 표현하면 $y=ax+b$라는 일차함수로 나타낼 수 있습니다.

사례 2 교통비 계산하기

평택에 사는 나의 가족은 서울 할아버지 댁에 가기로 했습니다. 가족 구성원은 어른인 아버지와 어머니 그리고 중학생인 나, 초등학생인 동생 1명 이렇게 총 4명입니다. 평택에서 서울까지 고속버스 요금은 어른이 3300원, 학생이 1650원이며, 우리 가족이 서울까지 가는데 소요되는 고속버스 요금은 9900원입니다. 이 상황도 일반화해봅시다.

일반적으로 고속버스 요금이 어른은 a원이고, 학생은 b원이라 합니다. 총 인원이 A명인데 이중 어른이 x명일 때, 소요되는 교통비는 y원이라고 하면,

$$y=ax+b(\mathrm{A}-x)=(a-b)x+b\mathrm{A}$$

라는 일차함수로 표현됩니다.

2단계 기 초 가 되 는 문 제

연료의 효율성 따지기

명절에 승용차를 이용하여 당진으로 성묘를 가야 합니다. 평택에서 당진에 있는 묘소까지의 거리는 100km입니다. 출발할 때 기름이 20L가 있었는데, 돌아와서 보니 기름이 하나도 없었다고 합니다. 따라서 이 승용차의 연비는 10km입니다.

위의 글을 토대로 승용차의 연비를 이용하여 기름 xL로 갈 수 있는 거리 $y$km 사이의 관계식을 만들어 보세요.

승용차로 100km를 왕복하였으니 총 운행거리는 $100\times2=200$(km)입니다. 또한 20L의 기름을 모두 소비하였으니, 승용차의 연비는 $\frac{200}{20}=10$(km)입니다.

따라서, 연비가 $a$km인 승용차를 타고 기름 xL로 갈 수 있는 거리 $y$km는

$$y=ax$$

라는 일차식으로 표현됩니다.

시간에 따라 변하는 도형의 넓이

문제 난이도 그래프
논리력 ■■■■
사고력 ■■■■
창의력 ■■■

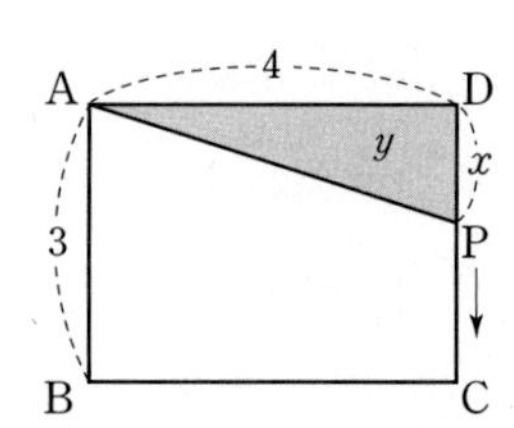

오른쪽 그림의 직사각형 ABCD에서 점 P가 D를 출발하여 C, B, A의 순서로 A까지 변을 따라 움직인다고 합니다. 점 P가 D로부터 움직인 거리를 x, △ADP의 넓이를 y로 놓고 x와 y의 관계를 좌표평면에 그래프로 나타내었을 때, 이 그래프와 x축으로 둘러싸인 도형의 넓이를 구하세요.

풀이

점 P의 위치에 따라 △ADP의 넓이는 세 가지 경우로 나눌 수 있습니다.

i) 점 P가 $\overline{CD}$ 위에 있을 때, $y=\frac{1}{2}\times 4\times x=2x$ $(0\leqq x\leqq 3)$

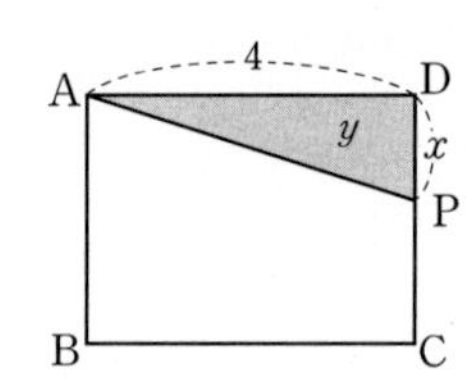

ii) 점 P가 $\overline{BC}$ 위에 있을 때, $y=\frac{1}{2}\times 4\times 3=6$ $(3\leqq x\leqq 7)$

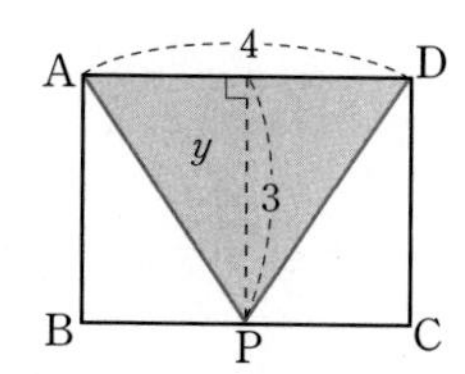

iii) 점 P가 $\overline{AB}$ 위에 있을 때, $y=\frac{1}{2}\times 4\times(10-x)=-2x+20$ $(7\leqq x\leqq 10)$

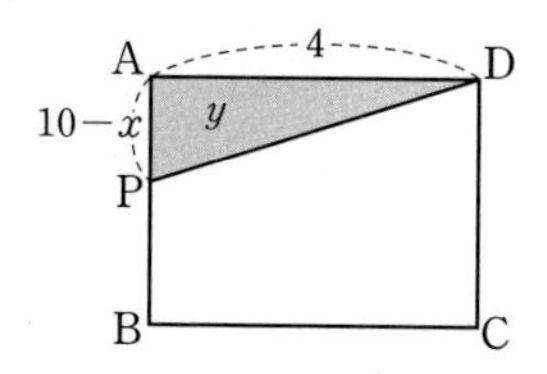

i), ii), iii)에 의해 그래프로 나타내면 다음과 같습니다.

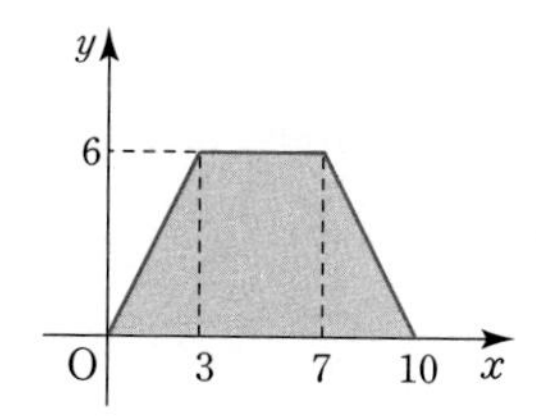

따라서, 구하는 도형의 넓이는 $\frac{1}{2}\times(4+10)\times 6=\frac{1}{2}\times 14\times 6=42$입니다.

문제 난이도 그래프
논리력 ■■■
사고력 ■■■■
창의력 ■■

가스 vs 전기

매월 1일에 누적가스사용량과 누적전기사용량을 집계하여 다음 표(1)을 작성하였습니다. 표(1)과 사용요금 계산법을 참고하여 가스사용요금이 가장 많이 나온 달을 계산하시오.

[2006년 고려대 1학기 수시 예시문제]

표 (1)

누적사용량 / 집계일	누적가스사용량(l)	누적전기사용량(kw)
1월 1일	12170	26070
2월 1일	12440	26580
3월 1일	12700	27060
4월 1일	12960	27470
5월 1일	13190	27860

사용요금 계산법 : 한 달에 가스사용량이 $m(l)$이고 전기사용량이 $n(\text{kw})$일 때, 그 달 사용요금은 다음과 같이 계산합니다.

한 달 가스사용요금 $=$ 1000원(기본요금) $+ m \times 500$원

한 달 전기사용요금 $=$ 40000원 $+ (n-300) \times 200$원($300 \leqq n < 400$일 때)

60000원 $+ (n-400) \times 300$원($400 \leqq n < 500$일 때)

90000원 $+ (n-500) \times 600$원($500 \leqq n$일 때)

풀이

매달 가스사용량과 전기사용량, 가스사용요금(A)와 전기사용요금(B)를 계산한 뒤, 전기사용요금에 대비한 가스사용요금 $\left(\frac{B}{A}\right)$를 구하였습니다. 그래서 3월이 2.1로 가장 많이 나왔습니다.

	가스사용량(l)	전기사용량(kw)	가스사용요금(A)	전기사용요금(B)	$\frac{A}{B}$
1월	270	510	136000	96000	1.4
2월	260	480	131000	84000	1.6
3월	260	410	131000	63000	2.1
4월	230	390	116000	58000	2.0

4 실생활에 적용되는 포물선함수

돌을 비스듬히 던지면 어떤 모양을 그리며 떨어질까요? 돌은 처음에 힘차게 올라가다가 어느 순간부터는 중력의 작용에 의하여 서서히 아래로 떨어지고, 아래로 갈수록 빨리 떨어집니다.

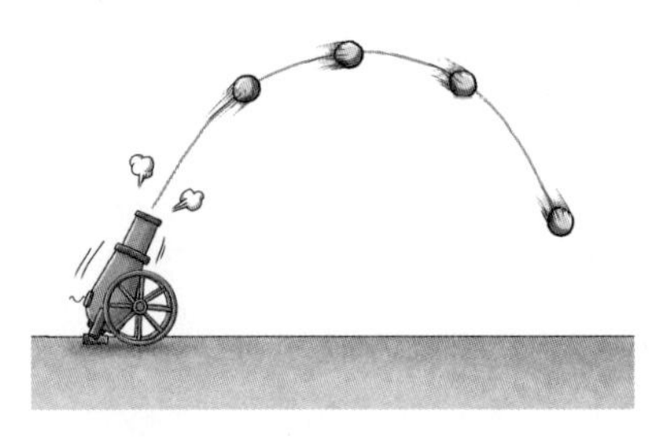

마찬가지로 대포의 몸체를 땅에 비스듬하게 세워 놓고 대포알을 발사하면, 대포알이 부드러운 곡선으로 휘어지며 날아가는 모양도 포물선을 그립니다. 이처럼 물체의 운동이 중력의 작용에 의하여 속력이 변합니다. 속력 변화에 따라서 그려지는 포물선은 이차함수식의 그래프의 모양과 같습니다. 꼭 운동을 하는 물체뿐 아니라 비 온 뒤의 무지개와 같이 우리 주변에는 이차함수의 그래프와 같은 모양을 하고 있는 것은 쉽게 찾아 볼 수 있습니다. 파라볼라 안테나(가정용 위성안테나, 전파국의 위성안테나), 돋보기, 손전등의 전구가 있는 부위, 선풍기 모양을 한 난방기의 발열판 등 일상 생활용품에서 포물선 모양은 자주 이용됩니다. 이것들이 포물선이라는 기하학적 형태를 띠게 되는 이유는 포물선의 형태가 가장 효과적이기 때문입니다.

실생활에서 최대 · 최소값을 얻는데 활용되는 함수식은 이차함수를 비롯한 수학적 그래프가 많이 사용됩니다. 다음과 같은 예를 살펴봅시다.

어떤 자동차 판매 영업소에서 한 달에 평균 50대의 새 차를 팔았고, 1대당 200만원의 이윤을 남기는 실적을 거두었습니다. 그런데 1대당 이윤을 10만원씩 감소시킬 때마다 한 달에 평균 5대를 더 팔 수 있다는 통계 결과가 나왔습니다. 영업소에서 이 정보를 이용하여 한 달 동안 얻을 수 있는 이익을 최대로 하기 위해서는 자동차 1대당 이윤을 얼마로 정할 것인가 결정을 해야 합니다.

10만원씩 1번 감소하면, 1대당 이윤 $=200-10\times1$, 판매대수 $=50+5\times1$

10만원씩 2번 감소하면, 1대당 이윤 $=200-10\times2$, 판매대수 $=50+5\times2$

10만원씩 3번 감소하면, 1대당 이윤 $=200-10\times3$, 판매대수 $=50+5\times3$

$$\vdots$$

10만원씩 감소한 횟수를 n이라고 할 때, 1대당 이윤 $=200-10n$, 판매대수 $=50+5n$이므로 총이윤 $y=(200-10n)(50+5n)=-50n^2+500n+10000$이라는 이차함수가 됩니다.

이 이차함수에서 꼭지점을 구하면

$$y=-50n^2+500n+10000=-50(n-5)^2+11250$$

이므로 $n=5$일 때, 즉 1대당 이윤을 50만원 감소하면 최대 총 이윤 11250원을 얻을 것을 예상해낼 수 있습니다.

일상생활에서 이와 같은 '의사결정의 최적화' 문제는 자주 접하게 됩니다. 어떤 특별한 상황에 봉착했을 때 그 상황을 해결하기 위해서는 그 상황에 대한 자료를 수집하고 이를 분석하여 어떤 결정이 합리적인지를 수리적으로 모형화하는 과정도 필요합니다. 수학적 기법을 도입하여 현상을 수리적으로 계량화하는 것은 중요합니다. 수리논술에서도 가장 큰 테마로 요구되는 문제분석 능력이 다른 테마에 비해 높은 경우가 많습니다. 이때 많이 활용되는 함수가 바로 이차함수입니다.

차량의 제한 높이

오른쪽 사진은 높이가 8m이고, 바닥의 폭이 10m인 포물선 모양의 터널입니다. 터널 양쪽의 보도는 1.5m이기 때문에 차량이 다닐 수 없다고 합니다. 차량의 제한 높이는 몇 m로 하면 되는지 구해 보세요.

풀이

다음과 같이 터널을 좌표 평면 위로 옮겨 그려봅시다.

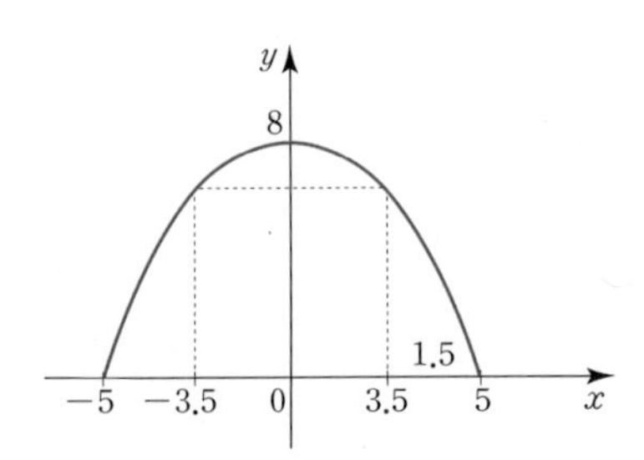

꼭지점의 좌표가 (0, 8)이므로 포물선의 방정식은 $y=ax^2+8$이고, (5, 0)을 대입하면, $0=a\times5^2+8$ 입니다. $\therefore\ a=-\frac{8}{25}$

따라서 이 터널의 함수식은 $y=-\frac{8}{25}x^2+8$이 됩니다.

그런데 양쪽으로 1.5m의 보도가 있으므로 차량의 최대폭은 $10-2\times1.5=7$(m)가 되어야 합니다. 그러므로 $x=3.5$에서 포물선에 접하는 직선을 한 변으로 하는 직사각형이 통과할 수 있는 차량의 최대 크기입니다.

따라서 $x=3.5$일 때, $y=-\frac{8}{25}\times3.5^2+8=\frac{102}{25}$(m)가 차량의 최대 높이가 됩니다.

2단계 기초가 되는 문제 2

수영장의 최대 수입

어느 수영장의 월 회비가 50000원일 때, 이 수영장의 A반 현재 회원은 15명입니다. 그런데 신규 회원 1명이 들어 올 때마다 신규 회원을 포함한 모든 회원들의 회비를 1000원씩 할인해 주기로 하였습니다. 몇 명의 신규 회원이 들어와야만 A반의 월수입은 최대가 될 수 있을까요? 또한 A반의 최대 수입은 얼마일까요?

(단, 중간에 그만 두는 회원은 없다고 가정합니다.)

풀이

신규 회원수를 x(명), 이때 A반의 총 수입을 y(원)이라 하면 다음과 같습니다.

$$y=(15+x)(50000-1000x)=-1000x^2+35000x+750000$$

$$=-1000\left(x-\frac{35}{2}\right)^2+1056250$$

이차함수는 $x=\frac{35}{2}$일 때, 최대값을 가지는데

x는 자연수이므로 $\frac{35}{2}$에 가까운 자연수는 17 또는 18이 됩니다.

$x=17$일 때, 수익금 $y=(15+17)(50000-1000\times17)=1056000$(원)

$x-18$일 때, 수익금 $y=(15+18)(50000-1000\times18)=1056000$(원)

으로 같으므로 신규회원이 17명 또는 18명이 들어오면 최대 수익금 1056000원을 올립니다.

예상되는 이익금

문제 난이도 그래프
논리력 ■■■
사고력 ■■■
창의력 ■■

다음과 같은 가상적 상황을 전제로 하여 다음 물음에 답하시오.

영희가 A라는 통신 회사를 이용하여 정보를 제공하는 인터넷 사이트를 운영하고자 합니다. 모든 사용자의 월 별 총 이용량이 t시간일 때, 통신회사 A에 지불해야 하는 비용은 다음과 같습니다.

$0 \leqq t \leqq 3000$일 때, $40t+10000$원

$3000<t$일 때, $20t+70000$원

시장조사 결과, 이 사이트의 사용자들로부터 정보이용료로 시간당 x원을 받을 때(단, $0 \leqq x \leqq 100$), 월 별 이용량이 $100(100-x)$시간이 될 것으로 예측되었습니다.

(1) 정보 이용료를 시간당 50원으로 정한다면 이 인터넷 사이트의 운영에서 기대되는 이윤은 얼마인가요?

(2) 이 사이트의 이윤을 최대로 하기 위하여 정보 이용료를 얼마로 책정하여야 할까요?

[2002학년도 수시2학기 학업 적성 평가(인문 계열) 문제]

풀 이

(1) $x=50 \Rightarrow t=100(100-50)=5000$이며, 운영소득은

$5000 \cdot 50 - (5000 \cdot 20+70000)=80000$

따라서, 이윤은 8만원입니다.

(2) 이윤을 $f(x)$라고 합시다.

i) $100(100-x) \leqq 3000 \Leftrightarrow x \geqq 70$

이때, $f(x)=100(100-x)x-40 \cdot 100(100-x)-10000$

$=-100x^2+14000x-410000$

$=-100(x-70)^2+80000$

그러므로 $x=70$일 때, 최대이윤은 80000원입니다.

ii) $100(100-x\ )>3000 \Leftrightarrow x<7 \quad \therefore 0<x<70$

이때, $f(x)=100(100-x)x-20 \cdot 100(100-x)-70000$

$=-100x^2+12000x-270000$

$=-100\ (x-60)^2+90000$

그러므로 $x=60$일 때, 최대이윤은 90000원입니다.

따라서, i), ii)에서 정보이용료를 60원으로 책정하면 최고의 수익 90000원을 얻을 수 있습니다.

문제 난이도 그래프
논리력 ■■■■
사고력 ■■■
창의력 ■■■

강낭콩 농사와 농약의 딜레마

A씨는 강낭콩 농사를 짓고 있습니다. A씨의 경작규모에서는 최대 30kg까지 농약 사용이 허용된다고 합니다. 그런데 A씨가 강낭콩을 납품하는 소비조합에서는 잔류농약을 조사하여 그 농도가 낮을수록 높은 가격에 사들입니다. 소비조합 측에서 제시한 농약사용량과 강낭콩의 가격, 그리고 생산량의 관계는 다음과 같습니다.

농약 사용량(kg)	0	5	10	15	20	25	30
강낭콩의 kg당 출하가격(원)	1000	980	960	940	920	900	880
강낭콩의 생산량(kg)	5000	5200	5400	5600	5800	6000	6200

(1) A씨가 최대의 이익을 얻기 위해 사용할 수 있는 농약의 양에 대해 서술하세요. (단, 농약살포에 드는 비용이 농약사용량에 비례하며, 농약 살포에 드는 비용 이외의 비용은 생각하지 않기로 합니다.)

(2) 농약 1kg당 가격이 15000원이고, 구입량이 1kg 늘어날 때마다 100원씩 추가 할인된 금액에 구입할 수 있다고 할 때, A씨가 최대의 이익을 얻기 위해 사용할 수 있는 농약의 양과 그때 최대 이익금을 구하세요.

풀이

(1) 농약 살포량을 $x$kg이라 합시다. ($x=0,\ 5,\ 10,\ \cdots,\ 30$) 이때 농약 1kg의 가격을 a원이라 하면 농약값은 ax원이 됩니다. 또, 강낭콩의 kg당 출하가격은 $1000-4x$원이고, 강낭콩의 생산량은 $5000+40x$kg입니다. 이때, A씨가 얻을 수 있는 수익을 $f(x)$라 하면,

$$f(x)=(1000-4x)(5000+40x)-ax$$
$$=5000000+20000x-ax-160x^2$$
$$=-160\left(x^2-\frac{20000-a}{160}\right)+5000000$$
$$=-160\left(x-\frac{20000-a}{320}\right)^2+160\left(\frac{20000-a}{320}\right)^2+5000000$$

따라서, $\frac{20000-a}{320}$에 가장 가까운 5의 배수를 구하여 이를 농약 사용량으로 정하면 최대 수입을 얻을 수 있을 것입니다.

(2) 농약 1kg당 가격이 추가 구매 시 할인되므로 농약 $x$kg의 가격은

$$a+(a-100)+(a-200)+\cdots+\{a-100(x-1)\}$$
$$=x(a-50x+50)$$

원이 됩니다. $a=15000$이므로 농약값은 $x(15050-50x)$원입니다. 이때, A씨가 얻을 수 있는 수익을 $g(x)$라 하면

$$g(x)=(1000-4x)(5000+40x)-x(15050-50x)$$
$$=-110x^2+4950x+5000000$$
$$=-110\left(x^2-\frac{495}{11}x\right)+5000000$$
$$=-110\left(x-\frac{495}{22}x\right)^2+5000000+110\times\frac{495^2}{22^2}$$

따라서, $\frac{495}{22}=22.5$이므로 22.5에 가장 가까운 5의 배수는 20과 25이므로 농약사용량을 20kg이나 25kg으로 정할 때 최대 수익을 얻을 수 있습니다.

그때, 최대 수익금은

$$g(20)=g(25)=-110\times20^2+4950\times20+5000000=5055000(원)$$

을 얻게 됩니다.

그러나 수리적으로 같은 값이더라도 적게 사용하는 것이 좋으므로 당연히 20kg을 사용해야 할 것입니다.

읽을거리

사다리 타기 속의 함수

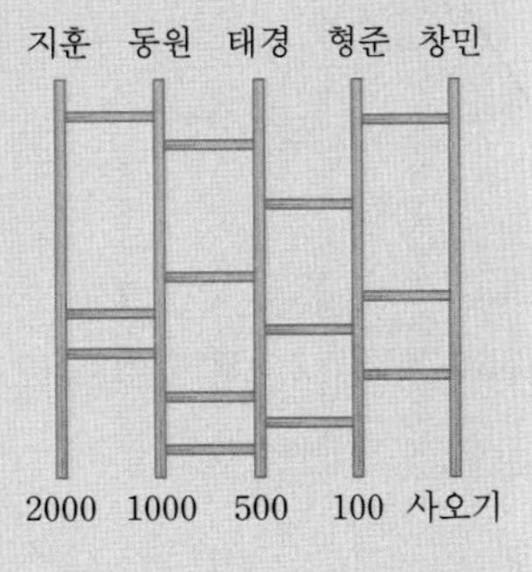

군것질이 생각나는 날, 사다리 타기 게임을 하여 돈 낼 사람을 결정한 경험은 누구에게나 있을 것입니다. 이런 사다리 타기는 돈 낼 사람을 정할 때, 상을 줄 때, 또는 짝짓기를 할 때 자주 사용하는 방법입니다.

사다리 타기를 할 때에는 위쪽과 아래쪽에 동일한 개수의 항목을 적어 놓고 세로줄과 가로줄을 그린 뒤, 다음 두 가지 규칙을 따라 짝을 짓습니다.

① 세로줄의 위에서 아래로 진행합니다.

② 세로줄을 따라 가다 가로줄을 따라 바로 옆의 세로줄로 이동합니다.

이때, 사다리의 선을 아무리 복잡하게 그려도 위의 한 사람과 아래의 한 사람은 반드시 짝이 지어집니다. 그 이유는 사다리 타기에 일대일 대응과 함수의 합성의 개념이 숨어 있기 때문입니다.

우선, 일대일 대응은 다음 그림과 같이 공역과 치역이 같고 정의역의 서로 다른 두 원소에 언제나 공역의 서로 다른 원소가 대응하는 함수를 말합니다.

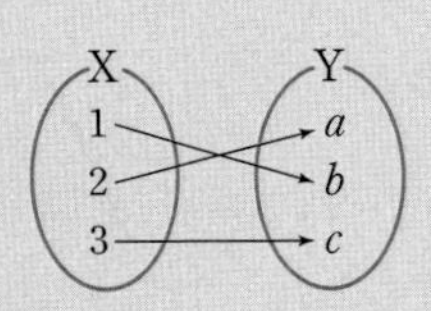

f: X → Y에서

i) 치역과 공역이 같고

ii) 정의역의 서로 다른 두 원소에 대한 함숫값이 서로 다를 때, 곧 X의 임의의 두 원소 x_1, x_2에 대하여 $x_1 \neq x_2$이면 $f(x_1) \neq f(x_2)$이다.

세 집합 X={1, 2, 3}, Y={a, b, c, d}, Z={p, q, r}에 대하여 두 함수 f: X → Y, g: Y → Z가 오른쪽 그림과 같이 주어져 있을 때, f와 g에 의하여 정해지는 X에서 Z로의 대응을 생각해봅시다.

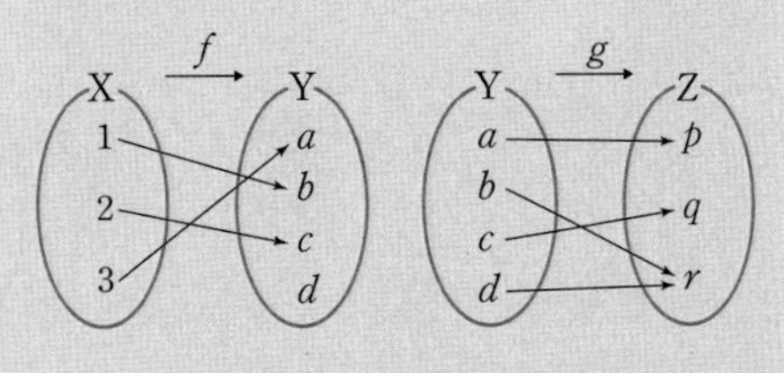

위의 그림에서 함수 f에 의하여 X의 원소 1에 Y의 원소 b가 대응하고, 또 함수 g에 의하여 Y의 원소 b에 Z의 원소 r를 대응시킬 수 있습니다. 이와 같은 방법으로 X의 원소를 모두 대응시키면 집합 X에서 집합 Z로의 대응을 다음과 같이 나타낼 수 있습니다.

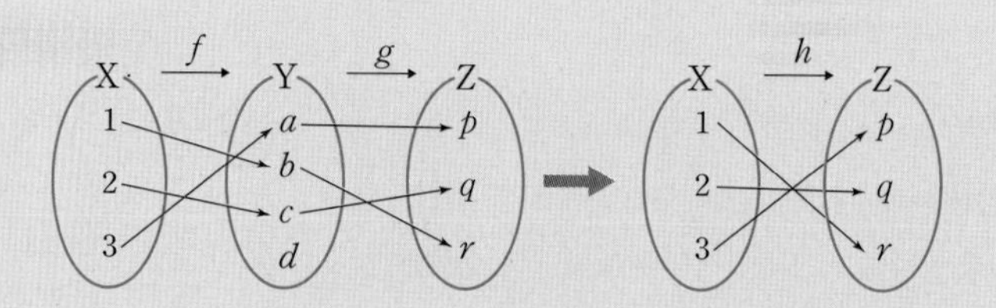

이 대응은 X에서 Z로의 새로운 함수 h 가 됩니다. 일반적으로 두 함수 $f:\mathrm{X} \to \mathrm{Y}$, $g:\mathrm{Y} \to \mathrm{Z}$가 주어졌을 때, 집합 X의 임의의 원소 x에 집합 Z의 원소 $g(f(x))$를 대응시킴으로써 X를 정의역, Z를 공역으로 하는 새로운 함수를 정의할 수 있습니다. 이 함수를 f와 g의 합성함수라 하고 $g \circ f:\mathrm{X} \to \mathrm{Z}$와 같이 나타냅니다.

그럼 사다리 타기와 이들 함수의 개념과 무슨 관계가 있는 것일까요?

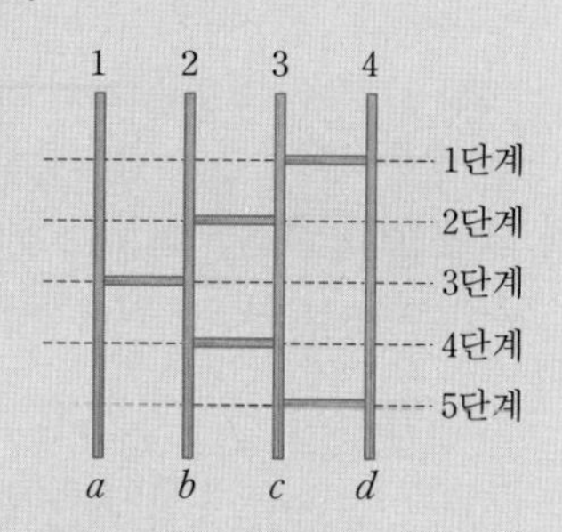

사다리 타기에서 핵심은 가로선에 의하여 자리바꿈(호환)이 되고 있다는 점입니다. 오른쪽 그림과 같이 사다리를 각 단계별로 나눠 보면(점선으로 표시) 5단계로 나누어집니다.

또, 사다리 타기를 집합으로 표현하면 $\mathrm{X}=\{1, 2, 3, 4\}$, $\mathrm{Y}=\{a, b, c, d\}$의 함수 관계로 표현할 수 있습니다.

사다리 타기의 규칙에 따라 1단계에서 세 번째 3과 네 번째 4의 자리바꿈이 발생합니다. 그래서 순서는 1, 2, 4, 3이 됩니다. 또 2단계에서 두 번째 2와 세 번째 4의 자리바꿈이 발생하므로 순서는 이제 1, 4, 2, 3이 됩니다. 이런 식으로 단계마다 연결해보면 결과적으로 일대일 대응이 되는 것입니다.

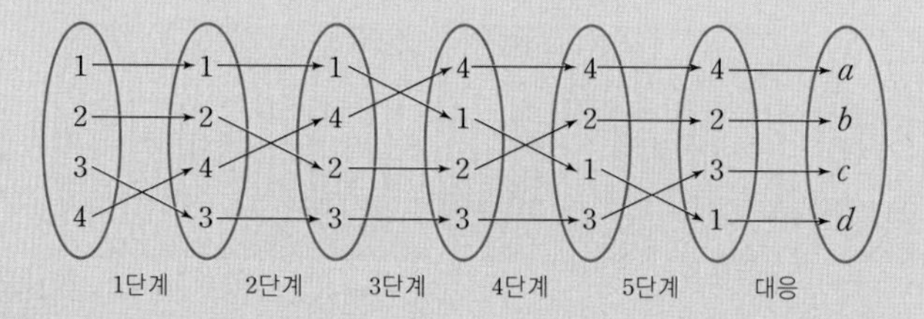

사다리를 그릴 때 주의할 점은 두 개의 가로줄을 동시에 그릴 수는 있지만 한 개의 세로줄에 동시에 두 개의 가로줄이 연결되어서는 안 된다는 것입니다. 만약 그렇게 된다면 그 세로줄은 양쪽 옆의 어떤 세로줄과 자리바꿈을 해야 할지 모호해지기 때문입니다. 이것만 주의한다면 사다리 타기 게임은 그 어떤 경우에도 언제나 위쪽의 원소와 아래쪽의 원소 사이에 일대일 대응이 일어나게 됩니다.

자! 위의 사다리 타기의 결과, 태경이는 다리 품팔이만하면 공짜로 배가 부르겠네요!

5 무궁무진한 함수의 종류

가우스 함수 체육대회선발 선수 1.75명? 3.5명?

학교에서는 청 · 백팀을 나누어 체육대회를 하려고 합니다. 학교장은 각 반에 다음과 같은 공고문을 발표하였습니다.

"각 반의 5%는 100m 달리기, 각 반의 10%는 줄다리기, 각 반의 20%는 피구 대표로 참가하고 나머지는 응원을 열심히 한다."

학급회의 시간에 선수를 뽑기로 하고, 각각 몇 명인가를 계산해 보았더니 문제가 생겼습니다. 이 반은 모두 35명인데, 35명의 5%는 1.75명, 10%는 3.5명, 20%는 7명이라는 결과가 나왔습니다. 당연히 사람은 소수점 이하로 셀 수 없기 때문에 1.75명이라든가 3.5명은 있을 수 없습니다.

도대체 100m 달리기와 줄다리기 선수로 몇 명을 뽑아야 할까요?

여기에 바로 '가우스 함수'를 적용할 수 있습니다. 가우스 함수는 유명한 수학자인 가우스의 이름을 딴 함수로

$y=[x]$ (단, $[x]$는 x를 넘지 않는 최대 정수이다.)

라고 씁니다. 이 함수를 이용하면 $[1.75]=1$, $[3.5]=3$이 됩니다. 따라서 100m 선수는 1명, 줄다리기 선수는 3명을 뽑으면 문제는 해결됩니다.

가우스 함수의 그래프는 다음과 같습니다. 정수와 정수 사이의 모든 수는 같은 함수값을 가지며, 모든 정수에서 함수값을 가지면서도 끊어져 있는 이상한 모양의 그래프

가 됩니다.

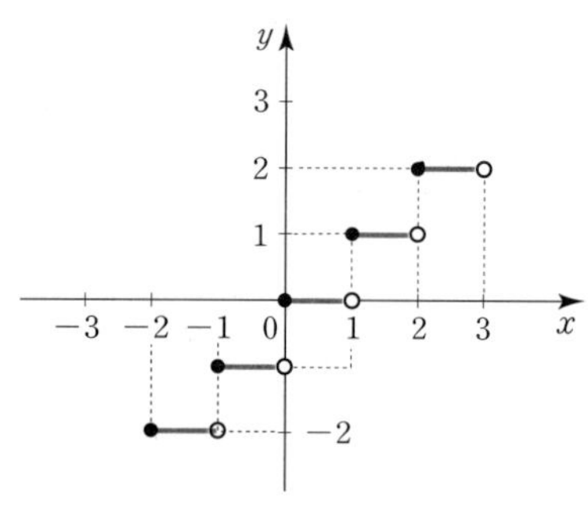

이런 이상한 성질과 모양 때문에 가우스 함수는 수학을 하는 학생들을 많이 괴롭히는 함수 중의 하나입니다.

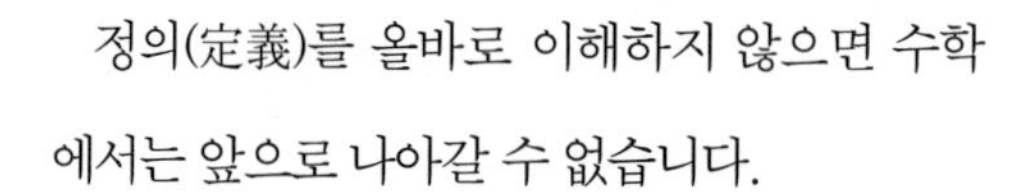

정의(定義)를 올바로 이해하지 않으면 수학에서는 앞으로 나아갈 수 없습니다.

예를 들어 $[x]$의 정의를 모르면 아무리 천재라도 $[x]$가 들어있는 문제를 풀지 못합니다. 그런 의미에서 수학의 출발점은 정의라고 할 수 있습니다. 정의에 의해서 처음으로 수학이 다루어야 하는 대상이 정해지고, 수학의 형식이 갖추어지게 됩니다.

가우스 기호의 정의를 살펴보면 $n \leqq x < n+1$일 때, $[x]=n$이라고 합니다.

예를 들면 가우스 함수는 $[1]=1$, $[1.1]=[1.5]=1$, $[1.999\cdots9]=1$, $[2]=2$라는 식으로 어떤 위치에서 갑자기 증가합니다.

이런 일은 우리의 생활 속에서도 드문 일이 아닙니다. 나이가 바로 그렇습니다. 어떤 사람이 태어난 날의 오전 0시로부터 지난 햇수를 x라고 하면, $[x]$는 나이가 됩니다.

1990년 2월 10일 태생의 젊은이가 2010년 2월 9일의 한밤중에 범죄를 저질렀을 때, 재판에서는 범행 시간이 아주 중요한 포인트가 됩니다. 왜냐하면 오전 0시가 지났는가, 아닌가에 따라 범인이 소년인지 성인인지 판단하여 전혀 다른 결과를 가져오기 때문입니다.

입시에서도 비슷한 경우가 발생할 수 있습니다. 서울대 수시모집에서 법대에 합격한 학생이 수능시험에서 3등급을 받게 되면 그 합격은 취소되어 버립니다. 2002년도 인문계 전체 수험생 중 11%인 39075명 까지가 2등급이므로 점수 차이가 아주 적다하더라도 성적이 39076명 째 학생은 3등급이 되어 불합격이 되어 버립니다. 즉, 그 학생의 인생 자체가 전혀 다른 방향으로 전개될 수도 있는 것입니다. 이것은 지극히 가우스 함수적인 현상입니다.

1. 여러 가지 가우스 함수

구분	$[x]$	$\{x\}$	$\langle x\rangle$
정의	x를 넘지 않는 최대정수	x에 가장 가까운 정수 (중앙값일 때는 큰 정수)	x를 넘는 최소정수
의미	$n\leqq x<n+1$일 때, $[x]=n$(n은 정수)	$n-\frac{1}{2}\leqq x<n+\frac{1}{2}$일 때, $\{x\}=n$(n은 정수)	$n\leqq x<n+1$일 때, $\langle x\rangle=n+1$
계산 요령	양의 소수를 버린다. $[2.7]=2$ $[-0.6]=[-1+0.4]=-1$	소수를 반올림한다. $\{2.7\}=3$ $\{-3.8\}=-4$	소수를 올림한다. $\langle 3.1\rangle=4$ $\langle -4.9\rangle=-4$

2. 가우스 함수의 성질

실수 x, y와 정수 m, n에 대하여

(1) $[x]\leqq x<[x]+1$, $x-1<[x]\leqq x$

(2) $x\leqq y$이면 $[x]\leqq[y]$

(3) $x\geqq 0$, $y\geqq 0$이면 $[xy]\geqq[x][y]$

(4) $[x+n]=[x]+n$

(5) $[x]+[y]\leqq[x+y]\leqq[x]+[y]+1$

(6) $[-x]=\begin{cases} -[x] & (x : \text{정수}) \\ -[x]-1 & (x : \text{정수아님}) \end{cases}$

(7) $[x]+[-x]=\begin{cases} 0 & (x : \text{정수}) \\ -1 & (x : \text{정수아님}) \end{cases}$

(8) $x>0$일 때, $\begin{cases} [x]\text{는 } x\text{의 정수부분} \\ x-[x]\text{는 } x\text{의 소수부분} \end{cases}$

(9) $x<0$일 때, $\begin{cases} [x]\text{는 } (x\text{의 정수부분})-1 & (x : \text{정수아님}) \\ [x]\text{는 } x\text{의 정수부분} & (x : \text{정수}) \end{cases}$

(10) ① $x>0$의 소수점 아래 n째 자리수는

$[(10^{n-1}x-[10^{n-1}x])\cdot 10]$

② $x>0$의 소수점 위의 n째 자리수는

$[(10^{-n}x-[10^{n-1}x])\cdot 10]$

③ 자연수 n에 대하여

$n-10\left[\dfrac{n}{10}\right]$은 n의 일의 자리수

$n-100\left[\dfrac{n}{100}\right]$은 n의 십의 자리 이하의 수

④ 자연수 m, n에 대하여

$m-n\left[\dfrac{m}{n}\right]$은 m을 n으로 나눈 나머지

잠깐!

다양한 가우스 함수의 그래프

(1) $y=[x]$ (2) $y=x-[x]$

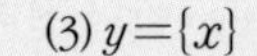

(3) $y=\{x\}$

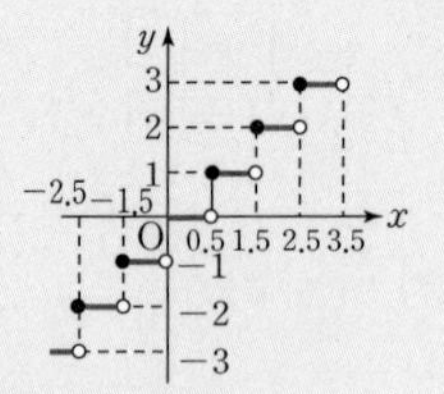

(단, $[x]$는 x를 넘지 않는 최대정수를, $\{x\}$는 x를 반올림한 정수를 나타냅니다.)

무리함수 높이 올라갈수록 멀리 보인다

지구 위에 살고 있는 우리는 얼마나 멀리까지 볼 수 있을까요? 지구는 둥글기 때문에 아무리 눈이 좋더라도 수평선이나 지평선 너머는 볼 수 없습니다. 더 멀리 보고 싶다면 높은 곳으로 올라가야만 합니다.

자, 이제 더 멀리 보고 싶어 비행기를 타고 올라갔다고 가정합시다. 이때, 볼 수 있는 거리를 계산하여 봅니다. 계산을 편리하게 하기 위해 지구를 완전한 구라고 가정해 봅시다.

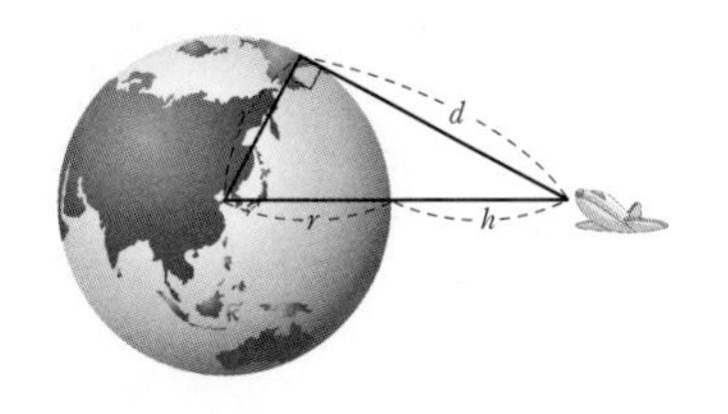

비행기에서 지구를 바라볼 수 있는 거리는 비행기의 높이에 따라 달라집니다. 비행기의 높이가 $h$km일 때, 비행기에서 바라본 수평거리를 $d$km라고 하고 그 거리를 구하여 봅시다. 단, 지구의 반지름의 길이는 $r$km으로 합니다.

오른쪽 그림에서 피타고라스의 정리를 이용하여 구해봅시다.

$$d^2+r^2=(r+h)^2 \Leftrightarrow d^2=h^2+2rh$$

$$\therefore\ d=\sqrt{h(h+2r)}$$

$2r$은 지구의 지름이고, h는 비행기의 고도를 나타내므로 $2r+h$에서 h는 $2r$에 비하여 매우 작은 수입니다. 그러므로 h를 무시하고 $2r+h \fallingdotseq 2r$로 놓아 위 식을 간단히 하면 다음과 같습니다.

$$d=\sqrt{h(h+2r)} \fallingdotseq \sqrt{h}\sqrt{2r}$$

이와 같이 변수의 무리식으로 나타내어진 함수를 무리함수라고 합니다. 근호 안의 식이 일차식 또는 이차식으로 표현되는가에 따라 무리함수 그래프는 포물선, 원, 타원, 쌍곡선 등의 일부를 그립니다.

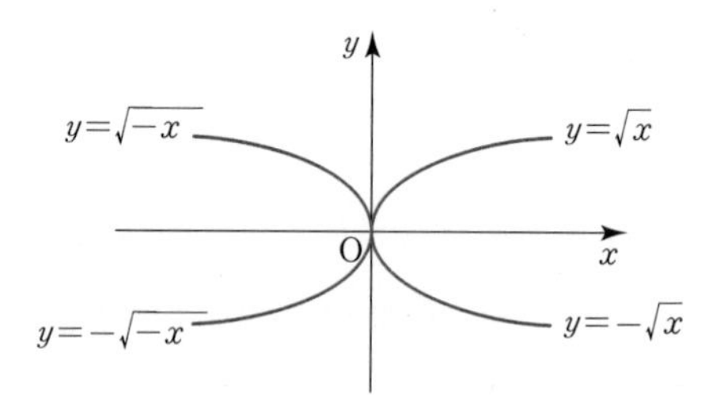

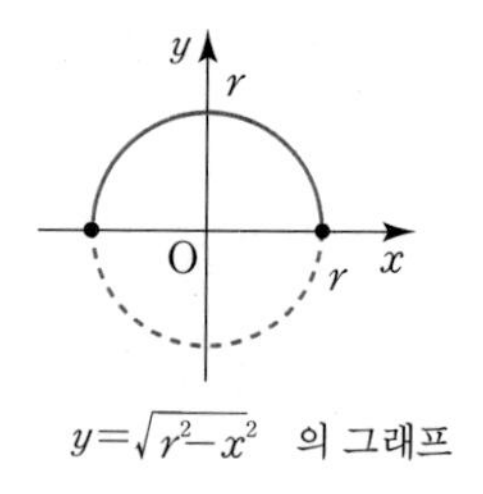

$y=\sqrt{r^2-x^2}$ 의 그래프

삼각함수 반복되는 주기를 나타내자

같은 모양과 성질이 끊임없이 반복되는 함수도 있습니다.

정월 대보름 밤이 되면 시골에서는 쥐불놀이를 합니다. 깜깜한 밤에 원을 그리면서 불꽃이 돌아가는 모습을 본적이 있을 것입니다. 이때 수평을 기준으로 '돌아가는 각도와 불꽃의 위치' 사이의 관계를 그래프로 나타내면 같은 모양이 반복하여 나타납니다. 이와 같이 모양이 반복되는 함수를 주기 함수라고 하는데, 대표적인 주기 함수로는 삼각함수가 있습니다.

i) $y=\sin x$의 그래프 : 아래 그림(단위원)에서 $\sin x=\overline{\mathrm{MP}}$

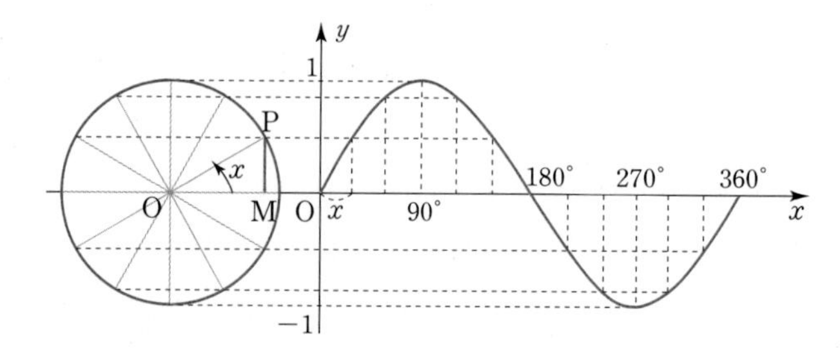

최대값 1, 최소값 −1, 곧 $-1 \leqq \sin x \leqq 1$ 주기 : 2π

ii) $y=\cos x$의 그래프 : 아래 그림(단위원)에서 $\cos x=\overline{\mathrm{OM}}$

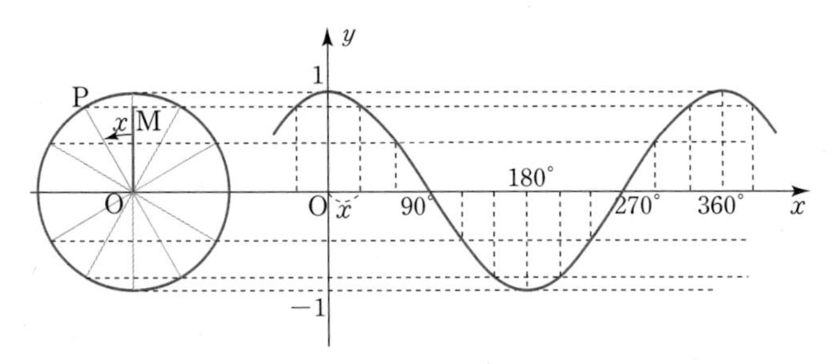

최대값 1. 최소값 -1, 곧 $-1\leq\cos x\leq 1$ 주기 : 2π

iii) $y=\tan x$의 그래프 : 아래 그림(단위원)에서 $\tan x=\overline{\mathrm{AT}}$

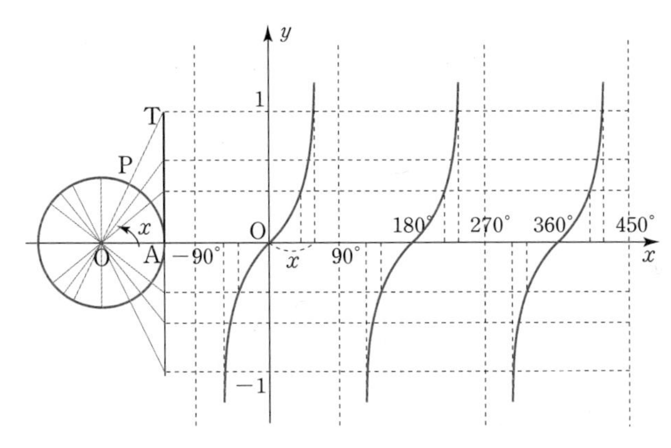

최대값, 최소값은 없다. 주기 : π

지수 · 로그 함수 복잡한 것을 단순하고 간단하게

사회 현상이나 자연 현상 중에는 어떠한 이유로 인해 비례하면서 증가하고 감소하는 변화가 있습니다. 인플레이션, 핵폭발, 전염병, 에너지 소비, 인구 급증 등은 기하급수적인 팽창의 예입니다. 이처럼 폭발적으로 증가하는 큰 수를 수학적으로 묘사한 것이 지수함수이며, 그 원동력은 '곱셈' 이라는 연산입니다. 자연수 2가 별로 대수롭지 않은 보잘것없는 수이지만 '곱셈' 이라는 연산을 만나면 폭발적으로 증가합니다. 이런 수들을 다루기 위한 함수가 '지수함수' 입니다.

또, 우주의 별들 사이의 거리는 상상을 초월하는 크기의 수로 표현이 됩니다. 이런 덩치 큰 숫자를 작은 숫자로 만드는 요술함수가 바로 '로그함수' 입니다. 17세기 초 로그가 처음 등장했을 때 로그는 유럽 전체에서 열광적인 환영을 받았습니다. 특히 커다란 수를 다루어야 하는 천문학계에서는 말할 것도 없었겠죠. 로그는 물리적 양을 매우 간편하게 표현하는 강점이 있기 때문에 일상생활에서 접할 수 있는 몇 가지 수치를 나타내는 편리한 도구로 이용됩니다. 예를 들어 지진의 크기를 정하는 리히터 규모, 소리의 세기를 나타내는 데시벨(dB), 산성과 염기성을 알려주는 수소 이온 농도(pH) 등에 많이 사용됩니다.

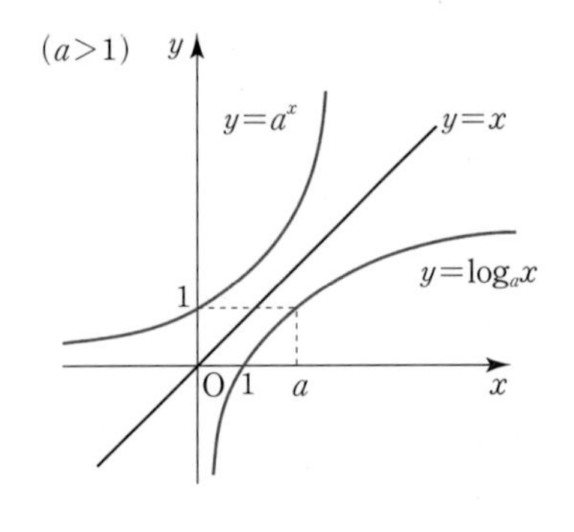

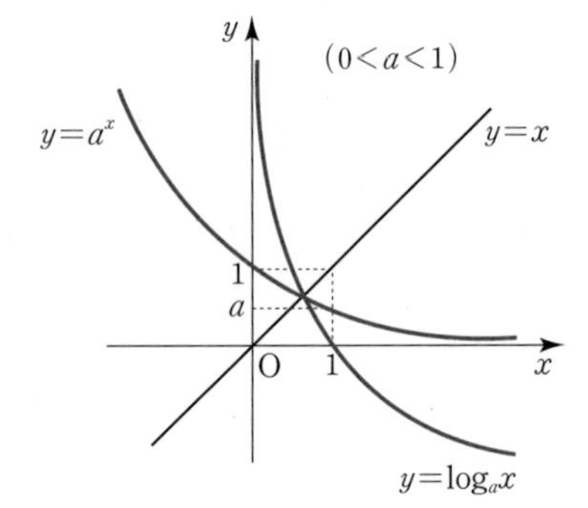

가우스 함수의 그래프

100!을 2진법의 수로 나타낼 때, 맨 끝자리에서부터 연속하여 나타나는 0의 개수를 구하세요.

풀이

10진법의 수 100!의 맨 아래 자리에서부터 연속하여 나타나는 0의 개수를 구하면 $100!=a\times10^{24}$의 꼴로 나타낼 수 있으므로 0의 개수는 모두 24개입니다. 마찬가지로 2진법의 수는 2가 될 때마다 한자리씩 올라가게 되므로 $100!=b\times2^{n}$의 꼴로 나타냈을 때, n은 바로 맨 아래 자리에서부터의 0의 개수가 됩니다.

$\left[\frac{100}{2}\right]=50$, $\left[\frac{100}{2^2}\right]=25$, $\left[\frac{100}{2^3}\right]=12$, $\left[\frac{100}{2^4}\right]=6$, $\left[\frac{100}{2^5}\right]=3$, $\left[\frac{100}{2^6}\right]=1$에서

$n=50+25+12+6+3+1=97$

지진의 강도

지진의 강도 I와 지진의 규모 M사이에는 $M=\log\frac{I}{S}$ (S는 상수)의 관계가 있다고 합니다. 인도네시아 수마트라섬의 지진의 강도는 8.9였습니다. 수마트라섬의 지진 강도는 지진의 규모가 7.5인 일본 고배 지진의 몇 배인지 아래 상용로그표를 이용하여 구하세요.

상용로그표

z	0	1	2	3	4	5	6	7	8	9
2.2	.3424	.3444	.3464	.3483	.3502	.3522	.3541	.3560	.3579	.3598
2.3	.3617	.3636	.3655	.3674	.3692	.3711	.3729	.3747	.3766	.3784
2.4	.3802	.3820	.3838	.3856	.3874	.3892	.3909	.3927	.3945	.3962
2.5	.3979	.3997	.4014	.4031	.4048	.4065	.4082	.4099	.4116	.4133
2.6	.4150	.4165	.4183	.4200	.4216	.4232	.4249	.4265	.4281	.4298

풀이

$M=8.9$일 때 강도를 I_1이라고 하고, $M=7.5$일 때 강도를 I_2라고 하면

$$8.9=\log\frac{I_1}{S}\ \cdots ㉠,\quad 7.5=\log\frac{I_2}{S}\ \cdots ㉡$$

㉠－㉡에서 $1.4=\log\frac{I_1}{I_2}$

$$1+0.4 \fallingdotseq \log 10+\log 2.51=\log 25.1 \qquad \therefore\ \frac{I_1}{I_2}\fallingdotseq 25.1$$

따라서, 약 25배입니다.

가우스 함수의 응용

문제 난이도 그래프

논리력 ■■■
사고력 ■■■
창의력 ■■■

오른쪽 그림을 이용하여

$$\left[\frac{1\cdot 17}{23}\right]+\left[\frac{2\cdot 17}{23}\right]+\cdots+\left[\frac{22\cdot 17}{23}\right]$$

의 값을 구하여 보세요.

(단, $[x]$는 x를 넘지 않는 최대 정수입니다.)

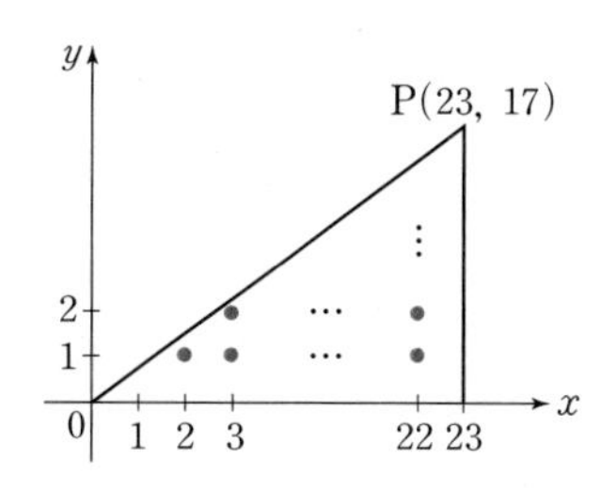

[7차 대학수학능력 실험평가]

풀이

힌트 직선 $y=\frac{17}{23}x$ 아래에 놓인 점들과 $\left[\frac{k\cdot 17}{23}\right]$의 관계를 생각해 보세요.

그림을 보면 $\left[\frac{k\cdot 17}{23}\right]$은 직선 $y=\frac{17}{23}x$ 아래에 놓인 격자점 $(k,\ y)$($k,\ y$가 자연수인 점)의 개수와 일치합니다.

그래서 $\left[\frac{1\cdot 17}{23}\right]+\left[\frac{2\cdot 17}{23}\right]+\cdots+\left[\frac{22\cdot 17}{23}\right]$는 직선 $y=\frac{17}{23}x$ 아래에 찍힌 격자점의 개수의 합과 같습니다. 네 점 $(1,\ 1)$, $(22,\ 1)$, $(1,\ 16)$, $(16,\ 22)$이 꼭지점인 직사각형을 생각할 때, 17, 23이 서로소이므로 직선 $y=\frac{17}{23}x$ 위에 놓인 격자점은 하나도 없습니다.

따라서 $\left[\frac{1\cdot 17}{23}\right]+\left[\frac{2\cdot 17}{23}\right]+\cdots+\left[\frac{22\cdot 17}{23}\right]$는 직사각형 내부 및 경계에 있는 모든 격자점의 개수의 절반입니다. 즉, $\frac{22\times 16}{2}=176$ 입니다.

언제 만든 미이라일까?

문제 난이도 그래프
논리력 ■■■
사고력 ■■■■
창의력 ■■■

일정한 비율로 질량이 감소하는 방사선 동위원소에서 질량이 절반으로 줄어드는데 걸리는 시간을 반감기라고 합니다. 반감기가 t년인 동위 원소의 최초 질량이 a일 때, x년 후의 양은 $a\cdot\left(\frac{1}{2}\right)^{\frac{x}{t}}$이고 질량수 14인 탄소의 동위원소 C^{14}의 반감기는 5700년으로 알려져 있습니다. 이집트에서 출토된 미이라를 감싼 섬유에서 측정된 C^{14}의 비율은 대기에 존재하는 C^{14}의 비율의 60%였습니다. 그렇다면 이 미이라는 만든 지 몇 년이 지났을까요?(단, $\log 2=0.30$, $\log 3=0.48$로 계산합니다.)

대기에 존재하는 C^{14}의 비율을 a라 하고, 미이라가 만들어진 지 x년이 지났다고 하면

$a\left(\frac{1}{2}\right)^{\frac{x}{5700}}=0.6a \Leftrightarrow 2^{-\frac{x}{5700}}=0.6$ 입니다.

양변에 상용로그를 취하면 $-\frac{x}{5700}\log 2=\log 0.6$

$$\log 0.6=\log\frac{6}{10}=(\log 2+\log 3)-1=0.30+0.48-1=-0.22$$

$$\therefore x=-5700\cdot\frac{\log 0.6}{\log 2}=-5700\cdot\frac{-0.22}{0.30}=4180$$

log의 성질

$a>0, a\neq 1$, $A>0$, $B>0$이고 p가 임의의 실수일 때

(1) $\log_a 1=0$, $\log_a a=1$

(2) $\log_a AB=\log_a A+\log_a B$

(3) $\log_a\frac{A}{B}=\log_a A-\log_a B$

(4) $\log_a A^p=p\log_a A$

문제 난이도 그래프
논리력 ■■■■■
사고력 ■■■■■
창의력 ■■■■

매출의 극대화

국내 굴지의 전자회사인 A전자는 반도체와 휴대전화를 동시에 생산할 수 있습니다. 그러나 인력, 자금력, 기술 등의 제약으로 어느 한 제품을 무한히 생산하는 것은 불가능할 뿐만 아니라, 한 제품을 더 생산하려고 하면 다른 제품의 생산을 줄여야 합니다. 보다 구체적으로, 한 회사가 자신에게 주어진 자원과 기술을 아무리 효율적으로 사용하더라도 최대로 생산할 수 있는 두 제품의 생산량 사이에는 일정한 관계가 존재합니다. 이 관계를 그림 또는 수식으로 표현한 것을 이 회사의 생산가능곡선이라고 합니다. A전자가 생산하는 반도체 생산량을 x, 휴대전화 생산량을 y라 표시하고 A전자의 생산가능곡선은 $x+y=10$이라 합시다. 즉 반도체를 x 단위 생산할 때 A전자가 생산할 수 있는 휴대전화의 최대 생산량은 $10-x$ 단위가 됩니다. 한편 반도체 한 단위의 판매가격은 3원이고, 휴대전화 한 단위의 판매가격은 4원으로 고정되어 있다고 합니다. (단, 반도체와 휴대전화의 생산량은 0 이상의 실수 값을 갖는다고 가정합니다.)

[2006학년도 중앙대학교 수시1학기 학업적성논술 문제지(인문계)]

(1) A전자가 총 매출액을 극대화하기 위한 생산전략을 구하고, 그 이유를 설명하세요.

(2) A전자의 생산가능곡선이 $x^2+y^2=100$으로 바뀌었다고 합니다. 그래서 반도체를 x 단위 생산할 때, A전자가 생산할 수 있는 휴대전화의 최대 생산량은 $\sqrt{100-x^2}$ 단위가 됩니다. 이 경우 총 매출액을 극대화하기 위한 A전자의 생산 전략은 어떻게 바뀔까요? 구체적인 수치를 제시할 필요 없이 적당한 그래프를 이용하여 그 이유를 설명하세요.

풀이

(1) 두 가지 답안이 가능합니다.

답안 1 매출극대화 문제를 풀기 위해서는 총 매출액이 $3x+4y$이므로 생산가능곡선 상에서 $3x+4y$를 극대화하는 점을 찾아야 합니다. [그림 1]에서 매출이 극대화되는 점은 $(0,\ 10)$인 것을 쉽게 알 수 있습니다. 즉 A전자는 반도체 생산을 중단하고 휴대전화만 10단위 생산함으로써 매출을 극대화합니다.

답안 2 휴대전화를 한 단위 더 생산하기 위해서는 반도체 생산을 한 단위 줄여야 하는 반면, 가격은 휴대전화가 더 높으므로 A전자는 휴대전화만을 생산하여 판매하는 것이 가장 유리합니다.

(2)의 경우에 매출이 극대화되는 조건은 [그림 2]에서 볼 수 있듯이 생산가능곡선인 $y=\sqrt{100-x^2}$과 매출액을 나타내는 $3x+4y=k$ (단, k는 임의의 양수)의 그래프가 접하는 것입니다. 매출극대화 생산전략은 반도체와 휴대전화의 생산량을 접점의 좌표만큼 즉, 접점의 좌표를 $(a,\ b)$라고 하면 반도체는 a 단위만큼, 휴대전화는 b 단위만큼 생산하는 것입니다. 이것은 (1)번 답안과 다르게 반도체와 휴대전화를 모두 생산해야 하는 것입니다. 단, a, b가 정수가 아니면 점 $(a,\ b)$에서 곡선 위의 가까운 격자점을 찾으면 됩니다.

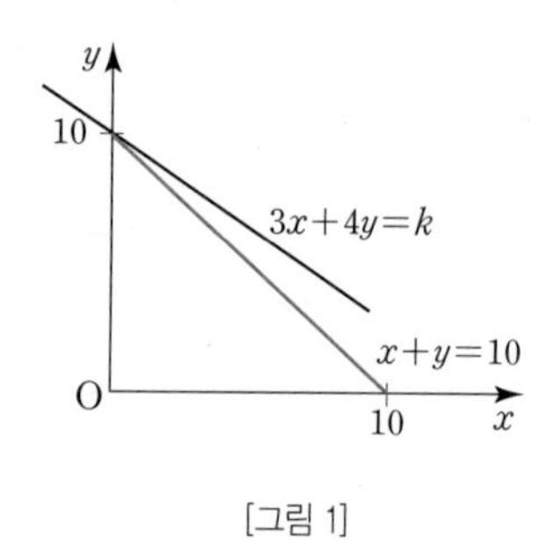

[그림 1]

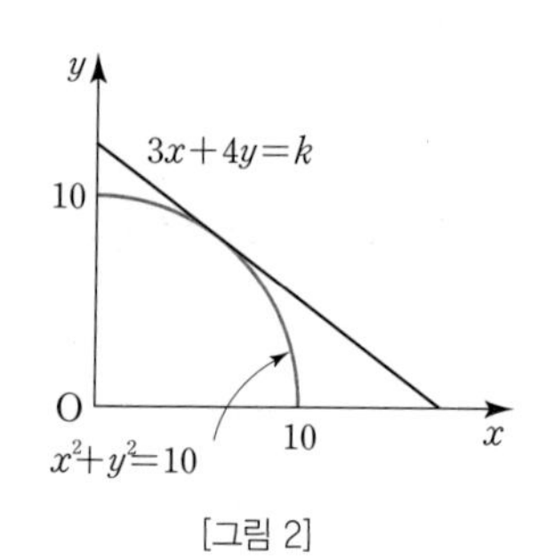

[그림 2]

4 단 계 발상이 전환되는 문제 2

문제 난이도 그래프
논리력 ■■■■
사고력 ■■■■■
창의력 ■■■■

일상생활에서 사용되는 함수

자연 현상이나 일상생활에서 삼각함수와 지수함수가 사용되는 예를 하나씩 찾고, 이 함수들이 어떻게 사용되는지 예시문과 함께 설명하시오.

[2006년 고려대 수시1]

예시문 이차함수가 사용되는 예

높이 b지점에서 물체를 자유낙하할 때, 물체의 높이는 떨어지는 동안 걸린 시간 t의 함수 $h(t)$로 다음과 같이 표현됩니다.

$$h(t)=b-gt^2$$

여기서 g는 중력가속도입니다. 이를 이용하면 피사의 사탑 높이를 시계와 돌멩이만을 이용하여 다음과 같이 추정할 수 있습니다. 탑 꼭대기에서 돌멩이를 떨어뜨리고 지면에 도달할 때까지 걸린 시간을 재었을 때, t_0의 시간이 걸렸다고 합니다. 그러면 $h(t_0)=0$이므로 구하는 피사의 사탑 높이는 $b=gt_0^2$가 됩니다.

삼각함수

삼각법은 인류의 기술 문명 발달과 함께 해 왔습니다. 특히, 천문학, 건축과 토목기술, 항해술의 발전은 삼각법이 없었다면 불가능했을 것입니다. 초기의 삼각법은 단순한 측량 기술과 계산 기술의 한 분야였습니다. 그러나 학문적 체계를 갖추면서 빠른 속도로 발전하였고, 17세기에 이르러서는 삼각함수로 발전하였습니다.

삼각비는 이집트의 나일강이 범람한 후 토지를 관리할 때나, 먼 바다를 항해하는 항해사가 별을 관측하여 항로를 알아내는 데 많이 사용하였습니다. 함수의 개념이 없었던 과거에는 주로 직각삼각형에 대한 삼각비를 이용했었습니다.

19세기 말 호도법의 도입으로 삼각함수는 모든 실수에 대하여 정의되는 함수로 일반화되었습니다. 그래서 과학 기술분야뿐만 아니라 수학에서도 매우 중요한 위치를 차지하게 되었습니다.

현대에는 삼각함수의 개념이 컴퓨터 공학, 전자 공학, 물리학, 우주 공학, 의학, 환경, 음악 등 여러 가지 분야에 많이 응용되고 있습니다. 예를 들면, 음파나 파도의 측정, 건축 설계, 교류 전기의 주기와 전압의 관계, 신체 바이오리듬 등으로 삼각함수는 우리 생활 깊숙이 차지하고 있습니다.

구체적인 예를 한가지 들면, 오른쪽 그림과 같이 접근하기 힘든 섬이 있을 때, 육지의 두 지점 A, B와 산봉우리 P의 세 점이 이루는 삼각형에서 변 AB의 길이와 두 각 α, β를 측정한다고 해봅시다. 이 문제는 사인법칙이나 제1코사인법칙을 이용하여 변 AP의 길이를 구할 수 있습니다. 그 다음 $\overline{AP}$와 지면이 이루는 각 γ를 측정하여, 그 사인값을 변 AP의 길이에 곱해 주면 산의 높이도 구할 수 있습니다.

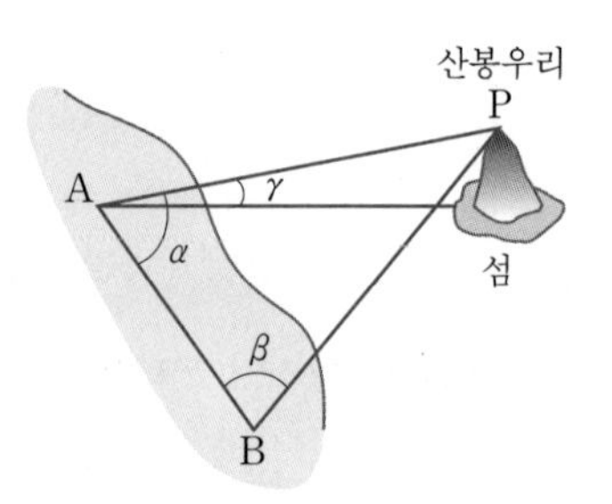

지수함수

사회 현상이나 자연 현상 중에는 일정한 규칙에 의해 증가하고 감소하는 변화가 있습니다. 인구의 증가, 박테리아의 증식, 복리로 늘어나는 원리합계, 해마다 오르는 물가, 일정한 기간이 지날 때마다 반으로 줄어드는 방사능 동위 원소의 양, 열의 냉각, 소리의 세기의 증가와 감소, 전기의 방전, 빛의 흡수, 앵무조개의 나선 등은 모두 비례적 증가 또는 감소하는 현상의 대표적인 예입니다.

오늘날 과학 기술 현장에서는 컴퓨터가 발달함에 따라 곱셈, 나눗셈을 상용로그표를 이용하여 계산하지는 않습니다. 그러나 지수함수는 이러한 현상을 이해하고 분석하는 데 매우 중요한 도구이며 수학과 자연과학은 물론 경제학, 심리학 등 사회과학 분야에서 매우 유용한 연구 도구가 되고 있습니다.

구체적인 지수함수의 예를 한 가지 들면, 방사성 원소는 방사선을 방출하고 다른 원소로 변하기 때문에 시간에 따라 방사성 원소의 수는 감소합니다. 따라서 원소에서 방출되는 방사선의 세기도 시간과 더불어 약해집니다. 이처럼 방사성 원소의 양이 최초에 있었던 양의 절반으로 줄어드는데 걸리는 시간을 반감기라고 합니다. 반감기는 긴 것도 있고 매우 짧은 것도 있습니다.

방사성 원소의 붕괴는 핵 내부에서 일어나는 현상이므로 물질의 상태 변화나 화학적 변화 등의 방법으로 붕괴 속력에 영향을 미칠 수 없습니다. 붕괴 속력은 현재의 방사성 원자의 수 하나하나에 대하여 확률적으로 결정됩니다.

방사성 원자핵의 최초의 수를 N_0라 하고 t시간 후의 수를 N, 반감기를 T라 하면

$$N=N_0\left(\frac{1}{2}\right)^{\frac{t}{T}}$$

의 관계가 성립합니다.

따라서, 시간 $t=T$가 될 때마다 핵의 수는 $\frac{N_0}{2}$ 즉 최초의 반으로 줄어드는 것을 알 수 있습니다.

읽을거리

청룡열차가 S자 곡선을 그리는 이유

천천히 하늘을 향해 올라가다 정점에서 급강하하며 섬뜩한 즐거움을 주는 청룡열차는 놀이동산의 인기있는 놀이기구입니다. 이런 놀이기구를 탈 때 처음에는 자극이 약해도 재미를 느끼지만 시간이 지나면 웬만한 자극에는 흥미를 잃기 쉽습니다. 이는 생리학자 E. H. 베버가 발견한 '베버의 법칙(Weber's law)'에 부합합니다.

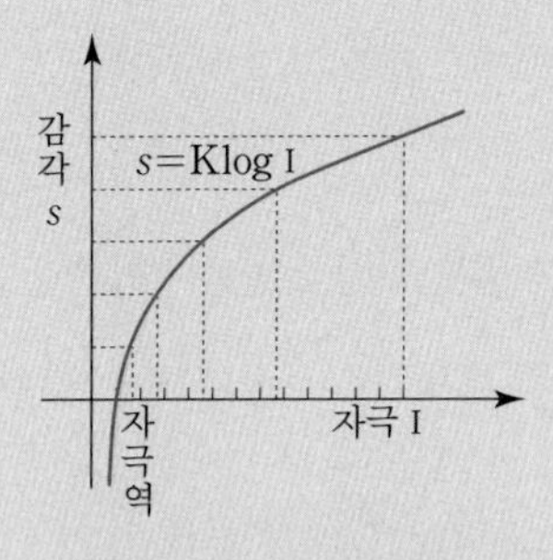

베버의 법칙이란 "자극을 받고 있는 감각기에서 자극의 크기가 변화된 것을 느껴보자. 처음에 약한 자극을 주면 자극의 변화가 적어도 그 변화를 쉽게 감지할 수 있다. 그러나 처음에 강한 자극을 주면 자극의 변화를 감지하는 능력이 약해져서 작은 자극에는 변화를 느낄 수 없으며 더 큰 자극에서만 변화를 느낄 수 있다"는 법칙입니다. 이 베버의 법칙은 우리의 실생활에서 많이 찾아볼 수 있습니다. 예를 들어 조용한 곳에서 이야기할 때보다 시끄러운 지하철 안에서 더 큰소리로 이야기해야 알아들을 수 있으며, 환한 낮에는 네온사인이 밝게 느껴지지 않지만 밤에는 휘황찬란하게 느껴지는 것 등입니다.

$$K=\frac{R_2-R_1}{R_1}\text{(일정)}\ (K : \text{베버상수}, R_1 : \text{처음 자극}, R_2 : \text{나중 자극})$$

어떤 놀이기구가 '베버의 법칙'을 무시하고 자극이 일정하게 증가하는 방식으로 설계되었다고 합시다. 즉, 일정한 감각을 얻기 위해 필요한 자극은 기하급수적으로 증대하는데 반해서 놀이기구가 제공하는 자극은 산술급수적으로 증가합니다. 그렇다면 이 놀이기구를 타는 사람의 감각은 어떻게 변화할까요?

다음의 그래프를 통해 놀이기구와 사람의 감각을 살펴봅시다.

감각을 x축, 자극을 y축으로 하는 그래프를 그리면, 이용자가 감각의 변화를 느끼기 위해서 필요한 자극과 놀이기구가 주는 자극은 [그림 1]과 같습니다. 여기서 놀이기구가 주는 자극은 일정하게 증가하므로 일차함수로 표현할 수 있습니다. 반면 놀이기구 이용자의 감각과 자극 사이의 관계는 지수함수로 표현됩니다. 따라서 이용자가 필요한 자극과 놀이기구가 제공하는 자극 사이에 a만큼의 차이가 존재하므로 이용자는 놀이기구를 지루하게 느끼게 됩니다.

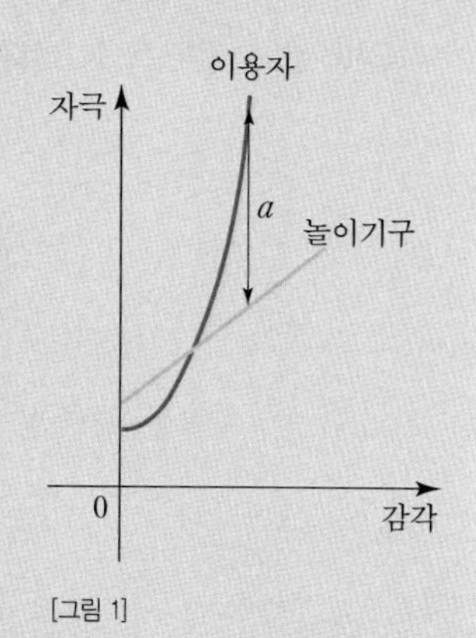

[그림 1]

그러나 놀이기구에서 제공하는 자극을 [그림2]와 같이 S자 곡선으로 설계합니다. 그러면 놀이기구가 제공할 수 있는 자극의 최대치를 높이지 않고도 놀이기구가 제공하는 자극과 놀이기구 이용자에게 필요한 자극 사이의 차 a를 줄일 수 있게 되는 것이지요.

그래서 놀이동산의 스릴 넘치는 놀이기구는 대부분 S자 곡선을 그리며 설계하게 되는 것입니다.

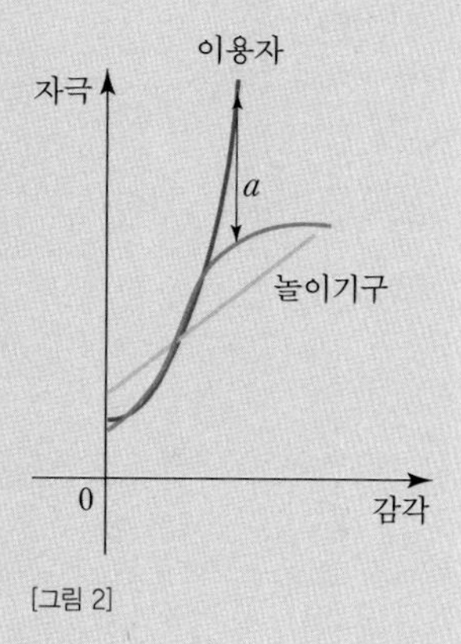

[그림 2]

함수의 아름다움

삼각함수의 덧셈 정리 공식을 보고 있노라면 이 식의 조화로움에 감탄하게 됩니다. 바로 아래와 같은 관계식을 살펴봅시다.

$$\sin(A+B)+\sin(A-B)=2\sin A \cos B \quad \cdots ⓐ$$

$$\cos(A+B)+\cos(A-B)=2\cos A \cos B \quad \cdots ⓑ$$

이 식을 살펴보면 ⓐ는 sin과 cos이 섞여 있으나 ⓑ는 왼쪽의 cos들이 다시 나온다는 간단한 사실을 알 수 있습니다. 이것이 당연하다고 웃을 수 있으나 ⓑ는

$$f(x+y)+f(x-y)=2f(x)f(y) \quad \cdots ⓒ$$

의 형태를 가지고 있습니다. ⓐ는 위와 같은 관계를 이용하여 표현하는 것이 불가능하지만 ⓑ는 조화의 형태를 생각할 수 있기 때문에 ⓒ와 같은 멋진 방정식을 만들 수가 있습니다.

ⓒ를 만족하는 함수의 예로는 $f(x)=\cos x$가 있습니다. 또한 $f(x)=\frac{e^x+e^{-x}}{2}$가 이와 같은 관계를 만족하게 됩니다.

이 식은 삼각함수와 지수함수를 연결하여 표시할 수 있습니다. 대학에서 오일러 공식이라 부르는 $e^{ix}=\cos x+i\sin x$ ($i=\sqrt{-1}$)를 배우면 납득할 수 있습니다. 복수론을 비롯한 함수방정식 문제들을 다루다 보면 음악적 선율을 느끼게 됩니다. 이것은 함수 방정식 문제는 일종의 패턴(결)을 가지고 있다는 것입니다. 함수방정식의 기초만 다루는 중·고등 수학에서는 그 패턴을 발견하기가 더욱 쉽기 때문에 이런 아름다움을 느끼는 데 별 어려움이 없습니다.

이 패턴을 찾아가면서 함수를 배운다면 함수가 그리 어렵고 힘들기만 한 분야는 아닐 것입니다.

3장

최고의 실용수학

최단거리

자연 그 자체가 가르쳐 주는 대로

- 고린토인들에게 보낸 첫째편지 11장 14절

사고력 수학 퍼즐

★★★

최단경로로 달려라

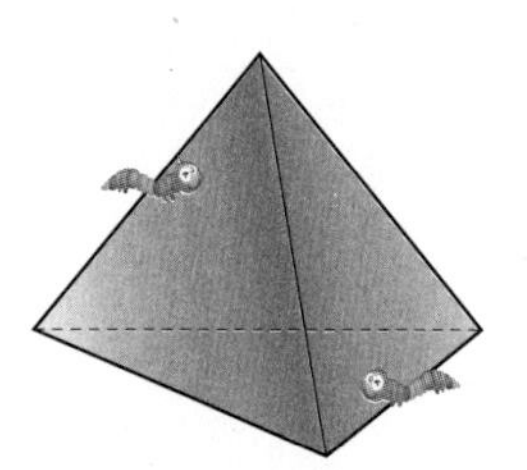

변의 길이가 1인 정사면체의 표면에 벌레가 살고 있습니다. 이 벌레가 한 변의 중앙점에서 마주보고 있는 변의 중앙점까지 정사면체의 면을 지나가려 합니다. 가장 짧은 거리는 얼마일까요?(단, 정사면체에서 두변이 공유하는 점이 없을 때 마주보고 있다고 합니다.)

풀이

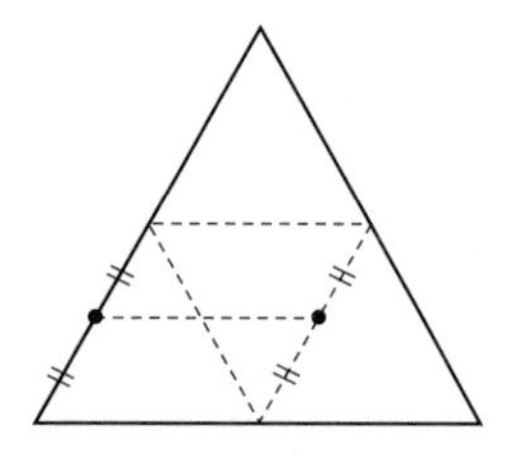

정사면체를 평면에다 펴봅시다. 두 개의 대변의 중점은 변의 길이가 1인 마름모의 대변의 중점이 되고 1만큼 떨어져 있게 됩니다. 정사면체로 다시 접으면 이 거리는 변하지 않고 최소 거리로 남습니다.

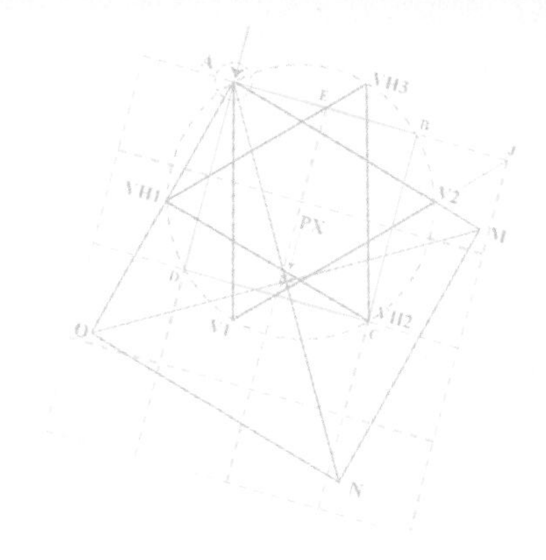

자연의 최소작용

2007년 3월 11일 개최된 '세계 컴퓨터 과학자 서울대회'에서 재미있는 소재를 응용 소프트웨어 프로그램에 적용한 논문들이 발표되었습니다. 바로 "곰팡이의 번식 원리를 데이터베이스 관리에 적용할 수는 없을까? 먹이를 찾기 위해 최단 거리로 움직이는 개미와 벌의 특징을 컴퓨터 네트워크에 응용할 수는 없을까?"와 같은 것이었죠. 그래서 세계적인 컴퓨터 과학자 5명이 모여 소프트웨어 개발에 대한 토론을 벌이게 됩니다.

세계 유수의 전화회사들은 인공개미에게 통신망을 맡길 계획이다. 먹이를 들고 집으로 돌아가는 개미의 궤도 추적행동을 본뜬 인공개미가 개발되고 있다.

토론 내용 중 미국 플로리다 공과대학의 메네즈 교수는 이렇게 말했습니다.

> "개인적으로 곤충과 컴퓨터를 접목하는 연구를 하고 있습니다. 컴퓨터 과학의 복잡한 문제를 생물학적 아이디어를 가지고 접근해 해결책을 제시하는 식이죠. —(중략)—

예를 들어 곰팡이는 한 지점에서 생겨나 특정 경로로 증식합니다. 곰팡이는 특정 경로가 포화된 것 같으면 다른 경로로 방향을 수정하죠. 물론 최단경로로 수정합니다.

이 곰팡이의 속성을 컴퓨터로 적용해볼까요. 네트워크의 한 부분인 라우터(랜을 연결해 정보를 전송할 때 송신정보에 담긴 수신처의 주소를 읽고 가장 적절한 경로로 정보이동을 안내하는 장비)의 기능이 이 역할을 할 수 있습니다. 라우터가 혹시 곰팡이의 속성을 베껴온 게 아닌가 생각했죠. — (중략) —

점점 규모가 커지고 복잡해지는 시스템에서 가장 중요한 부분은 소프트웨어입니다. 자연의 가르침이 이 복잡한 문제를 해결하는 데 도움이 될 수 있습니다. 개미나 벌이 먹이를 찾으러 가는 길을 관찰해 보면 최단거리만을 찾아 이동하는 것을 볼 수 있습니다. 이 과정을 수학적 모델로 변환해 소프트웨어를 개발하는 데 응용하는 것입니다."

소프트웨어의 개발에 있어 가장 중요한 것은 최소의 비용과 시간으로 시스템을 운영할 수 있게 하는 것입니다. 과학자들은 이 시스템 개발에 최단 경로를 찾아내는 곤충들의 본능을 도입하고자 노력하고 있습니다. 그러나 이런 최단 경로를 찾으려는 자연적 본능은 비단 생물체에서만 보이는 것은 아닙니다.

거울에 비친 물체로부터 우리 눈에 와 닿는 광선을 예로 들어 봅시다. 광선은 거울에 부딪치는 때와 똑같은 각도로 거울에서 빠져 나와서 우리 눈에 와 닿습니다. 그래서 가장 짧은 경로를 가지고 있지요. 또한 서로 밀착되어 있는 두 개의 비누거품도 최소의 표면적을 가지고 안정된 형태를 유지하려고 합니다.

이처럼 "가능한 불편이나 군더더기를 피하고 최소한의 노력으로서 작용한다"는 자연계의 원리는 우리 주변에서 어렵지 않게 볼 수 있습니다. 이와 같은 원리를 '자연의 최소작용의 원리'라고 합니다. 이 원리는 실생활과 맞닿아 있기 때문에 최대값과 최소값의 문제는 항상 많은 사람들의 관심을 받았습니다.

수학적으로 최대 · 최소라는 뜻을 알아볼까요. 주어진 식이나 함수의 정의 구역 안에서 치역을 생각하여 그 중 가장 큰 값이 최대이고, 가장 작은 값은 최소라고 정의합니다. 많은 수학자들이 여러 가지 최대 · 최소의 문제를 해결하기 위해서 꾸준히 노력해 왔습니다. 그래서 수학자들은 여러 가지 변수를 지정하고 식을 세우며, 여러 가지 해법과 다른 실용적인 문제로의 확대를 시도했습니다. 이처럼 수학의 최대 · 최소는 실생활에 적용되는 수학의 요소라 할 수 있으며, 그런 이유로 최대 · 최소는 앞으로도 계속 중요하게 다루어질 것입니다.

그 중에서도 최단거리 문제는 실용수학이라는 측면에서 가장 중요한 주제라 할 수 있습니다. 지하철 노선, 다리 놓기, 공장 건설, 점포의 위치나 학교를 비롯한 공공시설의 위치 결정 등에서 최단거리 문제는 자주 볼 수 있습니다.

로봇의 공구함의 위치

공장의 자동화흐름선에는 n개의 로봇이 일렬로 서서 일하고 있습니다. 이 로봇들은 공구함 하나를 공용으로 사용하고 있습니다. 모든 로봇이 공구를 가져가는 거리의 합 S를 가장 짧게 하려면 공구함을 어디에 놓아야 할까요?

풀이

이 문제는 실생활과 밀접하게 연관된 문제입니다. 간단한 규칙을 찾아봅시다.

$n=1$일 때, 당연히 로봇이 1개이므로 그 옆에 놓게 되면 S=0으로 가장 최소값이 나옵니다.

$n=2$일 때, 공구함을 두 로봇의 중간 지점에 놓으면 S=(자동화흐름선의 길이)가 됩니다.

$n=3$일 때, 공구함을 가운데 있는 로봇 옆에 놓으면 S=(자동화흐름선의 길이)가 됩니다.

$n=4$일 때, 4개의 로봇 A_1, A_2, A_3, A_4가 순서대로 자동화흐름선에 배치되어 있다고 합시다.

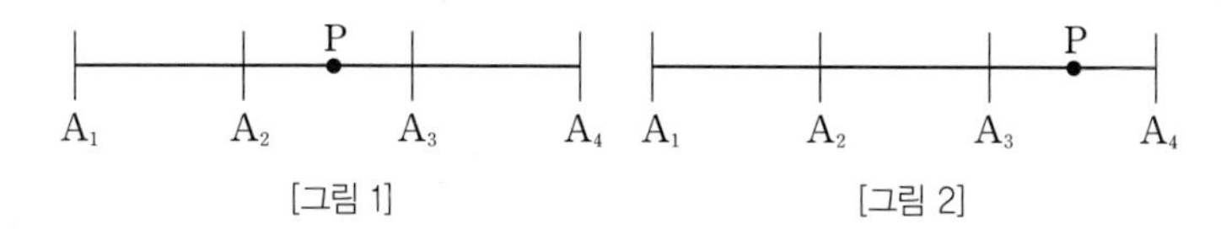

[그림 1] [그림 2]

i) 공구함을 A_2와 A_3 사이의 임의의 점 P에 놓았다고 하면([그림 1]),

$$S=\overline{A_1P}+\overline{A_2P}+\overline{A_3P}+\overline{A_4P}=\overline{A_1A_4}+\overline{A_2A_3}$$

ii) 공구함을 $\overline{A_2A_3}$의 밖의 임의의 점 P에 놓았다고 하면([그림 2]),

$$S=\overline{A_1P}+\overline{A_2P}+\overline{A_3P}+\overline{A_4P}\geqq\overline{A_1A_4}+\overline{A_2A_3}$$

결국 i), ii)에 의해 가운데 두 로봇 사이의 임의의 어느 곳에 공구함을 놓아야 최소의 S값을 갖게 됩니다.

$$\therefore\ S=\overline{A_1P}+\overline{A_2P}+\overline{A_3P}+\overline{A_4P}=\overline{A_1A_4}+\overline{A_2A_3}$$

즉, n이 홀수이면 공구함을 가운데 로봇 옆에 놓아야 하고, n이 짝수이면 가운데 두 로봇 사이의 임의의 한 곳에 놓아야 S가 가장 작은 값을 가지게 됩니다.

상자를 기어오르는 개미

개미 한 마리가 정육면체 모양의 나무 상자 모서리를 돌고 있습니다. 개미가 상자의 모서리를 따라서 한 바퀴 도는데 8분이 걸린다고 합니다. 만약 이 개미가 같은 속도로 최단거리를 택해 꼭지점 A에서 반대쪽 꼭지점 B까지 간다면 얼마나 걸릴까요?

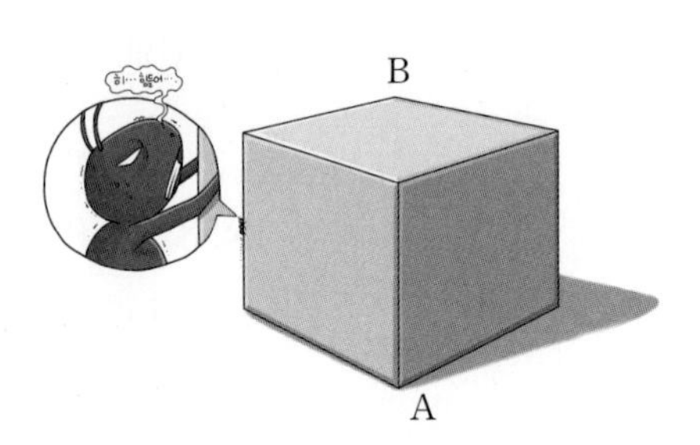

풀이

먼저 정육면체의 두 면을 펼쳐 봅시다. 가장 짧은 길인 점 A와 점 B를 이은 직선은 아래와 같이 두 개 중 하나입니다.

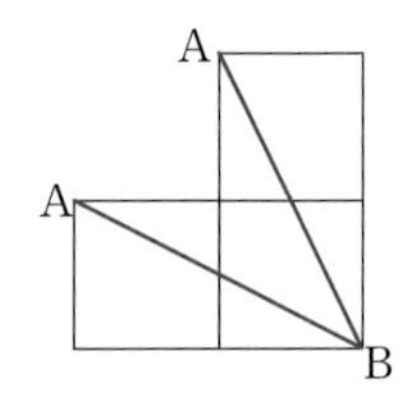

정육면체 한 모서리의 길이를 a라 하면 선분 $\overline{AB}$의 길이는

$$\sqrt{a^2+4a^2}=\sqrt{5}a$$

입니다. 또, 밑면의 모서리를 따라서 한 바퀴 도는데 8분이 걸리므로 한 모서리 당 2분이 걸립니다. 즉, 한 모서리를 기어가는데 2분이 걸리므로 이 개미의 속력은 $\frac{a}{2}$가 됩니다.

따라서, 거리 $\sqrt{5}a$를 가는데 걸리는 시간은 $\sqrt{5}a\times\frac{2}{a}=2\sqrt{5}$(분)입니다.

1단계 주제를 이해하는 문제 3

최단거리로 수영하기

직사각형 모양의 수영장이 있습니다. 어떤 사람이 A에서 출발하여 오른쪽 그림과 같이 좌우 측면을 터치하고 B지점으로 가려고 합니다. 이때, 최단거리로 가면 그 거리는 몇 m일까요?

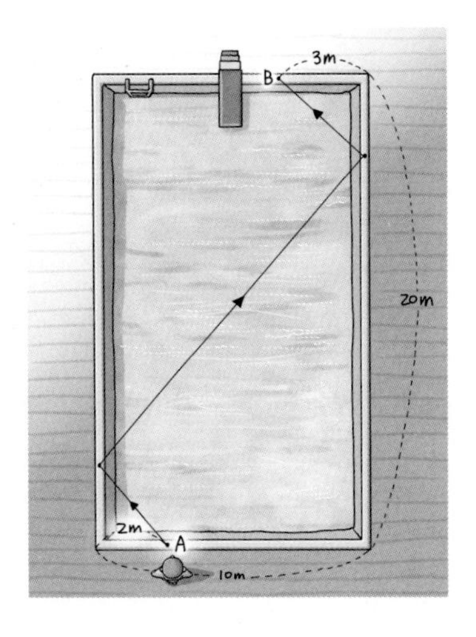

풀이

오른쪽 그림과 같이 점 A를 수영장의 벽면에 대칭이동하여 점 A′를 잡고, 점 B도 대칭이동하여 점 B′를 잡습니다. 그러면,

$\overline{AP}=\overline{A'P}$이고 $\overline{BQ}=\overline{B'Q}$이므로 $\overline{BQ}+\overline{QP}+\overline{PA}=\overline{A'B'}$로 구하려는 최단거리가 됩니다.

$\overline{A'B'}=\sqrt{\overline{A'R}^2+\overline{B'R}^2}=\sqrt{15^2+20^2}=\sqrt{625}=25(\text{m})$

따라서, 구하는 최단거리는 25m입니다.

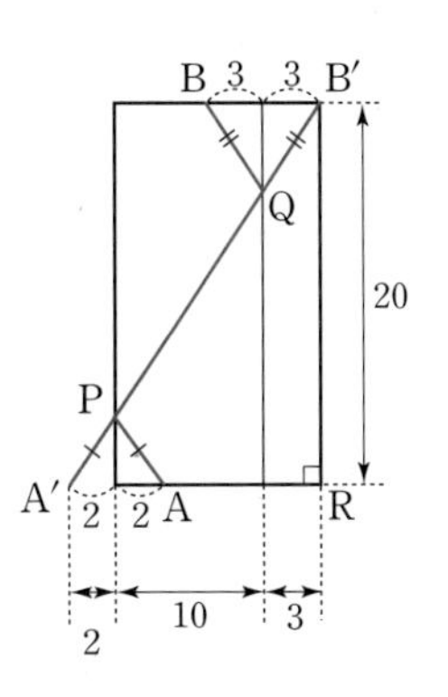

1 대칭 · 평행 이동을 이용하자

최단거리 문제 중에 가장 기본적인 유형을 살펴봅시다. 먼저, 구하고자 하는 지점을 대칭 또는 평행이동을 시켜서 푸는 문제가 있습니다. 다음의 예를 한 번 봅시다.

"A도시와 B도시 사이에 한 개의 강이 흐르고 있습니다. A도시에서 B도시로 가려 할 때 어느 위치에 다리를 놓는 것이 최단거리가 될 수 있을까요? 이때 다리는 강과 직각을 이루며 강의 폭은 일정합니다."

해결 방법의 핵심은 반드시 다리의 길이와 방향만큼 먼저 움직이고 나서 길을 결정한다는 것입니다. 따라서 강의 폭만큼 점 A를 점 A′로 평행이동 시킵니다. 그리고 직선 A′B를 이어서 강과 만나는 점을 C라고 하고, 강과 직각을 이루는 다리를 놓으면 됩니다.

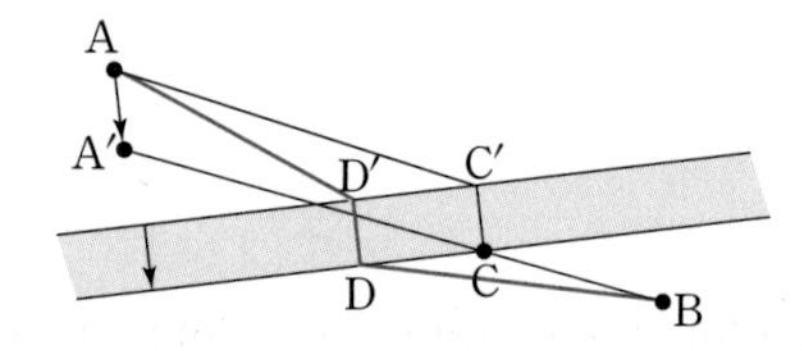

$$\overline{AC'}+\overline{CB}=\overline{A'C}+\overline{CB}=\overline{A'B}\leq\overline{AD'}+\overline{DB}$$

두 지점 사이에 강이 두 개 이상인 경우도 이와 동일한 방법으로 생각하면 됩니다. 그러면 두 지점 사이의 최단거리가 되는 다리를 건설할 수 있습니다.

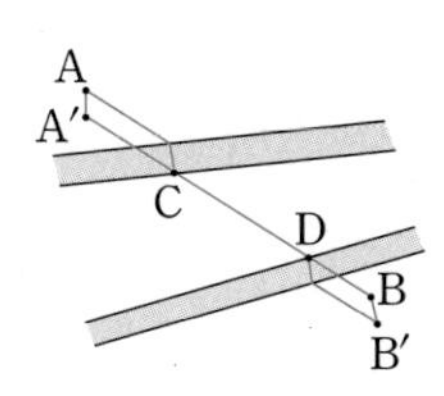

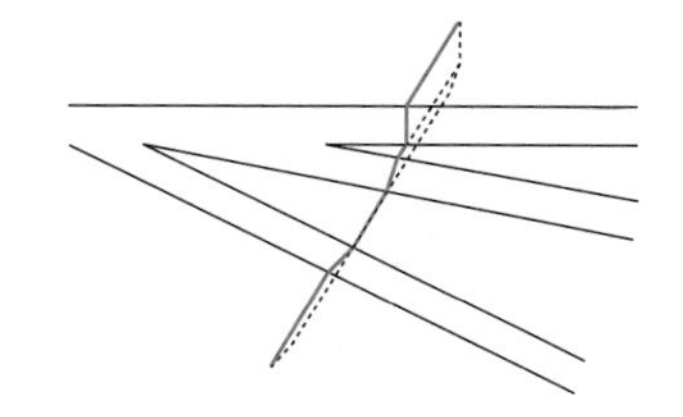

이번에는 대칭을 이용하여 최단거리를 구하는 예를 살펴봅시다.

다음 그림과 같이 해안 l로부터 각각 1.5km, 3km 떨어진 곳에 두 섬 A, B가 있습니다.

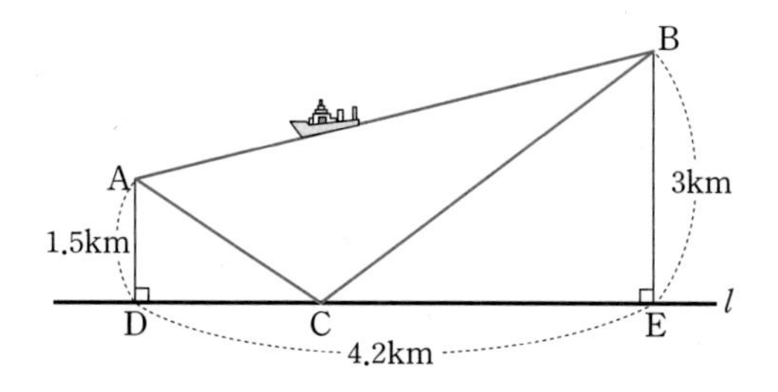

D, E 사이의 한 지점에 여객선의 선착장을 설치하여 선착장과 두 섬을 순환하도록 운행하려고 합니다. D, E 사이의 거리가 4.2km일 때, 전체 여객선 항로가 최소가 되도록 하려면 여객선의 선착장의 위치 C를 어디에 설치하면 좋을까요?

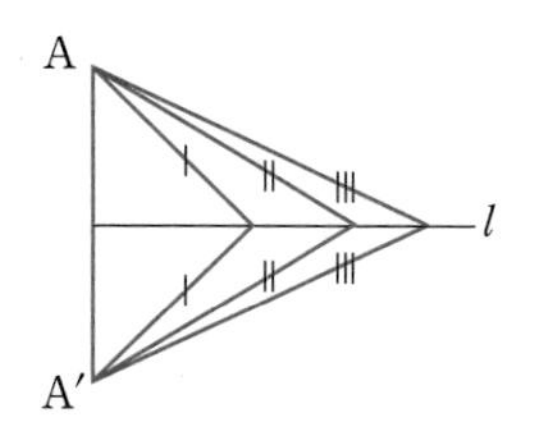

이 문제는 "선분 AA′의 수직이등분선 l 위의 임의의 한 점에서 두 점에 이르는 거리는 같다"라는 정의를 이용하면 쉽게 해결이 됩니다.

우선 $\overline{DC}$의 거리를 정확히 찾아내야 하므로 위의 그림을 좌표평면 위에 그려야 합니다. 점 D를 원점으로, l을 x축으로 하여 다음 그림과 같이 그립니다.

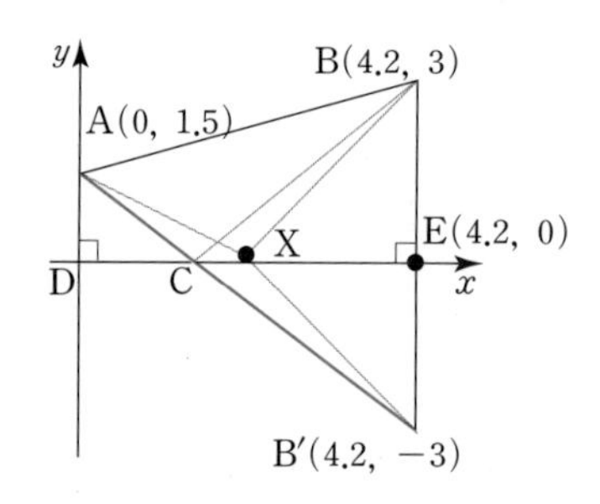

다음, 직선 l(x축)에 대한 점 B의 대칭점을 B′로 놓습니다.

$\overline{\mathrm{DE}}$ 위의 임의의 점 X에 대하여 전체 여객선의 항로는

$$(\text{전체 여객선 항로})=\overline{\mathrm{AB}}+\overline{\mathrm{BX}}+\overline{\mathrm{XA}}$$
$$=\overline{\mathrm{AB}}+\overline{\mathrm{B'X}}+\overline{\mathrm{XA}}$$

이고, $\overline{\mathrm{AB}}$는 일정하므로 $\overline{\mathrm{B'X}}+\overline{\mathrm{XA}}$가 최소가 될 때 전체 여객선 항로는 최소가 됩니다.

그런데 $\overline{\mathrm{B'X}}+\overline{\mathrm{XA}}\geq\overline{\mathrm{AB'}}$이므로 $\overline{\mathrm{B'X}}+\overline{\mathrm{XA}}=\overline{\mathrm{AB'}}$일 때 최소가 됩니다.

따라서 선분 AB′이 직선 l과 만나는 점을 C라 하고, C지점에 선착장을 설치하면 전체 여객선의 항로는 최소가 됩니다.

이제, 점 C의 좌표를 좌표평면을 이용하여 구해봅시다. 위쪽 그림을 참고하면 직선 AB′의 방정식은 다음과 같습니다.

$$y-1.5=\frac{-3-1.5}{4.2-0}x \qquad \therefore y=-\frac{4.5}{4.2}x+1.5$$

이때, 구하는 점 C는 이 직선이 x축과 만나는 점 $(1.4,\ 0)$입니다.

따라서 선착장의 위치 C는 D지점에서 1.4km 떨어진 지점에 정하면 됩니다.

2단계 기초가 되는 문제 1

최단 항로 구하기

오른쪽 그림과 같이 30°각을 이루는 반직선으로 이루어진 해안선이 있습니다. 또한 O지점에서 4km 떨어진 바다 위의 P지점에 섬이 있습니다. 이 섬에서 해안선 $\overrightarrow{OX}$, $\overrightarrow{OY}$를 연결하는 삼각형 모양의 항로를 최단 길이로 개설하려 합니다. 최단 항로의 길이는 얼마일까요?

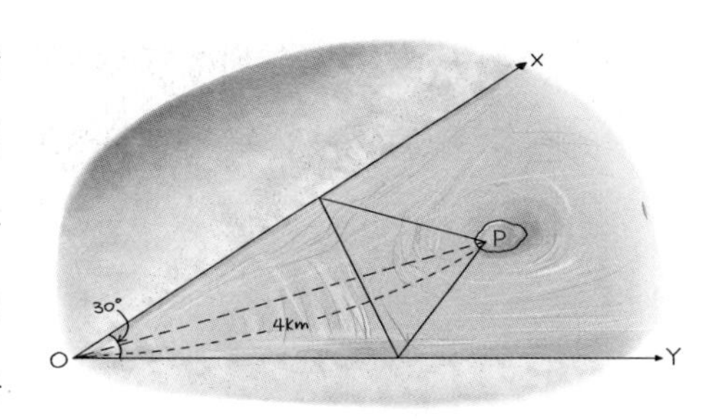

$\overrightarrow{OX}$에 대한 점 P의 대칭점을 P′, $\overrightarrow{OY}$에 대한 대칭점을 P″라 합시다. 오른쪽 그림에서 $\overline{P'P''}$를 이은 직선이 각의 변과 만나는 점을 A, B라 하면, $\overline{PA}=\overline{P'A}$, $\overline{PB}=\overline{P''B}$ 입니다. 그러므로 최단 항로의 길이는

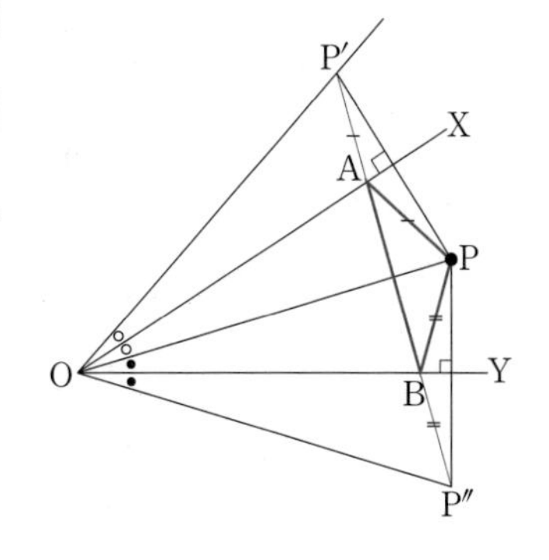

$$\begin{aligned}(\triangle \text{PAB의 둘레}) &= \overline{PA}+\overline{AB}+\overline{PB}\\ &\geqq \overline{P'A}+\overline{AB}+\overline{P''B}=\overline{P'P''}\\ &=(\text{최단 항로의 길이})\end{aligned}$$

이고, $\triangle P'OA \equiv \triangle POA$, $\triangle P''OB \equiv \triangle POB$이므로

$$\begin{aligned}\angle P'OP'' &= \angle P'OA+\angle POA+\angle P''OB+\angle POB\\ &=2(\angle POA+\angle POB)=60^\circ\end{aligned}$$ 입니다.

그래서 $\overline{OP'}=\overline{OP}=\overline{OP''}$이므로 $\triangle OP'P''$는 정삼각형입니다.

따라서 $\overline{P'P''}=4\text{km}$ 즉, 최단 항로의 길이는 4km가 됩니다.

공장끼리 최대한 가까이

폭이 $\frac{4}{5}\sqrt{5}$m인 직선 도로의 양편에 오른쪽 그림과 같이 공장 A, B를 세우려고 합니다. 단, A에서 서쪽으로 직선 도로까지 $2a$m, 북쪽으로 직선 도로까지$(a+3)$m, B에서 동쪽으로 직선 도로까지 am, 남쪽으로 직선도로까지 $(a+1)$m가 되도록 세울 것입니다. 이때, A와 B사이의 거리를 최소로 하기 위한 A, B 사이의 거리를 구해 보세요.

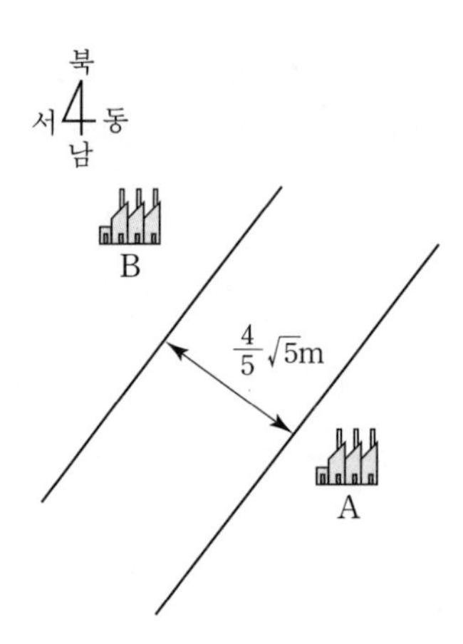

풀이

주어진 조건대로 공장을 세우면 오른쪽 그림과 같습니다. 또한, B를 A′에 세울 때 두 공장 사이의 거리는 최소가 됩니다.

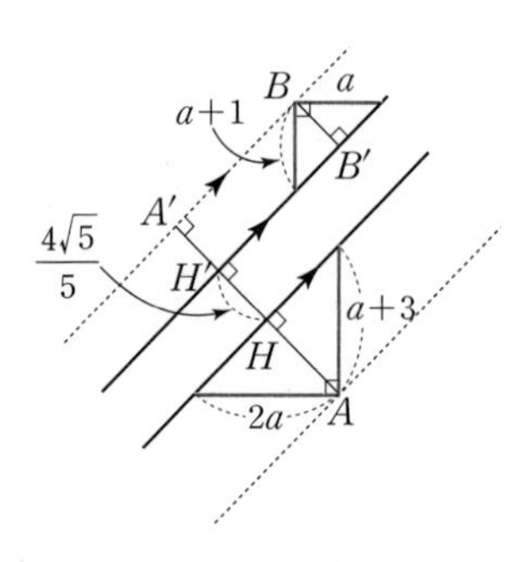

$\overline{BB'}$의 기울기와 $\overline{AH}$의 기울기는 같으므로

$$\frac{a+3}{2a}=\frac{a+1}{a} \qquad \therefore a=1$$

$\overline{AH}$의 길이는 오른쪽 삼각형에서 빗변의 길이는

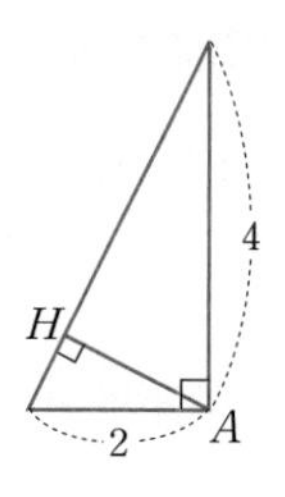

$\sqrt{16+4}=2\sqrt{5}$ 가 됩니다.

그러므로 (삼각형의 넓이) $=\frac{1}{2}\cdot 2\cdot 4=\frac{1}{2}\cdot 2\sqrt{5}\cdot \overline{\mathrm{AH}}$

$\therefore\ \overline{\mathrm{AH}}=\frac{4\sqrt{5}}{5}$ 가 됩니다.

이와 같은 방법으로 $\overline{\mathrm{BB'}}$를 구하면

$$\frac{1}{2}\cdot 1\cdot 2=1\cdot\frac{1}{2}\cdot\sqrt{5}\cdot\overline{\mathrm{BB'}}\qquad \therefore\ \overline{\mathrm{BB'}}=\overline{\mathrm{A'H'}}=\frac{2\sqrt{5}}{5}$$

따라서, 공장 간의 최단 거리 $\overline{\mathrm{AA'}}$는

$$\overline{\mathrm{AA'}}=\overline{\mathrm{AH}}+\overline{\mathrm{HH'}}+\overline{\mathrm{H'A'}}=\overline{\mathrm{HH'}}+\frac{4\sqrt{5}}{5}+\frac{2\sqrt{5}}{5}=2\sqrt{5}\ (\mathrm{m})$$

가 됩니다.

문제 난이도 그래프
논리력 ■■■
사고력 ■■■■
창의력 ■■■

사각형 둘레의 길이

그림에서 평면상의 두 점 A(6, 2), B(2, 4)와 x축, y축 위를 각각 움직이는 두 점 C, D가 있습니다. 이때, 사각형 ABCD의 둘레의 길이의 최소값을 구하세요.

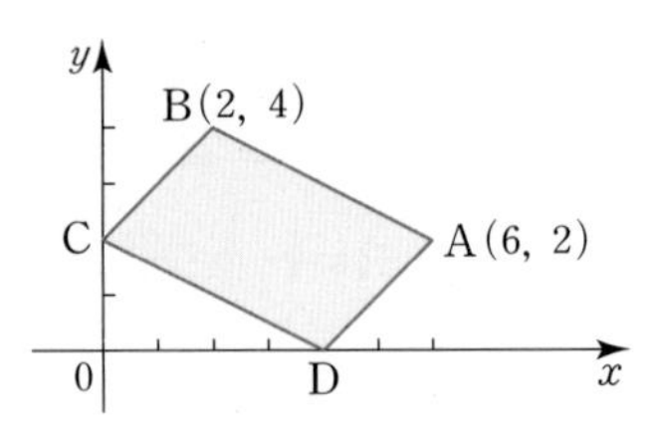

풀이

점 A의 x축에 대한 대칭점 A′(6, −2), 점 B의 y축에 대한 대칭점 B′(−2, 4)을 봅시다.

$$\overline{AD}=\overline{A'D},\ \overline{BC}=\overline{B'C}$$

$$\overline{B'C'}+\overline{C'D'}+\overline{D'A'}\geq\overline{B'C}+\overline{CD}+\overline{DA'}$$

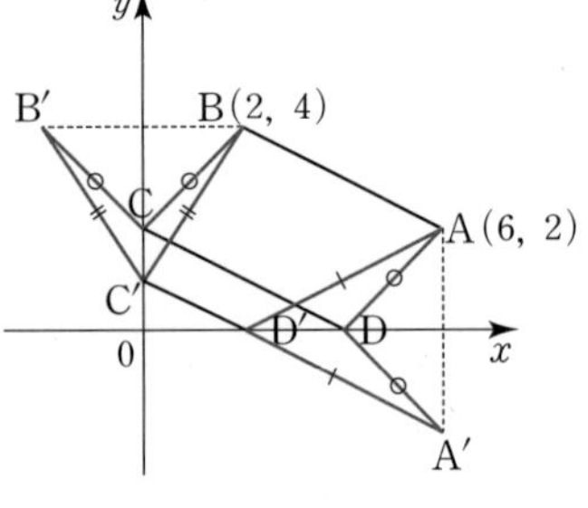

두 점 A′, B′를 이어 x축과 y축이 만나는 점을 각각 D, C라 하면 이때, 점 D, C가 사각형 ABCD 둘레의 길이를 최소값이 되게 하는 점입니다.

$$\overline{B'A'}=\overline{B'C}+\overline{CD}+\overline{DA'}=\overline{BC}+\overline{CD}+\overline{DA}$$

∴ 사각형의 둘레의 최소값은

$$\overline{AB}+\overline{B'A'}=\sqrt{16+4}+\sqrt{64+36}=10+2\sqrt{5}$$

잠깐!

두 점 사이의 거리

두 점 A$(x_1,\ y_1)$, B$(x_2,\ y_2)$ 사이의 거리 d는 $d=\sqrt{(x_1-x_2)^2+(y_1-y_2)^2}$

문제 난이도 그래프
논리력 ■■■
사고력 ■■■
창의력 ■■■■

점들의 최소값

오른쪽 그림과 같은 직사각형 ABCD의 변 AB 위에 $\overline{BP}=5$가 되게 점 P를 잡습니다. 그리고 $\overline{CD}$ 위에 $\overline{CT}=5$가 되게 점 T를 잡은 후, $\overline{AD}$ 위에 점 R을, $\overline{BC}$ 위에 점 Q와 점 S를 잡습니다. 이때, $\overline{PQ}+\overline{QR}+\overline{RS}+\overline{ST}$의 최소값을 구하세요.

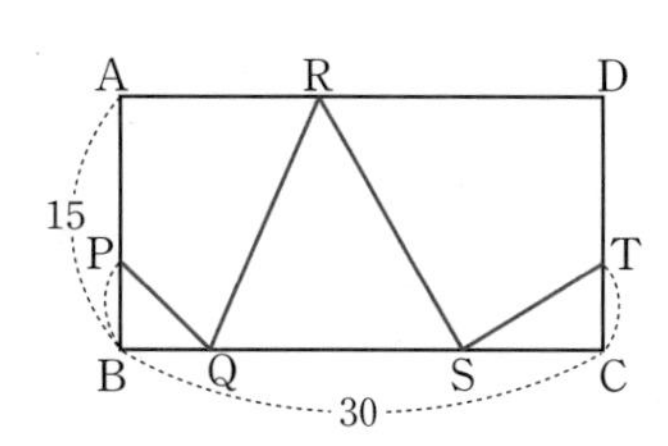

풀 이

오른쪽 그림에서와 같이 합동인 직사각형을 4개 그리고 $\overline{BC}$에 대해 R과 대칭인 점을 R′, $\overline{A'D'}$에 대해 S와 대칭인 점을 S′, $\overline{TC}=\overline{C'T'}$인 점 T을 $\overline{C'D''}$ 위에 잡으면 다음과 같습니다.

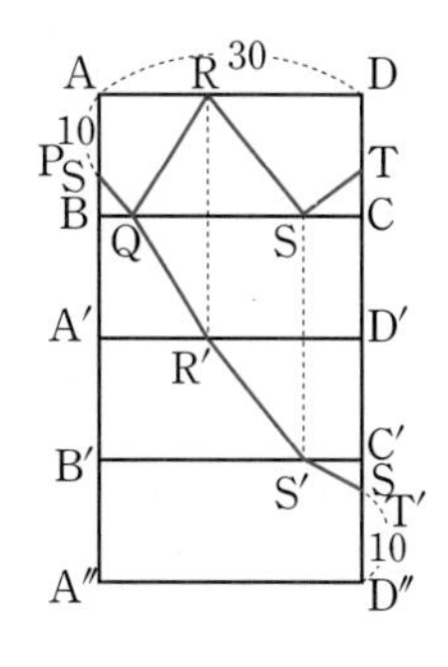

$$\begin{cases} \overline{QR}=\overline{QR'} \\ \overline{RS}=\overline{R'S'} \\ \overline{ST}=\overline{S'T'} \end{cases}$$

$\therefore \overline{PT}=\overline{PQ}+\overline{QR}+\overline{RS}+\overline{ST}=\overline{PQ}+\overline{QR'}+\overline{R'S'}+\overline{S'T'}\geq\overline{PT'}=\sqrt{30^2+40^2}=50$

움직이는 점을 잡아라

좌표평면 위에 두 점 P(12, 0), Q(0, 5)가 있습니다. 길이가 $5\sqrt{2}$인 선분 RS가 반직선 $y=-x(x\geqq-5)$ 위에서 움직일 때, 사각형 PQRS의 둘레의 길이의 최소값을 구하세요.

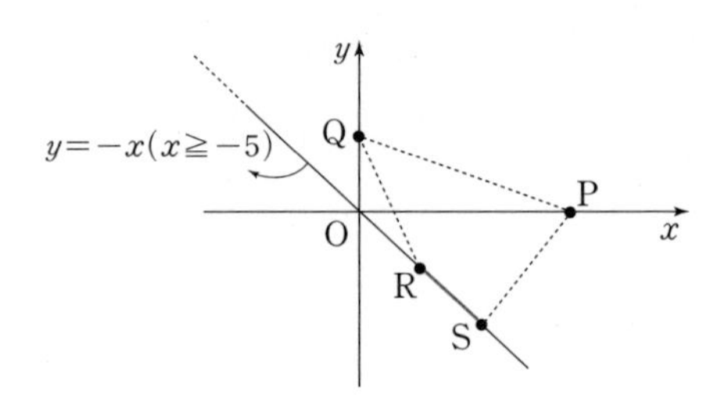

풀이

사각형 PQRS의 둘레의 길이의 최소값은 $\overline{PQ}=13$, $\overline{RS}=5\sqrt{2}$로 일정하므로 $\overline{PS}+\overline{QR}$가 최소이면 됩니다.

오른쪽 그림처럼 점 P(12, 0)의 $y=-x$에 대한 대칭점 T(0, −12)를 잡습니다.

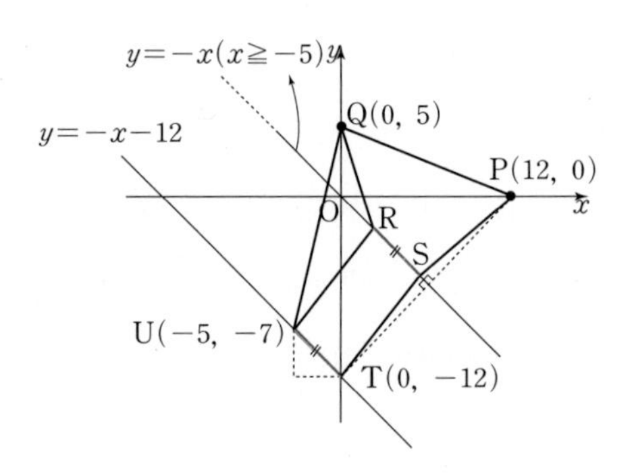

점 T를 지나고 기울기가 1인 직선 $y=-x-12$ 위에 $\overline{RS}=5\sqrt{2}=\overline{TU}$가 되도록 U(−5, −7)을 잡으면 $\overline{RS}$가 반직선 $y=-x$위를 움직이더라도

$\overline{PS}=\overline{ST}=\overline{RU}$ 이므로 $\overline{PS}+\overline{QR}=\overline{RU}+\overline{QR}$입니다.

그러므로 $\overline{QR}+\overline{RU}$의 최소값은 $\overline{PS}+\overline{QR}=\overline{QR}+\overline{RU}\geqq\overline{QU}=13$

읽을거리

수학을 잘하면 당구도 척척

빛은 진공 중에서나, 성질이 같은 물질 내에서 직진하는 성질을 가지고 있습니다. 그러나 성질이 서로 다른 물질을 만나면 그 경계면에서 빛은 반사합니다. 예를 들어, 거울 속에 우리 모습이 비쳐 보이는 것, 치과 의사가 거울로 입 안을 살펴보는 것, 우리가 주변의 사물을 볼 수 있는 것, 호수 수면에 비쳐 보이는 태양이나 달의 모습 등은 모두 빛이 반사하기 때문에 일어나는 현상입니다.

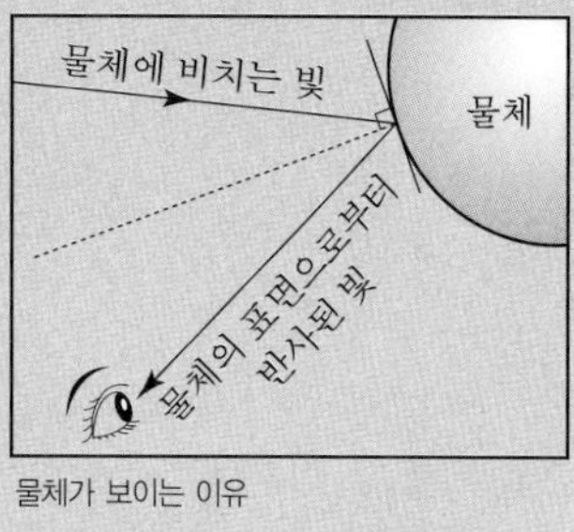

물체가 보이는 이유

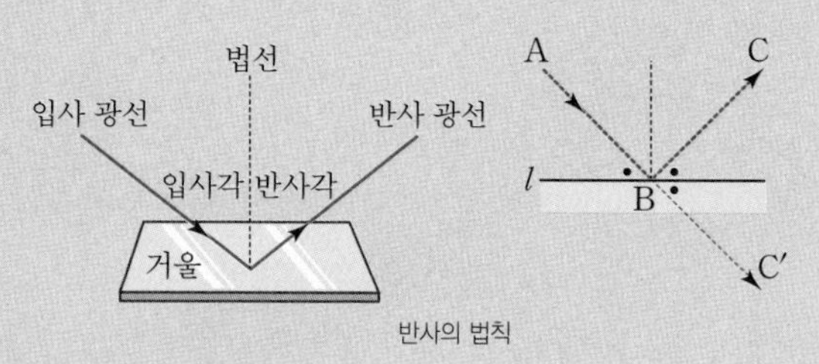

반사의 법칙

빛이 서로 다른 두 물질의 경계면에서 반사할 때, 경계면에 들어오는 빛을 입사 광선, 반사하여 나가는 빛을 반사 광선이라고 합니다. 이때, 두 물질의 경계면에 수직인 선을 법선, 입사 광선과 법선이 이루는 각을 입사각, 반사 광선과 법선이 이루는 각을 반사각이라고 하지요. 수학에서는 이를 대칭 개념으로 설명합니다. 위 그림을 보세요. 점 C를 직선 l에 대하여 대칭시킨 점을 C′로 표현하면, 빛은 점 A에서 출발하여 점 C′에 도착하는 것과 같습니다. 앞서 알아본 대칭을 이용하여 최단 거리를 구하는 것도 빛의 원리에서 얻은 방법은 아닐까요? 그런데 이 방법은 수학 뿐 아니라 당구에서도 유용하게 활용됩니다.

당구 경기에서 경기자가 도저히 맞히지 못할 것 같은 공들을 자유자재로 맞히는 모습을 보면서 "혹시 저들은 마술을 하는 것일까?"하고 생각한 적은 없는지요. 그것은 마술이 아니라 수학을 이용한 절묘한 기술이랍니다.

당구대 위에 공을 놓고 쿠션(당구대 안쪽 가장자리의 공이 부딪치는 면)의 한 지점을 향해 공을 치면 빛의 반사와 같은 현상이 일어납니다. 즉, 당구공이 쿠션을 향해 입사한 각과 반사되는 각이 같습니다. 그러나 사람이 공을 칠 때 다른 요인들을 첨가하면 입사각과 반사각의 크기를 조절할 수 있습니다. 여러 가지 요인이 있겠지만 대표적인 요인은 공에 가해진 힘입니다. 공에 가해진 힘을 제외한 모든 요소들이 일정하다고 가정하였을 때, 힘을 크게 할수록 반사각의 크기가 작아집니다. 왜냐하면 쿠션이 고무로 되어 있어 공에 가해진 힘에 따라 탄력의 크기가 조절되기 때문입니다.

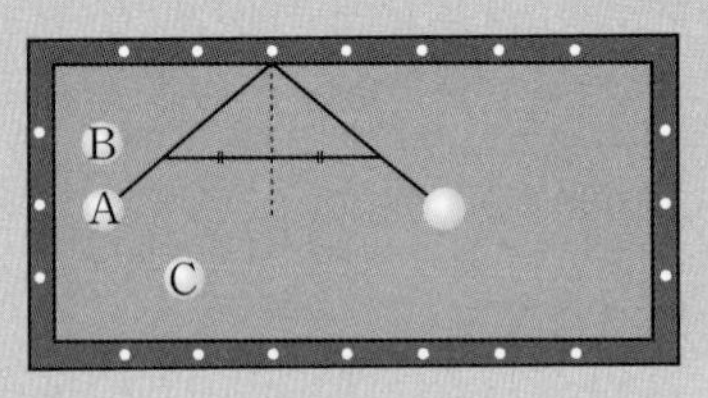

입사각과 반사각의 크기 조절
A : 보통의 힘
B : 힘을 약하게 할 때
C : 힘을 강하게 할 때

이처럼 수학의 원리를 잘 이용하면 당구를 멋지게 칠 수도 있고, 다음과 같은 문제도 척척 풀 수 있습니다.

대부분의 당구대는 직사각형 모양이고 가로 길이와 세로 길이의 비율이 2:1입니다. 당구대의 구석에서 쿠션과 45°각도로 입사각과 반사각의 크기가 같도록 힘을 조절해 친다고 가정해봅시다. 당구공이 처음으로 어느 모퉁이에 도달할 때, 당구공의 경로를 살펴보면 다음과 같습니다.

공을 치면 쿠션에 반사되는 횟수는 한 번입니다. 그 길이를 구해보면 빛의 반사 성질에 의해 선분 AD를 선분 BC에 대해 대칭시키면

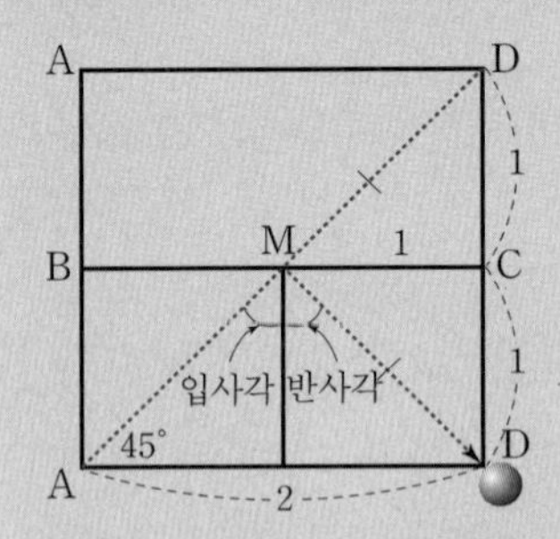

$\overline{AM}+\overline{MD}=\overline{AD}=\sqrt{2^2+2^2}=2\sqrt{2}$가 됩니다.

그렇다면 가로, 세로의 길이가 각각 7m, 5m인 직사각형 모양의 당구대의 모퉁이에서 변과 45°의 각도로 당구공을 친다면, 모퉁이에 도달할 때까지 당구공이 움직인 거리는 얼마일까요?

실제로 당구대에서 공을 입사각과 반사각의 크기를 같게 하여 치면 [그림 1]과 같습니다. 이 선들의 길이를 모두 구하는 것을 이 상태에서는 그리 쉽지 않습니다. 그러나 [그림 2]와 같이 빗금 친 직사각형이 당구대이며 이 당구대를 대칭시키면서 이어 그려주면 움직인 거리를 쉽게 구할 수 있습니다. 바로 빛의 반사가 수학의 대칭 개념으로 이루어지기 때문입니다.

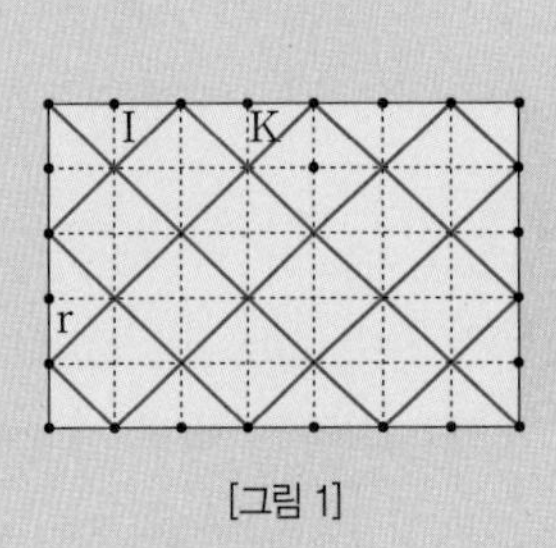

[그림 1]

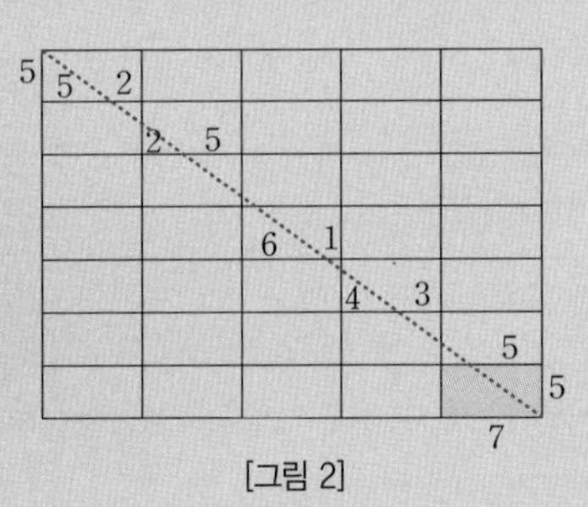

[그림 2]

따라서, [그림 2]의 점선은 한 모퉁이에 처음 도착하게 되는 당구공이 움직인 거리입니다.

$\therefore \sqrt{(7\times5)^2+(5\times7)^2}=\sqrt{2\times35^2}=35\sqrt{2}$(m)가 됩니다.

2 입체도형을 펼쳐라

나무 줄기를 칭칭 감으며 올라가는 나팔꽃은 주변에서 흔히 볼 수 있습니다. 이 나팔꽃의 생명은 몇 개월 밖에 되지 않기 때문에 살아있는 동안 더 좋은 씨를 많이 남기려고 애를 씁니다. 그러기 위해서는 되도록 빨리, 그리고 멀리, 그 가지를 뻗어야 합니다. 그래서 나팔꽃은 "두 점 사이의 가장 짧은 거리를 나타낸 것이 직선이다"라는 평면기하학의 공리를 지켜야만 하지요. 그러나 나팔꽃은 보통 원기둥 모양의 나무 줄기를 나선형으로 감아 올라갑니다.

나무 줄기를 감으며 올라가는 나팔꽃

얼핏 보기에 나팔꽃은 평면기하학의 공리를 무시한 채 곡선을 그리며 빙글빙글 돌아가고 있습니다. 그러나 원기둥의 나무줄기의 한쪽을 잘라 펼쳐 보면 그 나선은 직선이 됩니다. 이 사실은 나팔꽃의 생존 전략을 잘 보여주고 있습니다.

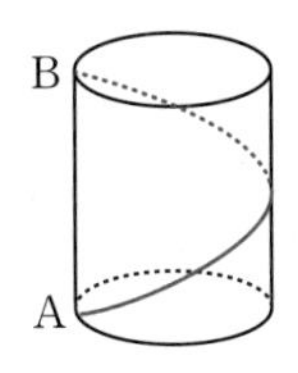

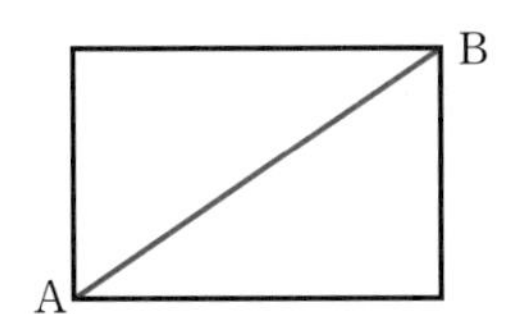

이처럼 공간의 어떤 면을 최단 거리로 통과하려면 공간을 펼쳐서 평면기하학의 공리를 지켜야 합니다.

다음은 이를 이용한 최단거리 문제입니다.

"다음 그림과 같이 $\overline{AB}=1$, $\overline{AF}=3$이고, 밑면이 정오각형인 오각기둥 ABCDE−FGHIJ가 있습니다. 실의 한 끝을 점A에 고정한 후 네 모서리 $\overline{BG}$, $\overline{CH}$, $\overline{DI}$, $\overline{EJ}$를 지나 점 F에 이르도록 실을 팽팽하게 당길 때, 실의 길이는 얼마일까요?"

우선, 오각기둥의 옆면을 펼치면 아래 그림과 같습니다. 여기서 점 A에서 점 F까지 잇는 직선이 바로 구하고자 하는 최단거리입니다.

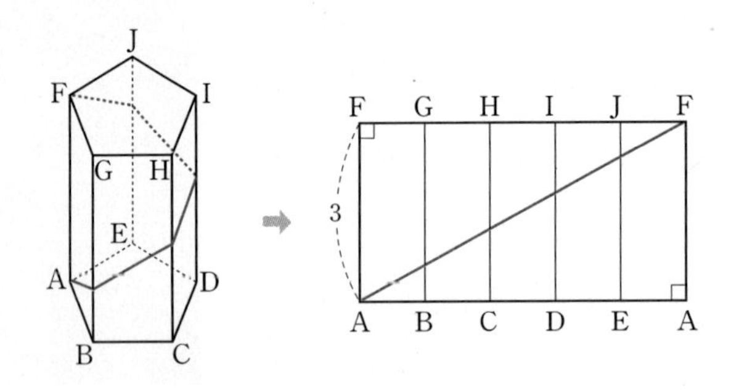

따라서, $\overline{AF}=\sqrt{5^2+3^2}=\sqrt{34}$가 됩니다.

2 단계 기 초 가 되 는 문 제 1

나무의 굵기를 알려주는 나팔꽃

높이가 6cm인 나무를 나팔꽃이 두 번 감아 올라갔습니다. (단, 나팔꽃이 나무줄기를 감은 길이는 최단거리입니다.) 이때 나팔꽃의 덩굴 길이를 재어보았더니 10cm이었습니다. 이 나무의 둘레 길이를 구하세요.

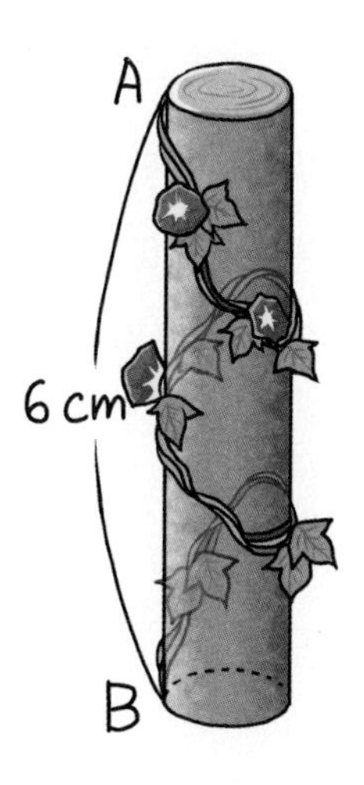

풀 이

나무의 둘레는 원기둥 모양이므로 원기둥의 옆면의 전개도를 그리면 오른쪽 그림과 같습니다.

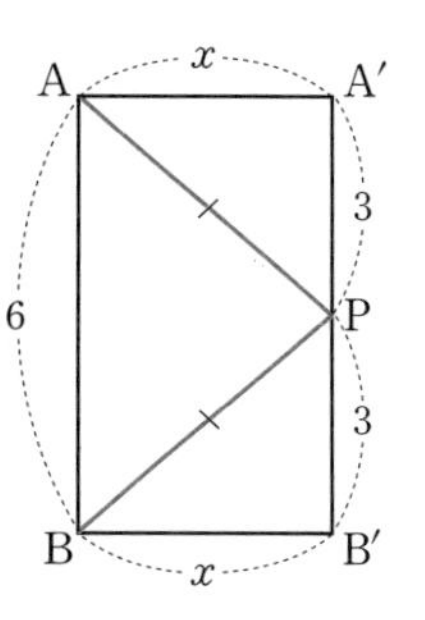

밑면의 둘레의 길이를 $x$cm로 놓으면, $\overline{AP}+\overline{BP}=10$이므로

$2\sqrt{x^2+9}=\overline{AP}+\overline{BP}=10 \Leftrightarrow \sqrt{x^2+9}=5$ 입니다.

$\therefore\ x^2=16$

그런데 $x>0$이므로 $x=4$(cm) 따라서, 나무의 둘레 길이는 4cm입니다.

정사면체 감기

오른쪽 그림과 같이 한 변의 길이가 6cm인 정사면체가 있습니다. 한 꼭지점에서 2cm 떨어진 거리에 있는 변 위의 점 P를 출발하여 모든 면을 지나 점 P로 돌아가려 합니다. 이 방법 중 최단거리를 구하세요.

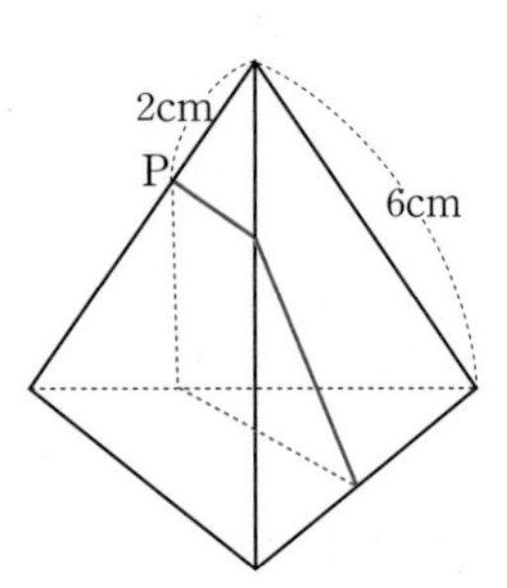

풀이

정사면체의 전개도를 봅시다.

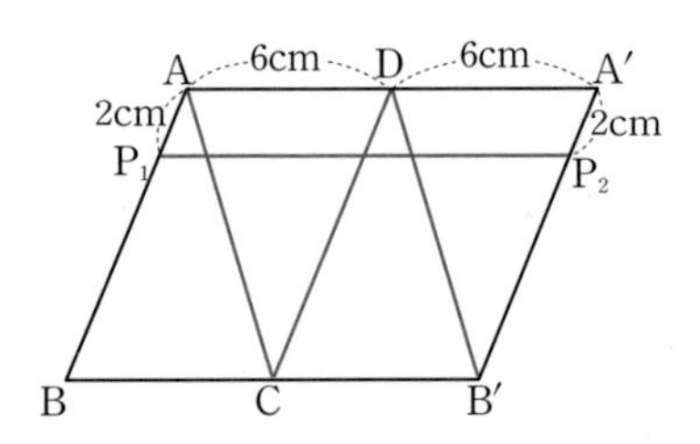

점 P_1, P_2는 점 P와 같은 점이므로 $\overline{AP_1}=\overline{A'P_2}$입니다. 또한 점 P_1, P_2를 이은 선분이 최단거리이므로 구하는 값은 $\overline{AA'}=6+6=12$cm입니다.

상자 포장에 필요한 리본의 길이

오른쪽 그림과 같이 가로, 세로, 높이가 각각 60cm, 40cm, 20cm인 직육면체 상자를 그림과 같이 끈으로 묶으려 합니다. 상자를 묶는 데 필요한 리본의 최소 길이는 얼마일까요? (단, 매듭을 묶는데 필요한 끈의 최소 길이는 30cm라고 합니다.)

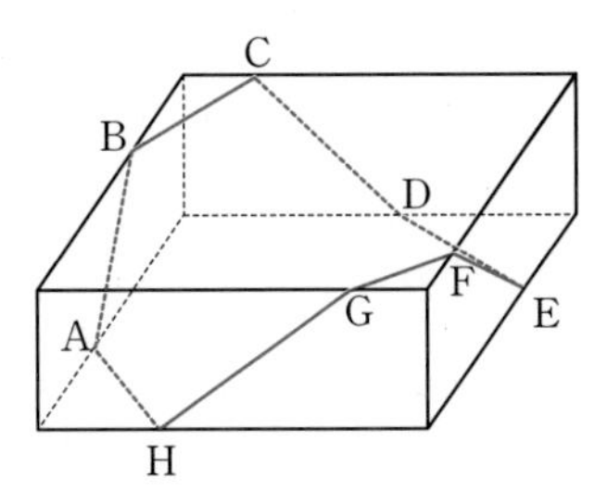

풀 이

상자의 전개도를 그려 리본이 연결된 순서에 따라 전개하면 오른쪽 그림과 같습니다. 그러므로 A에서 A로 돌아가는 끈의 길이의 최소값은 $\sqrt{160^2+120^2}=200$(cm) 입니다.

여기서 끈을 묶는데 필요한 최소 길이 30cm을 더하면 230cm가 됩니다.

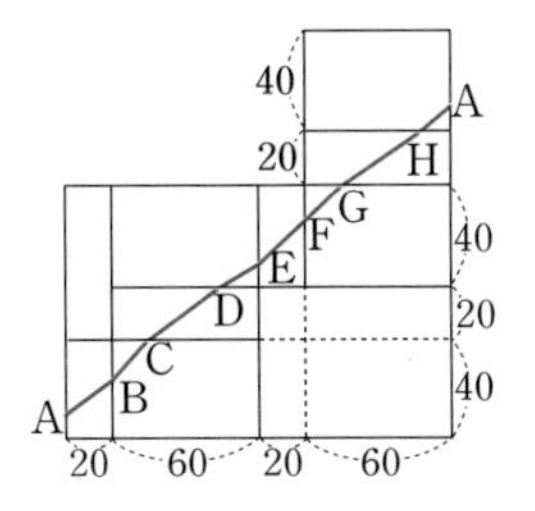

실의 최단거리를 구하라

한 변의 길이가 6cm인 정팔면체가 있습니다. 정팔면체의 한 면인 무게중심 P에서 마주 보는 면의 무게중심 Q까지 입체의 표면을 따라 실을 이었을 때, 이 실의 최단거리는 얼마일까요?

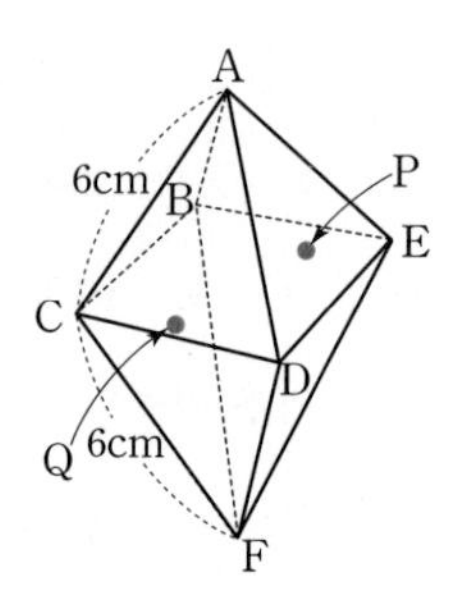

풀이

정팔면체의 전개도를 그리면 오른쪽과 같습니다.

점 P, Q를 포함하는 평면은 서로 평행하므로

그림에서 P, Q를 이은 선분 PQ의 길이가 실의 최단거리가 됩니다. 이 직각삼각형 PQR을 만들면

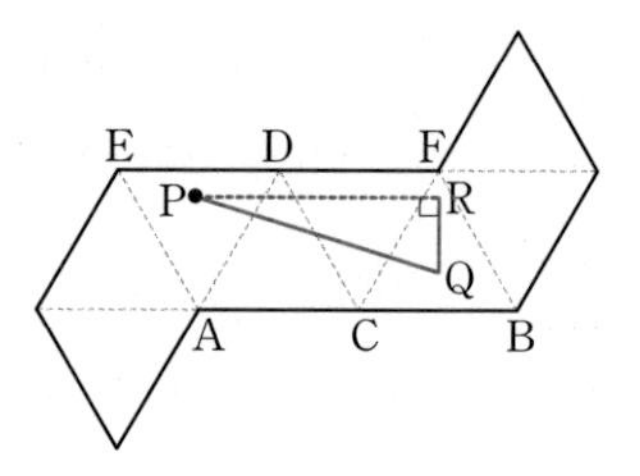

$$\overline{QR}=3\sqrt{3}\times\frac{1}{3}=\sqrt{3},\ \overline{RP}=6+3=9$$

$$\therefore \overline{PQ}=\sqrt{(\sqrt{3})^2+9^2}=2\sqrt{21}$$

원뿔 감고 올라가기

문제 난이도 그래프
논리력 ■■■■
사고력 ■■■■
창의력 ■■■

오른쪽 그림과 같이 모선 AB의 길이가 24cm이고, 밑면의 반지름이 3cm인 직원뿔이 있습니다. 점 B에서 출발한 점 P가 원뿔의 측면을 두 바퀴 돌아 모선 AB의 중점 M에 도달할 때, 점 P가 움직인 거리의 최소값을 소수점 아래 첫째 자리까지 구하세요. (단, $\sqrt{5}=2.24$로 계산합니다.)

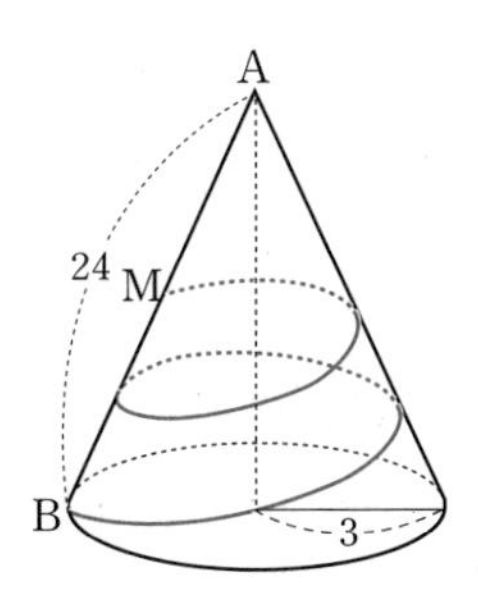

풀이

원뿔의 측면의 두 바퀴 돌아 점 M에 도달하므로 주어진 도형의 옆면의 전개도를 오른쪽 그림과 같이 두 번 붙여 놓아야 합니다.

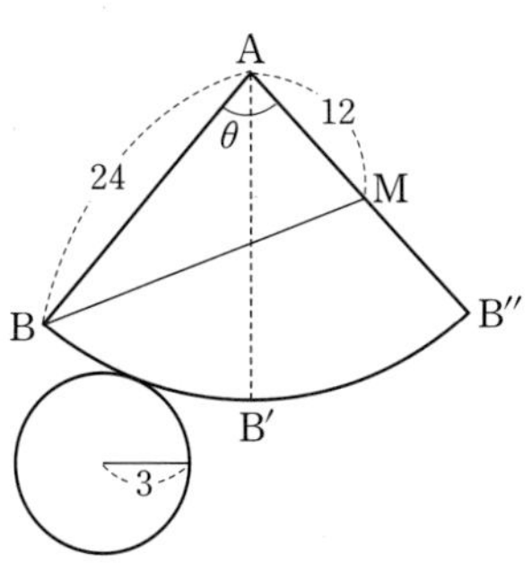

$\angle BAB'=\theta$로 놓으며 부채꼴 ABB′에서

$$24\cdot\theta=3\cdot360^\circ \quad \therefore \theta=45^\circ \text{ 입니다.}$$

즉 $\angle BAB''=2\times45^\circ=90^\circ$

삼각형 ABM은 직각삼각형이므로 피타고라스 정리에 의하여 다음과 같습니다.

$$\overline{BM}^2=12^2+24^2=144+576=720$$

$$\therefore \overline{BM}=12\sqrt{5}=12\times2.24=26.88$$

따라서, 최단거리는 26.9cm가 됩니다.

덩굴과 나무 정상의 거리

문제 난이도 그래프
논리력 ■■■■
사고력 ■■■■
창의력 ■■■■

꼭지점을 O, $\overline{OA}$를 모선으로 하는 원뿔을 밑면이 평행인 평면으로 잘라서 만든 원뿔대 모형이 있습니다. 이때, 원뿔대의 선분 $\overline{AB}$는 20cm, 윗면의 반지름은 5cm, 밑면의 반지름은 10cm이라고 합니다. 이 원뿔대를 오이 덩굴이 점 A에서 $\overline{AB}$의 중점 M까지 나선형을 그리며 한 바퀴를 감아 올라갔습니다. 원뿔대의 윗면과 모선 OA의 교점은 B입니다. 이때, 원통대 꼭대기 즉, 원둘레 위의 임의의 점과 덩쿨 위의 점 사이의 거리 중 최단 거리를 구하세요.

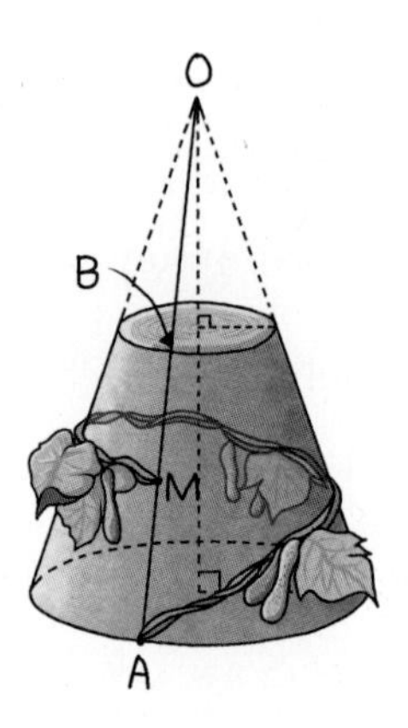

풀이

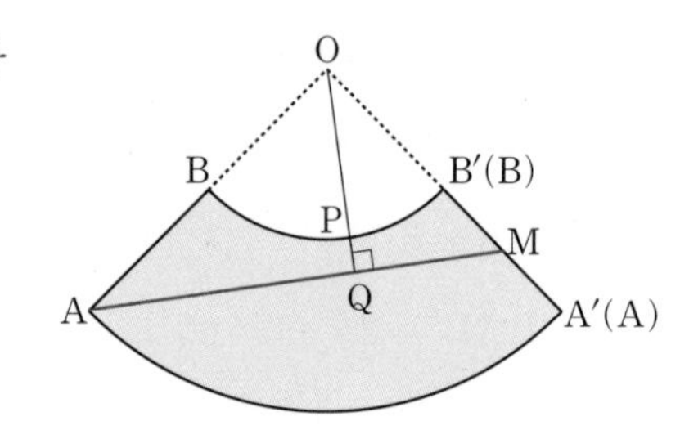

원뿔대의 윗면과 밑면의 반지름의 길이의 비가 $5:10=1:2$이므로 $\overline{AO}:\overline{BO}=2:1$

즉, 점 B는 $\overline{AO}$의 중점입니다.

따라서 $\overline{AB}=\overline{BO}=20(\text{cm})$

이때, $\angle BOB'=\theta$라 하면 $20\times\theta=5\times360°$

$\therefore\ \theta=90°$

$\triangle AOM$은 직각삼각형이므로 $\overline{AM}=\sqrt{40^2+30^2}=50(\text{cm})$

$\triangle AOM$의 넓이에서 $\overline{AO}\cdot\overline{OM}=\overline{AM}\cdot\overline{OQ}$이므로

$40\times30=50\times\overline{OQ}\qquad\therefore\ \overline{OQ}=24(\text{cm})$

그러므로 구하는 최단 거리는

$\overline{PQ}=\overline{OQ}-\overline{OP}=\overline{OQ}-\overline{OB}=24-20=4(\text{cm})$가 됩니다.

3 경우의 수를 찾아 길이 구하기

오른쪽 그림은 어느 도시의 도로망을 나타낸 것입니다. 정사각형 모양을 이루는 간선 도로는 교차로간의 거리가 일정하게 모두 1입니다. 또한 도시 순환도로는 점 O를 중심으로 하는 원의 일부로 되어 있습니다.

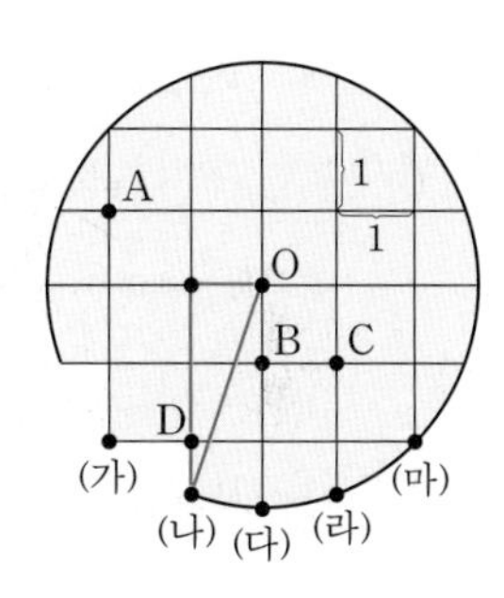

네 개의 대리점 A, B, C, D를 소유하고 있는 한 유통회사에서 순환도로 위의 가, 나, 다, 라, 마 중 한 곳에 물품창고를 세우려고 합니다. 이때 물품창고에서 도로를 따라 대리점 A, B, C, D에 이르는 최단거리를 각각 a, b, c, d라 할 때, $a+b+c+d$가 최소가 되는 물품창고의 위치는 어디일까요?

생각해 봅시다. 직관적으로 보아도 다, 라, 마는 답이 될 수가 없습니다. 왜냐하면 이 경우에는 A가 너무 멀리 떨어져 있게 되기 때문입니다. 그러므로 가와 나를 비교해 보면 충분합니다.

만약 물품창고를 (가)에 세웠다고 하면 A에서 (가)까지 거리는 3, B에서는 3, C는 4, D는 1이므로 $3+3+4+1=11$이 됩니다. 또한 물품창고를 (나)에 세웠다면 반지름의 길이와 D 지점에서 (나)에 이르는 거리를 구해야 합니다.

우선 반지름의 길이는 한 변이 1인 정사각형의 대각선을 두 개 이은 것이므로 $2\sqrt{2}$입니다.

D 지점에서 (나)에 이르는 거리를 x라 하면, 오른쪽 그림에 의해 피타고라스 정리를 사용할 수 있습니다. 그러므로

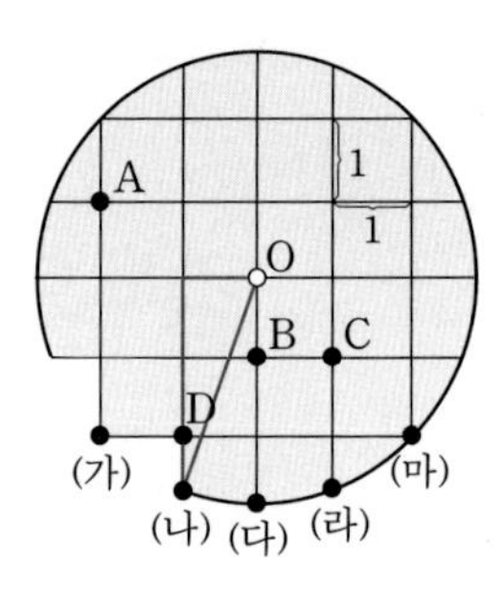

$$(2\sqrt{2})^2=1^2+(2+x)^2 \Leftrightarrow x^2+4x-3=0$$

$$\therefore x=\sqrt{7}-2$$

가 됩니다.

이제 모든 대리점에서 물품창고 (나)에 이르는 거리를 구하면,

$$(4+x)+x+(2+x)+(3+x)=4x+9$$

$$=4\sqrt{7}+1$$

가 됩니다. 그렇다면

11과 $4\sqrt{7}+1$의 크기를 비교하면 됩니다.

$$11-(4\sqrt{7}+1)=10-4\sqrt{7}=\sqrt{100}-\sqrt{112}<0$$

$$\therefore 4\sqrt{7}+1>11$$

따라서, 최소가 되는 물품창고의 위치는 (가)입니다.

이 문제는 대입 수능에서 출제되었던 문제입니다. 이 문제의 해결 포인트는 나올 수 있는 경우의 수들을 생각하여 직접 그 길이를 구하여 최소가 되는 것을 찾으면 됩니다.

A → C → E → B의 최단거리

오른쪽 그림과 같이 중심각이 직각이고, 반지름의 길이가 10m인 사분면 모양의 땅에 내접하는 직사각형 OCDE를 만들어 그 넓이를 48m²가 되게 하였습니다.

이때, A → C → E → B의 최단거리는 얼마인가요?

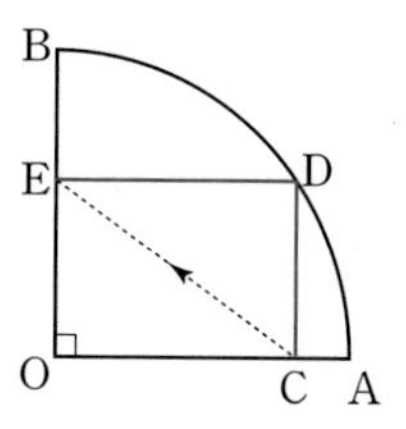

풀이

오른쪽 그림과 같이 $\overline{OC}=x$, $\overline{OE}=y$로 놓으면 $\overline{OD}=\overline{CE}=10$이므로

A → C → E → B의 최단거리는 다음과 같습니다.

$$\overline{AC}+\overline{CE}+\overline{EB}=(10-x)+10+(10-y)$$
$$=30-(x+y) \quad \cdots ㉠$$

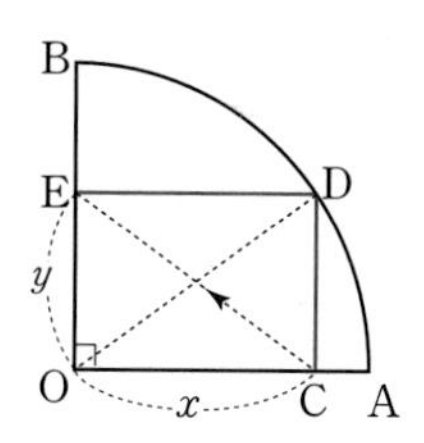

한편, 문제의 조건으로부터 $xy=48 \quad \cdots$ ㉡

또, △EOC가 직각삼각형이므로 피타고라스 정리에 의하여

$$x^2+y^2=\overline{CE}^2=\overline{OD}^2=100 \quad \cdots ㉢$$

㉢의 좌변을 변형하면 $(x+y)^2-2xy=100$

여기에 ㉡을 대입하면 $(x+y)^2=196$ 이므로 $x+y=14$가 됩니다.

㉠에 대입하면 $\overline{AC}+\overline{CE}+\overline{EB}=30-14=16(\text{m})$

따라서, 최단거리는 16m입니다.

최소 운항 거리

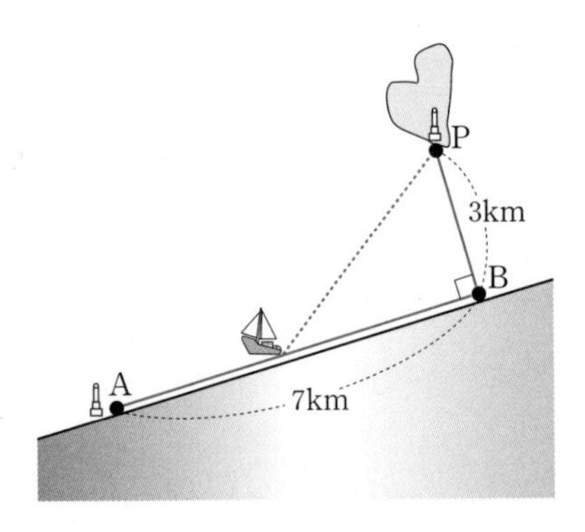

항구 A에서 해안선과 인근 섬의 P지점을 운항하는 관광유람선이 있습니다. 그림과 같이 P지점에서 해안선까지의 최단 거리인 지점 B까지의 거리는 3km이고, B로부터 해안선을 따라 7km 떨어진 지점에 A가 위치하고 있습니다. 이 유람선은 A를 출발하여 해안선을 따라서 어떤 지점까지는 시속 12km의 속력으로 운항한 후, 곧바로 그 지점으로부터 섬의 P지점을 향하여 시속 10km의 속력으로 직선거리를 운항합니다.

이때, 이 유람선이 항구 A를 출발하여 섬의 P지점에 도착하기까지 45분이 걸리고 또한 운항거리가 최소가 되도록 운항경로를 정해야 합니다. 그렇다면 해안선을 따라서 유람선이 이동할 거리는 얼마인가요?(단, 해안선은 직선을 이루고 있습니다.)

풀이

해안선을 따라 이동한 거리를 $x$km라고 하면

$$\frac{x}{12}+\frac{\sqrt{3^2+(7-x)^2}}{10}=\frac{45}{60} \Leftrightarrow 6\sqrt{x^2-14x+58}=45-5x$$

$$\Leftrightarrow 11x^2-54x+63=0$$

$$\Leftrightarrow (x-3)(11x-21)=0 \text{ 입니다.}$$

따라서, $x=3$ 또는 $x=\frac{21}{11}$이고 운항거리 $S(x)=x+\sqrt{9+(7-x)^2}$라 두면

$$S(3)=3+5=8,\ S\left(\frac{21}{11}\right)=\frac{21}{11}+\frac{65}{11}=\frac{86}{11}<8$$

이므로 최소가 되는 운항거리 x는 $\frac{21}{11}$km입니다.

주어진 식을 만족하는 최단거리 1

문제 난이도 그래프
논리력 ■■■
사고력 ■■■
창의력 ■■

$x_1+x_2+x_3=2$, $y_1+y_2+y_3=1$을 만족하는 실수 x_i, y_i $(i=1,\ 2,\ 3)$에 대하여 $\sqrt{x_1^2+y_1^2}+\sqrt{x_2^2+y_2^2}+\sqrt{x_3^2+y_3^2}$의 최소값을 구하세요.

풀이

우선 주어진 식 $x_1+x_2+x_3=2$, $y_1+y_2+y_3=1$을 만족하는 상황을 좌표평면 위에 나타내어 봅시다.

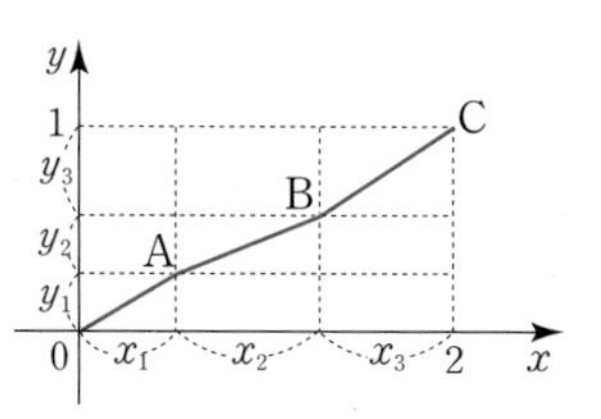

$\mathrm{A}(x_1,\ y_1)$, $\mathrm{B}(x_1+x_2,\ y_1+y_2)$,

$\mathrm{C}(x_1+x_2+x_3,\ y_1+y_2+y_3)$라 하면

(준식)$=\overline{\mathrm{OA}}+\overline{\mathrm{AB}}+\overline{\mathrm{BC}}$

이를 좌표평면 위에 나타내면 오른쪽 그림과 같습니다.

$\therefore$ (준식)$\geq\overline{\mathrm{OC}}$

이때, $\mathrm{C}(2,\ 1)$이므로 준식의 최소값은

$\overline{\mathrm{OC}}=\sqrt{2^2+1^2}=\sqrt{5}$ 입니다.

주어진 식을 만족하는 최단거리 2

문제 난이도 그래프
논리력 ■■■■■
사고력 ■■■
창의력 ■■■■

x, y가 실수일 때,

$$\sqrt{x^2+y^2}+\sqrt{(x-4)^2+y^2}+\sqrt{x^2+(y-3)^2}+\sqrt{(x-3)^2+(y-2)^2}$$

의 최소값을 구하세요.

주어진 식이 두 점 사이의 거리의 합을 나타내고 있으므로, $P(x, y)$, $A(0, 0)$, $B(4, 0)$, $C(0, 3)$, $D(3, 2)$라고 놓으면, 주어진 식의 값은 $L=\overline{PA}+\overline{PB}+\overline{PC}+\overline{PD}$의 값과 같습니다.

i)
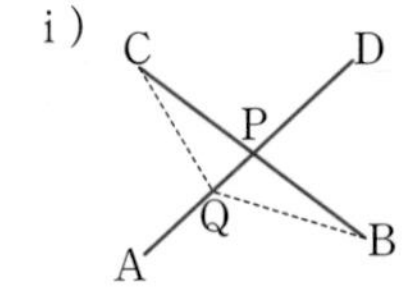

ii)
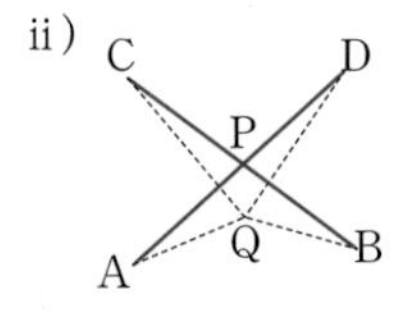

i) 점 Q가 직선 AD 또는 BC 위에 있을 때, $\overline{PB}+\overline{PC} \leqq \overline{QB}+\overline{QC}$ 이므로

$\overline{PA}+\overline{PB}+\overline{PC}+\overline{PD} \leqq \overline{QA}+\overline{QB}+\overline{QC}+\overline{QD}$ 입니다.

ii) 점 Q가 직선 AD 또는 BC 위에 있지 않을 때,

$\overline{PA}+\overline{PD} < \overline{QA}+\overline{QD}$, $\overline{PB}+\overline{PC} < \overline{QB}+\overline{QC}$

이므로 $\overline{PA}+\overline{PB}+\overline{PC}+\overline{PD} < \overline{QA}+\overline{QB}+\overline{QC}+\overline{QD}$ 입니다.

i), ii)를 통해 알 수 있듯이 L의 값이 최소가 되는 점 P의 위치는 $\overline{AD}$와 $\overline{BC}$의 교점의 위치와 같습니다. 따라서, 구하는 최소값은 $\overline{AD}+\overline{BC}$와 같으므로

$\sqrt{(3-0)^2+(2-0)^2}+\sqrt{(0-4)^2+(3-0)^2}=\sqrt{13}+5$ 입니다.

문제 난이도 그래프
논리력 ■■■■■
사고력 ■■■■
창의력 ■■■■

최소의 노력으로 물건을 모아라

그림과 같이 직선 위의 n개의 지점 A_1, A_2, ……, A_n에 물건들이 있다. 이 직선상의 어느 지점에 이 물건들을 모으려고 한다. 옮기는 거리가 최소가 되는 지점에 대하여 설명해 보세요. [서울대 기출문제]

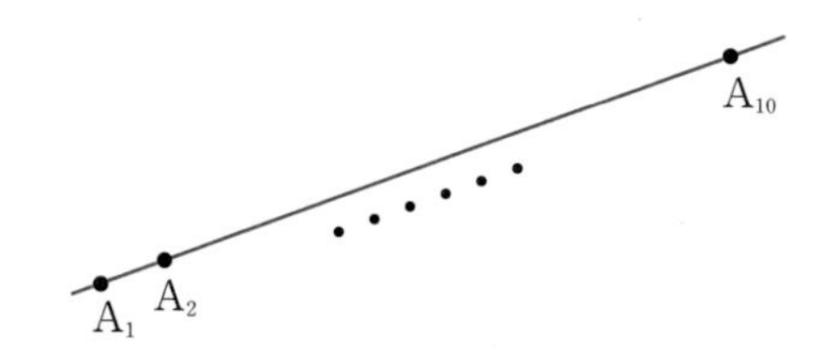

풀이

아래 그림과 같이 직선 위의 n개의 점의 좌표를 $A_i\,(x_i\,)(i=1,\ 2,\ 3,\ \cdots,\ n)$로 놓습니다.

$A_1(x_1)$ $A_2(x_2)$ …… $P(x)$ …… $A_n(x_n)$

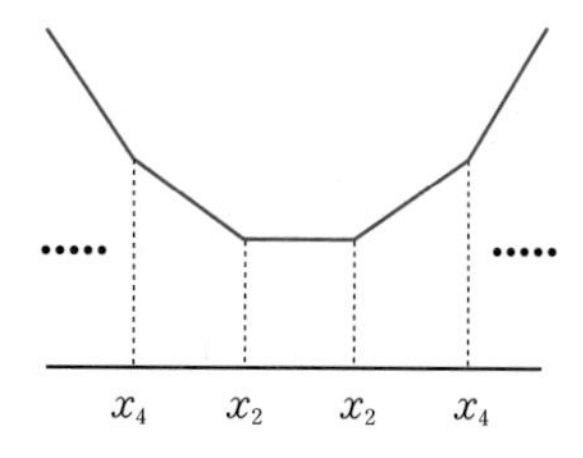

이 물건들을 모으려는 지점을 $P(x)$라고 합시다. 그렇다면 점 P에서 각 지점 A_i까지의 거리를 모두 합한 최소값을 구하면 됩니다.

$x_1 < x_2 < \cdots < x_n$에 대하여 $|x-x_1|+|x-x_2|+\cdots+|x-x_n|=\sum_{i=1}^{n}|x-x_i|$의 최소값은 n이 짝수일 때와 홀수일 때를 구별하여 생각해 보아야 합니다.

곧, n이 짝수이면 $x=x_{\frac{n}{2}}$과 $x=x_{\frac{n}{2}+1}$ 사이에서 최소값을 가지며,

n이 홀수이면 $x=x_{\frac{n+1}{2}}$에서 최소값을 가지게 됩니다.

문제 난이도 그래프
논리력 ■■■■■
사고력 ■■■■
창의력 ■■■■

레이저를 쏜 창가는 어디일까?

그림과 같이 각 층의 높이가 4m인 직육면체 형태의 두 건물 A, B가 있습니다. 건물 A와 건물 B는 서로 수직으로 붙어 있고, 두 건물의 외벽은 한 변의 길이가 2m인 정사각형 모양의 유리창으로 서로 이어져 있습니다. 어떤 사람이 건물 A의 어느 창가에서 건물 B의 유리창을 향하여 레이저 빛을 쏘았는데 이 레이저 빛은 건물 B의 창문의 S 지점과 바닥 면의 T 지점을 지났습니다. 다음 중 레이저를 쏜 창가는 어디일까요? (단, 유리창들의 두께는 무시하고, 레이저 빛은 유리창을 통과할 때 굴절되지 않는다고 가정합니다.) [육군 사관학교 이과기출 문제]

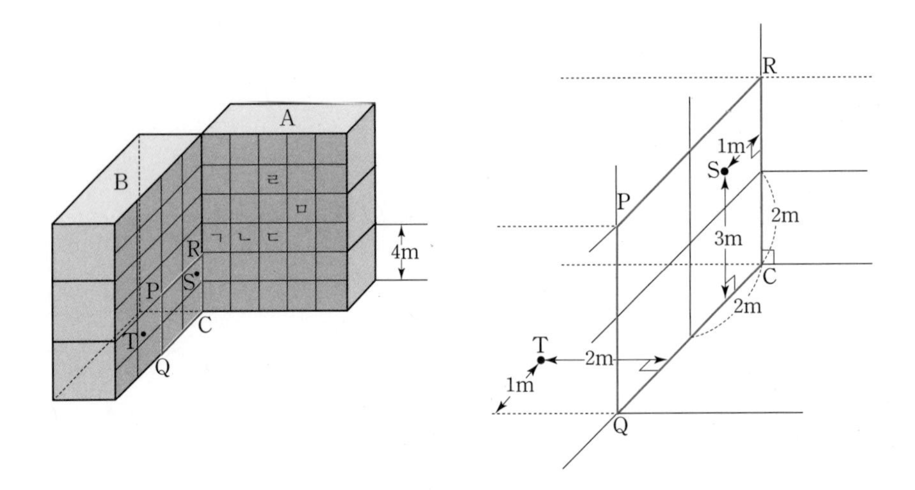

풀이

건물을 공간좌표에 옮겨 놓으면 다음과 같습니다.

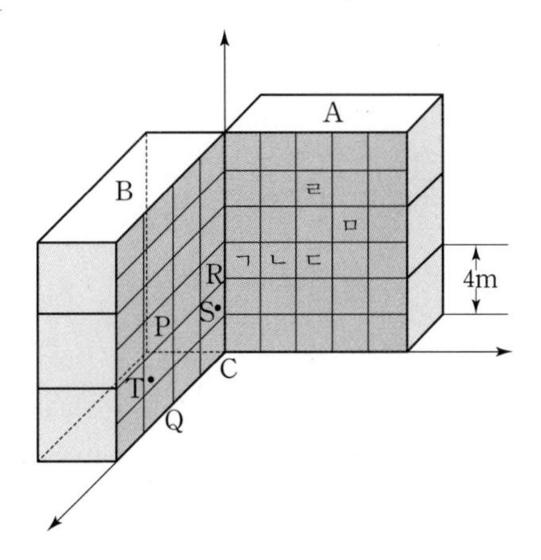

S(1, 0, 3), T(3, −2, 0)이므로 두 점 S, T를 지나는 직선의 방정식은

$$\frac{x-3}{-2}=\frac{y+2}{2}=\frac{z}{3}$$ 입니다.

그러므로 yz평면과 만나는 교점이 레이저를 쏜 창가입니다.

$x=0$을 대입하면 $y=1$, $z=\frac{9}{2}$ 이므로 $\left(0,\ 1,\ \frac{9}{2}\right)$인 곳은 ㄱ지점입니다.

잠깐!

잠깐! 공간 좌표

공간의 점 전체의 집합과 $\{(x,\ y,\ z)\mid x,\ y,\ z\text{는 실수}\}$는 일대일 대응시킬 수 있습니다. (a, b, c)를 점 P의 공간좌표 또는 좌표라 하고, $P(a, b, c)$로 나타냅니다. 이와 같이 좌표축이 도입된 공간을 좌표공간이라 합니다.

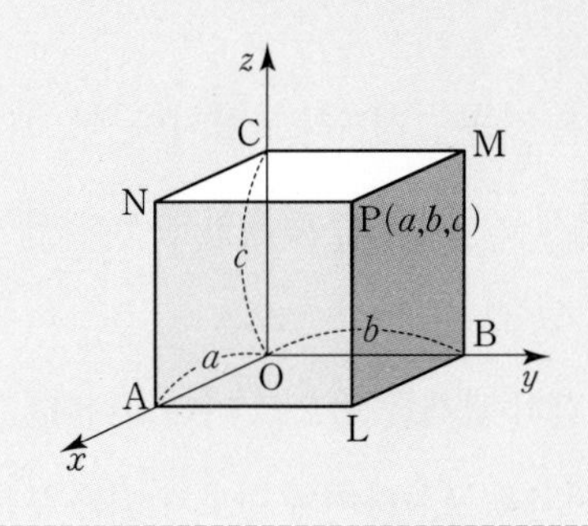

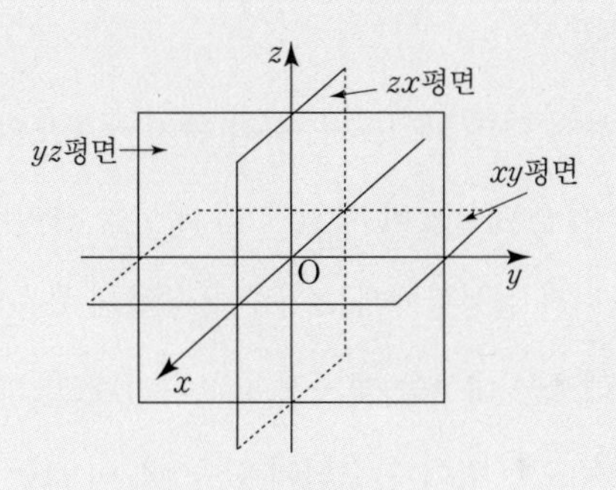

4 그래프를 이용하자

우리가 지하철을 이용할 때 지하철 역의 지리적인 위치를 중요하게 여기지는 않습니다. 중요한 것은 여러 역들이 어떻게 서로 연결되어 있는가입니다. 또 화학분자의 실제 모습보다는 화학적 결합에 의해 연결된 원자들의 구조도가 더 중요합니다. 이 구조도는 분자를 구성하는 원자의 배열 정보까지 나타낼 수는 없지만 여러 개의 원자들이 어떻게 연결되어 있는가를 말해주는 것이지요. 이는 분자의 화학적 행동에 대한 많은 정보를 얻을 수 있어 대단히 유용하게 사용됩니다.

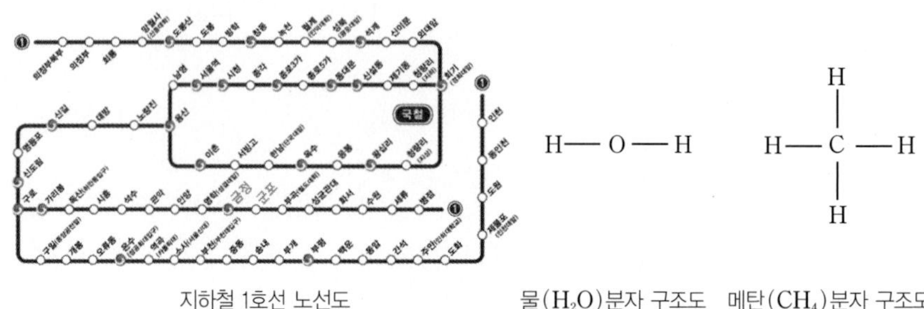

지하철 1호선 노선도 물(H_2O)분자 구조도 메탄(CH_4)분자 구조도

지하철 역의 노선도나, 화학 분자 구조도와 같은 것을 그래프라고 합니다. 이 그래프는 어떤 대상들의 배열과 이 대상들 사이의 관계를 알려주는 중요한 정보로 과학뿐 아니라 실생활에서도 아주 유용하게 사용되고 있습니다.

그래프는 대상을 꼭지점으로 나타내고, 그들 간의 관계를 변으로 나타냅니다. 그래프의 모든 점이 연결되어 있을 때, 이 모든 꼭지점을 포함하며 수형도가 되는 부분 그래프를 생성수형도(generating tree)라고 합니다. 다음 그림과 같이 그래프 G에서 생성수형도는 다양하게 만들어 낼 수 있습니다.

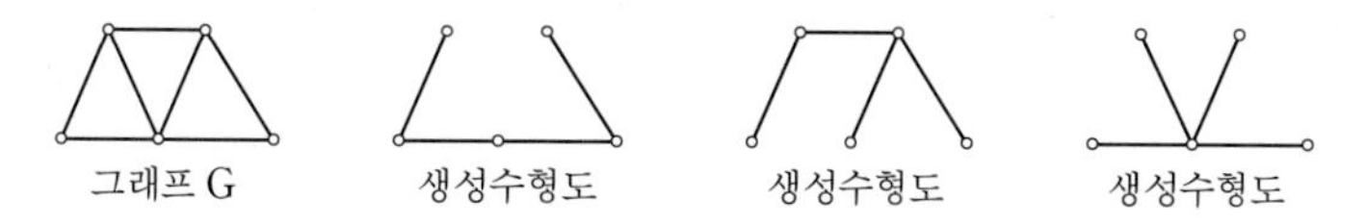

생성수형도는 연결된 그래프에서 변의 일부분을 삭제하여 만듭니다. 삭제 후에 얻어지는 수형도가, 주어진 그래프의 꼭지점의 개수 v와 변의 개수 e가 $v-e=1$이 될 때까지 변의 일부분을 계속 삭제하면 되는 것이지요. 따라서 모든 연결된 그래프는 생성수형도를 가집니다.

다양한 상황에서 논리적인 의사결정을 해야 할 때, 이 생성수형도를 이용하여 해결할 수 있습니다. 예를 들어 다음 문제를 살펴봅시다.

"한 인터넷 회사에서는 마을 A, B, C, D, E를 연결하는 광케이블을 도로를 따라 매설하려고 합니다. 오른쪽 그래프는 각 마을을 꼭지점으로 나타내고, 두 마을 사이에 도로가 있을 때 해당하는 꼭지점을 변으로 연결한 다음, 광케이블 매설비용을 변에 부여하여 그린 것입니다. 다섯 마을을 연결하는 광케이블을 매설하는 데 드는 최소 비용은 얼마인지 구하세요."

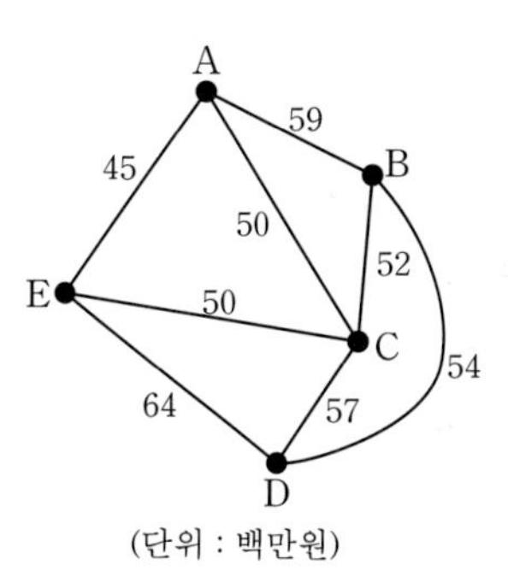

(단위 : 백만원)

이 문제는 2005학년도 수능 예비평가에서 나왔던 문제입니다. 주어진 그래프의 변의 일부를 제거하면서 최소의 비용을 갖도록 하는 생성수형도를 만들어내면 됩니다.

우선 생성수형도를 만드는 순서부터 봅시다.

i) 가장 큰 값을 갖는 변을 제거합니다. 단, 연결된 그래프가 되어야 합니다. 같은 값

을 갖는 변이 있으면 그 중 임의로 한 변을 제거합니다.

ii) 남은 그래프가 주어진 그래프의 생성수형도인지 살펴봅니다.

① 생성수형도가 아니면 i)로 되돌아갑니다.

② 생성수형도이면 이 과정을 끝냅니다.

이때, 만약 구하고자 하는 답이 최대값을 갖도록 해야 하는 경우라면 가장 큰 변을 제거하는 대신 값이 가장 작은 변을 선택하면 됩니다. 이와 같이 그래프에서 각 변에 지정된 값의 합이 최소 또는 최대가 되는 경로를 '최적의 경로(optimal path)' 라고 합니다.

그럼 위의 문제를 풀어볼까요.

우선 가장 큰 값을 갖는 변 ED를 제거합니다.

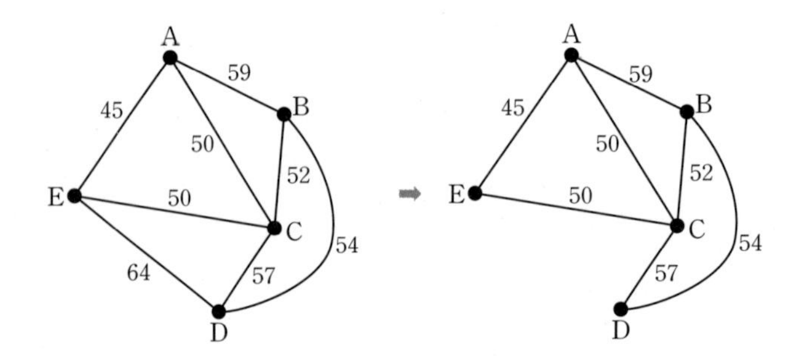

생성수형도가 아니므로 다음으로 값이 큰 값을 지워갑니다. $\overline{AB}$, $\overline{CD}$를 차례로 지웁니다.

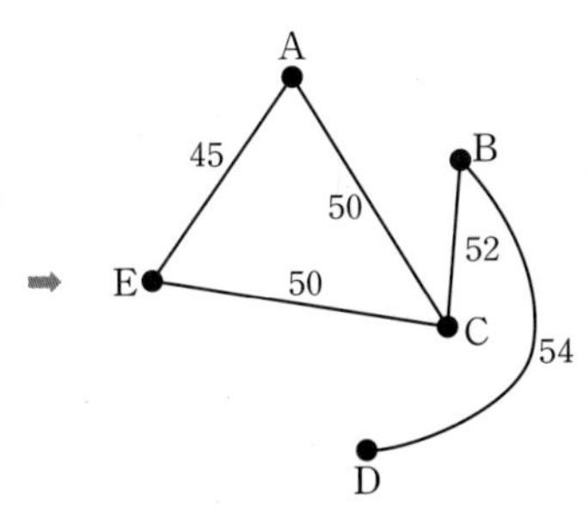

아직도 생성수형도가 아니므로 다음으로 큰 값을 갖는 변 BD를 지워야 합니다. 그러나 이것이 지워지면 점 D가 그래프와 연결이 안 됩니다. 또, 다음으로 값이 큰 변 BC도 마찬가지 이유로 지울 수 없습니다. 다음으로 큰 값 50을 갖는 변이 두 개 있는데, 이 중 지워도 연결이 끊기지 않는 선분은 $\overline{AC}$이므로 이 변을 지웁니다.

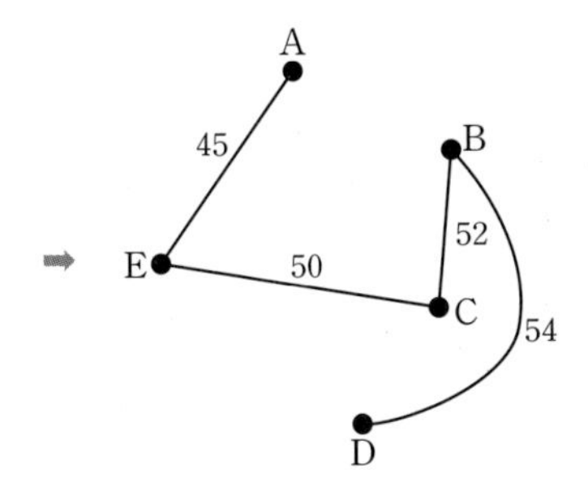

이제 생성수형도가 완성되었으며 이것이 바로 최적의 경로입니다. 따라서 다섯 마을을 연결하는 광케이블을 매설하는데 드는 최소 비용은 $45+50+52+54=201$(백만 원)입니다.

통신망 연결하기

어느 전화 회사에서 A, B, C, D, E, F 마을을 연결하는 고성능 광섬유 케이블을 설치하려고 합니다. 또한 기존의 낡은 전선은 철거하고 광케이블을 지하에 묻을 예정입니다. 이때, 비용을 절약하기 위해 도로망의 길이가 가능한 한 짧게 되도록 마을을 연결하려고 합니다. 다음 표는 각 마을 사이를 연결하는 도로의 길이를 나타내고 있습니다. 이 표를 참고하여 가장 짧은 도로망의 길이를 구하세요.

	A	B	C	D	E	F
A		7	1	8	8	20
B			1	5	11	14
C				9	13	4
D					6	12
E						16

풀이

A, B, C, D, E, F를 연결하는 도로망 중 가장 짧은 도로로 연결한 그래프를 그려보면 다음과 같습니다. 따라서, 도로망의 길이는 최소한 31km가 필요합니다.

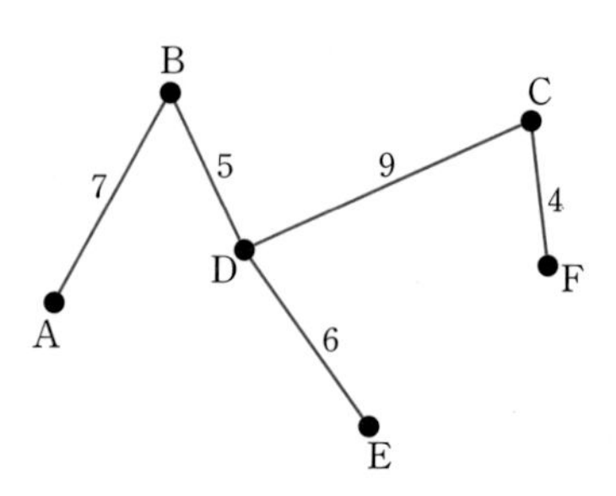

2 단계 기초가 되는 문제 2

시간을 절약하자

다음 그래프는 어떤 공장에서 상품을 만들기 위해 필요한 작업과 그 순서를 나타낸 것입니다. 쉽게 표기하기 위해서 꼭지점 위에 작업이 걸리는 시간을 적었습니다. 예를 들어 작업 B는 A 다음에 진행되며 5일이 걸리고, 그 후에 작업 E가 진행됩니다.

이때, 다음 물음에 답하세요.

(1) A에서 J로 가는 모든 경로를 구하세요.

(2) 위의 (1)에서 구한 각 경로에 대하여 그 경로에 나타난 꼭지점의 값의 합을 구하세요.

(3) 모든 작업을 가장 빨리 하기 위해 필요한 작업 시간을 구하세요.

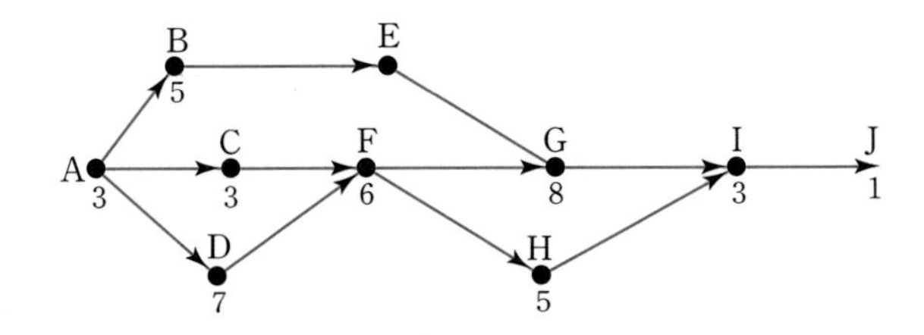

풀이

(1), (2)

A → B → E → G → I → J (24시간), A → C → F → G → I → J (24시간)

A → C → F → H → I → J (21시간), A → D → F → G → I → J (28시간)

A → D → F → H → I → J (25시간)

(3) A에서 J까지의 작업을 모두 구하는 방법은 A → B → E → G → I → J / A → C → F → G → I → J / A → C → F → H → I → J / A → D → F → G → I → J / A → D → F → H → I → J 5가지입니다.

그리고 A → B → E → G → I → J (24시간) A → C → F → G → I → J (24시간) A → C → F → H → I → J (21시간), A → D → F → G → I → J (28시간) A → D → F → H → I → J (25시간)이 걸립니다.

이 중 가장 빨리 작업을 하기 위해 걸리는 시간은 28시간입니다. 왜냐하면 다른 경우, 예를 들어 세 번째 경우인 A → C → F → H → I → J (21시간)가 답이 되지 않는 이유를 살펴봅시다.

세 번째 경우가 네 번째 경우보다 작업일은 적게 걸리지만 21시간동안 모든 작업을 할 수는 없기 때문입니다. 세 번째 경우는 A에서 F까지 작업을 하는데 걸리는 시간을 6시간으로 계산하였습니다. 그러나 주어진 조건에 의해 F작업을 하기 위해서는 D작업을 해야 하는데, D작업을 하기 위해서는 7시간이 먼저 걸립니다. 따라서 세 번째 방식대로라면 D작업을 하지 않고 F작업을 한 것이 됩니다. 이와 같은 이유에 의해 네 번째 방법인 28시간이 가장 짧은 작업 시간이 됩니다.

문제 난이도 그래프

논리력 ■■■
사고력 ■■■■
창의력 ■■■

명절 인사

새해가 되어 A마을에 사는 철수는 A에서 J로 표시된 마을에 사는 친척들을 찾아뵙고 인사를 드리려고 합니다. 오른쪽 그림은 A에서 J까지 마을을 이어주는 도로와 도로의 길이를 나타내고 있는 지도입니다. 철수는 가장 짧은 경로로 가려고 합니다. 방문하게 되는 경로와 도로의 총 길이는 얼마일까요?

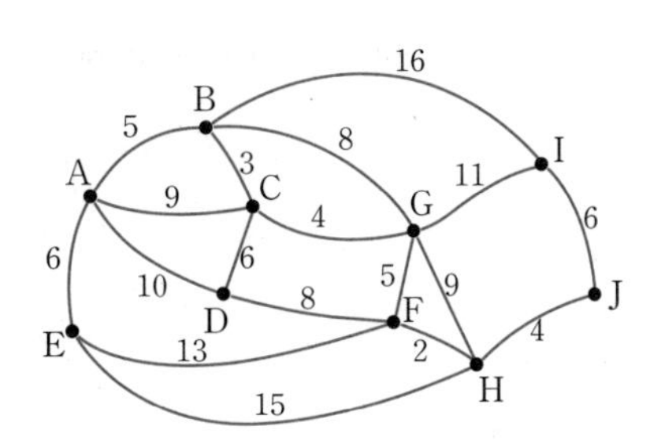

풀이

A에서 출발하여 갈 수 있는 곳은 B, C, D, E 4가지입니다.

A에서 B까지의 거리는 5km, A에서 C까지의 거리는 9km, A에서 D까지의 거리는 10km, A에서 E까지의 거리는 8km입니다. 이 중 가장 짧은 경로로 가려고 하므로 B를 택해야 합니다.

마찬가지로 B에서 출발하여 갈 수 있는 곳은 I, G, C입니다. B에서 I까지의 거리는 16km이고, B에서 G까지의 거리는 8km, B에서 C까지의 거리는 3km입니다. 철수는 가장 짧은 경로로 가려고 하므로 C를 택해야 합니다.

이와 같은 방법으로 계속해서 구하면 철수가 방문하게 되는 최단경로는 A → B → C → G → F → H → J이며 이때, 도로의 총 길이는 5+3+4+5+2+4=23(km)가 됩니다.

집 내부 수리하는 날

문제 난이도 그래프
논리력 ■■■■
사고력 ■■■■
창의력 ■■■

다음은 이사 갈 집의 내부를 수리하는 데 필요한 작업, 작업 시간, 선행 작업을 나타낸 표입니다.

작업	작업 시간	선행 작업
벽지도배(A)	210	없음
전구교체(B)	20	A
욕실수리(C)	60	B
부엌수리(D)	100	B
커튼교체(E)	50	A
장판교체(F)	150	C, D

위의 작업을 모두 끝마치는 데 필요한 최소 작업 시간은 얼마인지 구하세요.

[2005년 수리 가형]

풀이

가능한 작업의 순서를 생각해 봅시다.

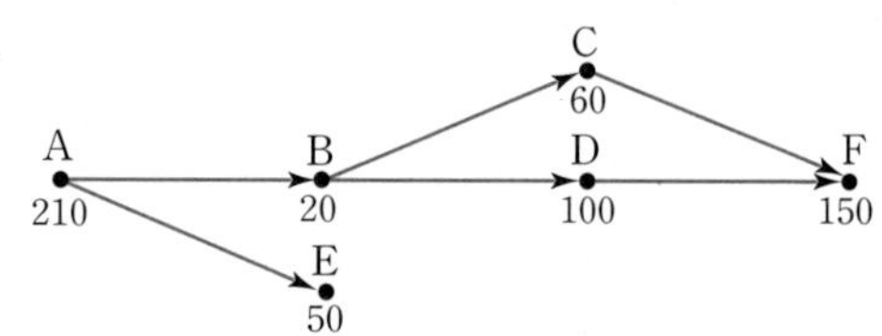

위의 그래프에서 A에서 시작하여 E나 F로 끝나는 경로를 찾으면 다음과 같습니다.

- A → E(260(분) 소요)
- A → B → D → F(210+20+100+150=480(분) 소요)
- A → B → C → F(210+20+60+150=440(분) 소요)

작업 시간이 가장 긴 경로가 작업을 마치기 위한 최소 작업 시간입니다. 그러므로 최소 작업 시간은 480분입니다.

합리적인 만남

문제 난이도 그래프
논리력 ■■■■■
사고력 ■■■■
창의력 ■■■■

아래 그림은 지하철의 노선도입니다. 각 역간의 거리와 이동시간이 동일하다고 가정합시다.

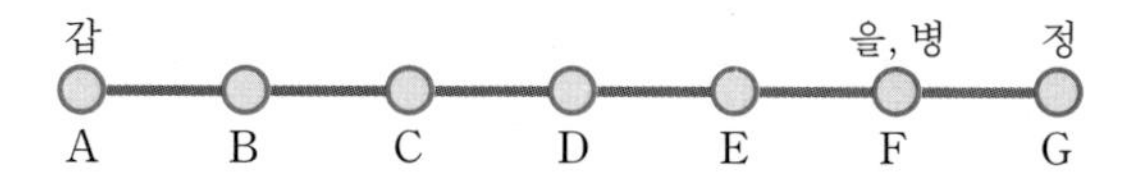

갑은 A역 부근에 살고 을과 병은 F역, 정은 G역 부근에 삽니다. 갑, 을, 병, 정은 같은 역에서 모이기로 했습니다. 이들이 만날 역을 결정함에 있어 택할 수 있는 합리적 기준들을 제시하고, 각각의 기준에 따라 만날 역을 결정하는 방법을 설명하세요.

[이화여대 수리 논술 기출문제]

이 문제는 세 가지 기준에서 생각해 볼 수 있습니다.

기준 1 : 이동하는 사람의 수를 최소화

이동하는 사람의 수를 최소화하는 기준을 생각할 수 있습니다. 이 기준에 의하면, 갑과 병이 을과 정이 있는 F역으로 가면 됩니다.

기준 2 : 이동한 거리의 합을 최소화

갑, 을, 병, 정 각자가 이동한 거리의 합을 최소화하는 기준을 생각해 봅시다. 갑의 위치를 수직선의 원점으로 생각하고, 두 역 사이의 거리를 1이라 합시다. 만나는 위치를 좌표 x라 하면 이동거리의 합은

$$x+2|x-5|+(6-x)=2|x-5|+6$$

입니다. 따라서 이 값이 최소가 되는 위치는 $x=5$, 곧 F역입니다.

각자가 이동할 때 걸린 시간의 합을 최소화하는 기준도 위와 같은 결과로 나타납니다. 지하철 역 사이의 이동시간이 동일하기 때문입니다.

기준 3 : 이동 시간이 가장 오래 걸리는 사람의 이동 시간을 최소화

갑, 을, 병, 정 네 사람이 출발하여 만날 때까지 걸리는 시간은 각각 다릅니다. 이때 시간이 가장 오래 걸리는 사람을 고려하여 그 시간을 최소화하는 기준을 생각할 수 있습니다. 이 경우에는 가장 멀리 떨어져 있는 두 사람 사이의 한가운데, 즉 중점에서 만나야 합니다. 다시 말해 D역에서 만나면 됩니다.

기준 4 : 비용의 최소화

합리적인 기준으로 경제적인(비용적인) 측면을 고려할 수도 있습니다. 그러나 이 기준은 지하철 요금제도에 따라 다른 결과를 의미하므로 나름대로 가정이 필요합니다.

만일 이동한 구간의 수에 관계없이 요금이 일정하다면 경제적인 측면은 무의미해집니다. 즉, 어느 역으로 만날 장소를 정해도 네 사람의 비용의 합은 같아집니다. 만일 지하철 요금이 움직인 역의 수에 따라 구간별로 올라간다면 이것은 이동거리의 합과 비례하므로 기준 2에서와 같이 네 사람의 가운데이면서 을과 병이 부근에 사는 F역으로 정하는 것이 합리적입니다.

더 알아보기

거리의 합이 최소인 지점을 찾아라 - 페르마의 점

"바다 속 여러 곳에는 석유가 많이 나오는 유전들이 있습니다. 유전에서 생산된 석유를 한 곳으로 모으기 위해서 '석유 이동 통로'를 만들려고 합니다. 돈을 절약하기 위해 통로의 길이를 가장 짧게 하려면, 유전들을 어떻게 연결하면 좋을까요?"

이처럼 거리의 합이 최소인 점을 찾는 문제는 프랑스의 수학자 페르마에 의해 다음과 같은 문제로 제시되었습니다.

"삼각형의 각 꼭지점으로부터의 거리의 합이 가장 작게 되는 점을 구하여라."

구하는 점은 페르마의 이름을 따서 '페르마의 점[Feat Point]'이라고 불리며, 이 문제는 여러 수학자들의 지속적인 노력으로 해결되었습니다. 삼각형의 세 변 위에 각각 정삼각형을 그렸을 때, 세 정삼각형의 외접원의 교점이 페르마의 점입니다. 삼각형의 세 꼭지점과 페르마의 점을 잇는 세 선분이 이루는 각의 크기는 모두 120°가 되는데 이를 증명하자면 다음과 같습니다.

$\triangle ABC$의 내부의 한 점을 P라 합시다. 점 B를 중심으로 $\triangle ABC$를 60° 회전하면 A는 A', P는 P'가 됩니다.

$$\overline{AP}=\overline{A'P'},\ \angle PBP'=60^\circ,\ \overline{BP}=\overline{BP'}$$

$$\therefore\ \overline{PA}+\overline{PB}+\overline{PC}=\overline{P'A'}+\overline{P'P}+\overline{PC}$$

그런데, $\overline{P'A'}+\overline{P'P'}+\overline{PC}$가 최소가 되려면 점 A', P', P, C가 일직선 위에 놓여야 합니다.

$$\angle CPB=180^\circ-\angle BPP'=120^\circ,\ \angle APB=\angle A'P'B=120^\circ$$

즉, $\angle APB=\angle BPC=\angle CPA=120^\circ$일 때, P는 페르마의 점이 됩니다.

페르마의 점을 가장 잘 설명해주고 있는 것은 비누막입니다. 비누막은 가능한 표면이 공기에 닿는 넓이가 작을수록 퍼진다는 성질을 가집니다. 따라서 비눗방울의 모양은 공의 형태를 띠게 됩니다. 그러나 이러한 비누방울이 모여 거품을 이룰 때는 비누방울의 가장자리가 120°의 각도로 삼각교차를 하며 만납니다. 이때, 삼각교차점을 '페르마의 점'이라 할 수 있습니다. 이를 응용하면 길이가 가장 짧은 연결 통로를 구할 수 있습니다. 또한 비누막의 성질을 이용하면 평면에서만이 아니라 정사면체, 정육면체 등 입체에서도 똑같은 성질을 확인할 수 있습니다.

읽을거리

최단거리 여행을 위한 SF 작가들의 상상력의 역사

스타워즈의 우주선. 속도가 1.5광년이라지만 이것도 광활한 우주에 비하면 속도가 너무나 느리다.

빛은 인간이 살아가는데 없어서는 안 되는 것 중 하나입니다. 이 빛은 물체를 보는데 매우 중요한 역할을 합니다. 그러나 무엇보다 인간의 관심을 끄는 것은 빛의 속도입니다. 빛의 속도는 상상을 초월할 만큼 매우 빠릅니다.

누구나 한 번쯤은 우주여행을 꿈꾸어 보았을 것입니다. 그래서 많은 SF 작가들은 영화, 소설, 만화 등을 통해 우주여행을 다루는 것인지도 모릅니다.

우주는 너무도 광활합니다. 예를 들어 안드로메다 은하는 지구에서 무려 230만 광년의 거리에 있습니다. 이것은 빛의 속도로 달려도 230만 년이 걸린다는 뜻입니다. 이 우주를 이동하기 위해서는 광속보다 빠른 초광속 우주선이 필요합니다. 그러나 초광속 우주 여행은 아인슈타인의 '상대성 원리'에 의해서 현재의 물리 법칙이 적용되는 세계에서는 절대로 불가능합니다. 이 법칙에 따르면 물체의 속력이 증가하면 물체의 질량도 증가하게 되므로 물체의 속력이 광속보다 빨라지면 결국 물체가 점점 무거워지게 되어 더 이상 가속을 할 수 없게 됩니다. 또한, 물체가 움직이면 정지해 있을 때보다 시간이 느리게 가며, 운동 속도가 빠르면 빠를수록 시간은 점점 더 느려집니다. 따라서, 물체가 광속에 도달하면 시간의 흐름이 0이 됩니다. '속도 = 가속도 × 시간'의 법칙에 의해서 가속도가 아무리 높아도 시간이 0이므로 속도가 더 이상 증가하지 않게 됩니다. 이렇듯 가장 초기의 SF에서 등장한 초광속은 아인슈타인의 '상대성 원리'라는 벽에 부딪쳐 사라지고 말았습니다.

그 다음으로 등장한 것이 워프(Warp)입니다. 블랙홀과 화이트홀을 통하는 웜홀(Wo Hole)이라는 가상의 주제를 통해서 다른 공간으로 연결해 버린다는 개념입니다. 종이를 이용하여 이 주제를 간단히 표현하면 한 장의 종이를 반으로 접고, 송곳으로 두 장의 종이를 뚫습니다. 그 구멍을 통해 지나가면 종이를 돌아서 갈 필요가 없이 종이의 한쪽 끝에서 다른 쪽 끝까지 이동할 수 있죠.

우주의 지름길 웜홀

단번에 수십, 수백광년의 거리를 오고 갈 수 있는 이 워프는 충분히 초광속 우주선을 대신할 수 있었습니다. 이것은 현재 과학 이론으로 가능성 없는 이야기는 아니지만 문제는 웜홀을 통과할 정도로 거대하고 튼튼한 우주선을 만들 수 있는가 하는 점입니다.

어떤 물리학자의 계산에 따르면 그런 우주선을 만들려면 대형 블랙홀의 중력 에너지나 초신성 폭발 정도의 에너지가 필요하다고 합니다. 만약 그렇다면 이 또한 현재로서는 가능성이 희박한 이론입니다.

워프와 비슷한 개념으로는 만화영화 「마크로스」에서 등장한 턴 오버(turn over, 공간 뒤집기)라는 개념도 있습니다. 말 그대로 두 개의 공간을 뒤집는 것으로 현재 우주선이 있는 공간과 다른 공간을 바꿔치기 하는 것입니다. 또, 두 개의 공간을 연결하는 가상 공간을 통해서 이동하는 개념으로 스타 게이트(star gate)도 유사한 개념입니다.

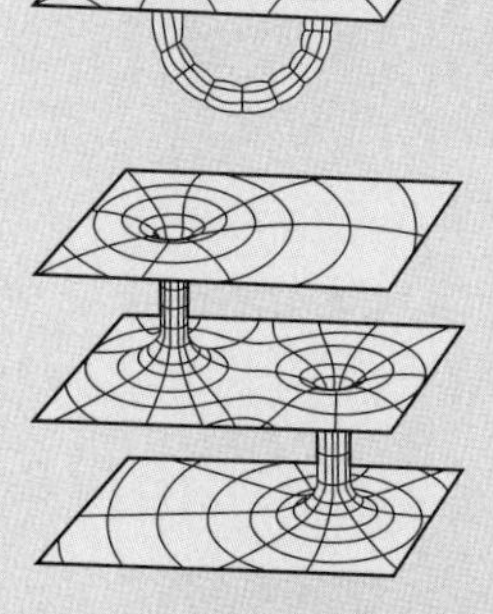

하이퍼 스페이스(hyper space, 초공간) 운항

다음에 등장한 개념은 하이퍼 스페이스(hyper space, 초공간) 운항이라는 개념입니다. 현재의 물리적인 법칙이 통용되지 않는 공간인 초공간을 비행한다는 주제를 등장시키고 있습니다.

하이퍼 스페이스는 일종의 평행 우주(Parallel Worlds)라는 다른 차원의 세계입니다. 현재의 물리적인 법칙이 통용되지 않으므로 초광속 비행이 가능하게 됩니다. 2003년에 개봉된 와타나베 신이치로 감독의 만화영화 「카우보이 비밥」에 등장하는 위상차 공간 게이트 시스템이 이와 같은 경우라고 할 수 있습니다.

워프는 일순간에 한 장소에서 다른 장소로 이동하는 것이며 초공간 개념은 초공간을 비행해서 날아가야 합니다. 초공간 개념은 최근에 등장하기 시작한 이론으로 양자 역학의 터널 효과를 응용한 공간 이동 개념입니다. 미립자의 경우 어떤 에너지 상태에 이르면 갑자기 순간적으로 다른 공간에 출현하는 경우가 있습니다. 이를테면 컵 안에 있던 미립자가 컵 밖에 나타나는 경우는 실제 상황에서도 볼 수 있는 현상입니다. 이를 거대 세계에 적용시키는 것이죠. 1979년 로버트 와이즈 감독은 이 주제를 SF 영화 「스타트랙」에서 사용하였습니다.

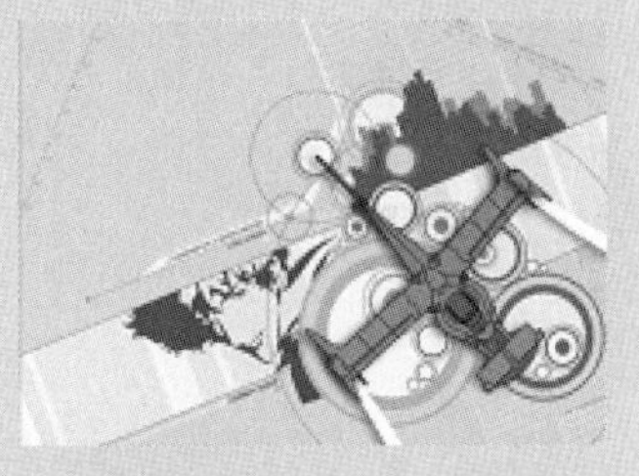

초공간 주제를 도입한 만화 영화 카우보이 비밥

초공간 개념의 원리는 공간 이동 장치에 어떤 파장의 에너지를 가하면 현재 향하고 있는 방향으로 일정 거리를 점프하여 공간 이동이 되는 것입니다. 개념적으로는 복잡하지만, 우주선을 미립자 단위로 분해하는 것이 가능하다면 실현 가능성이 있는 이론이라 할 수 있습니다.

우주여행부터 화상통화, 공간 이동에 이르기까지 공상과학 영화 속의 장면들이 점차 현실화되고 있습니다. 인간의 상상력과 호기심은 현실을 바꾸는 강력한 힘을 가졌기 때문이지요

SF 영화 「스타트랙」

자연 그 자체가 가르쳐 주는 대로

적진을 향한 축구팀의 공격방식을 봅시다. 잘 훈련된 축구팀의 공격방식은 마치 정교한 설계도를 보는 것 같은 생각을 갖게 하지요.

어쩌면 우리 모두는 생존이라는 경기장에 내던져진 채, 희망이라는 잡기 어려운 공을 쫓아가고 있는지도 모릅니다. 이 희망의 각도를 계산하거나 가능성을 헤아리는 것은 자연 그대로의 수학일 수도 있겠지요. 우리는 자연을 통해 인간 정신의 가장 단순하고, 정직한 직선적 질서를 배울 수 있습니다. 자연은 초자연적, 도덕적, 물질적 질서를 존중하고 있으니까요. 그래서 자연 속에는 질서뿐만 아니라 조화, 엄밀함, 아름다움, 간결함 등 자연 그대로의 것들이 놀라우리만치 수학적으로 담겨 있습니다.

과학 기술은 우리에게 더 이상 행복을 제시하지 못하는 근원적인 문제를 안고 있기도 합니다. 이 한계를 극복할 수 있는 이상적인 교훈이 자연에 숨겨져 있을지도 모르겠습니다.

4장

사라진 수를 찾는 즐거움

수의 추리

수는 가장 높은 수준의 지식이다.
수는 지식 그 자체이다.
– 플라톤

사고력 수학 퍼즐

★★★★

지워진 신용 카드 번호

신용 카드 16자리 번호의 몇몇 숫자가 지워졌습니다. 연속적인 네 개의 빈칸의 숫자의 합이 24라면, 두 개의 9사이에 있는 7개의 빈칸의 숫자의 합은 얼마일까요?

		1	9								9	7			

풀이

방법 1 첫 번째 9와 두 번째 9사이의 일곱 개의 빈칸이 있습니다. 네 개의 연속된 숫자의 합이 24이므로 연속된 여덟 개 숫자의 합은 $2\times24=48$ 입니다. 만약 일곱 개의 숫자가 S라고 하면 $S+9=48$이므로 $S=39$ 입니다.

방법 2 연속된 16자릿수는 $a=7$, $c=1$, $d=19$, $b=24-(7+1+9)=7$인 $abcdabcdabcdabcd$이 되어야 합니다. 그러므로 연속된 수는 7719771977197719이고 요구하는 합은 39입니다.

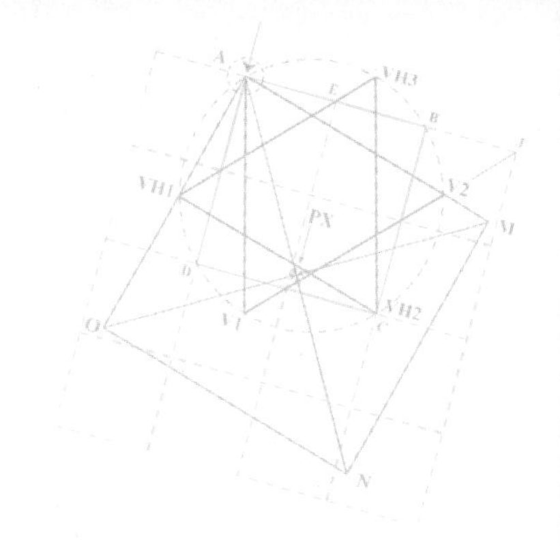

리모트(remote)

작가 아마기 세이마루의 만화 「리모트」를 원작으로 하여 일본 NTV에서 방영된 추리 연속극 「리모트」가 있습니다. 이 「리모트」의 주인공 히무로는 과거에 사랑했던 사람들을 지켜주지 못했다는 죄책감 때문에 밀폐된 지하 공간에서 나가지 못합니다. 그는 A급 미결사건 수사 특별 실장입니다. 그래서 여경사 아야키에게 휴대폰을 통해 수사의 방향을 지시합니다. 히무로는 직관력, 논리적 사고력 등 추리를 하는데 필요한 필수적인 자질을 빠짐없이 갖춘 천재이지만, 내면의 상처로 인하여 타인과 자신에게 마음의 벽을 두껍게 쌓아올리고 사는 가엾은 영혼의 소유자입니다.

아야키는 히무로의 좋은 파트너로서 다양한 특급사건에서 활약하는 순박한 매력이 넘치는 여경사입니다. 그녀는 다소 어벙해 보이지만 무의식중에 사건해결의 실마리를 제공하는 천재적인 머리를 지녔습니다.

얼음같이 냉철한 히무로와 천진난만하고 쾌활한 아야키, 이렇게 대비되는 두 주인공이 사건을 해결하기 위해 종횡무진 활약하며 드라마는 펼쳐집니다. 또한 작가는 회가 진행될수록 히무로와 아야키의 미묘한 감정의 로맨스도 곁들이지요.

이 드라마는 히무로의 암호해독 장면이 있는 1편에서부터 전반적으로 수학적인 설정을 담고 있습니다.

「리모트」의 한 장면

범인은 살인사건의 희생자에게 다음번 예고 살인의 실마리를 주는 디스켓을 남기는데, 이 디스켓을 열기 위해서는 비밀번호의 암호를 해독해야 합니다. 예를 들어 오른쪽의 장면에서와 같이 'SEND MORE MONEY'가 암호로 제공되면, 히무로는 이것을 SEND+MORE=MONEY로 해독함으로써 비밀번호인 MONEY=10652라는 것을 밝혀냅니다.

이와 같이 정수의 성질을 이용해서 숫자를 맞추는 문제는 주로 수에 대한 감각을 보기 위해 제시됩니다. 멘사(MENSA) 문제나 창의성 교재에서 흔히 볼 수 있으며, 미국 연례시험(AMC)에서도 자주 출제되는 문제입니다.

그렇다면 드라마 속의 살인범이 제시한 문제를 풀어봅시다.

$$\begin{array}{r} S\ E\ N\ D \\ +\quad M\ O\ R\ E \\ \hline M\ O\ N\ E\ Y \end{array}$$

S+M=MO로 한 자리가 올라가므로 M=1이어야 하고, O=0입니다.

이제, S를 구해봅시다. S의 값이 될 수 있는 경우는 다음의 두 가지입니다.

i) $S+M=S+1=10 \Leftrightarrow S=9$

ii) 백의 자리에서 1이 올라오면, $S+M+1=S+2=10 \Leftrightarrow S=8$

또한, O=0이고, $E \neq N$이므로

E+O=N에서 E는 십의 자리에서 올라온 1을 더해야 합니다. … ㉠

만약 E=9라고 하면

$E+O+1=9+0+1=10$에서 $N=0$이 되는데 $N \neq O$이므로 모순이 됩니다.

따라서 $E \neq 9$가 됩니다.

그렇다면 E는 8이하의 수입니다.

$E+O$의 계산 결과 위로 올라가는 수가 생길 수 없으므로 $S=9$가 됩니다.

다음은 $N+R$에 일의 자리에서 1이 올라오지 않는다고 가정하면

$N=E+1$(∵ ㉠)이므로

$$N+R=E+1+R=10+E \qquad \therefore R=9$$

그런데 이것은 $S=9$이고 $S \neq R$이므로 모순입니다. 따라서 $N+R$ 자리는 일의 자리에서 1이 올라옵니다. … ㉡

따라서, $N+R+1=10+E$, $E+1+R+1=10+E \qquad \therefore R=8$

지금까지 알아낸 것을 정리하면 다음과 같습니다.

$$\begin{array}{cccccc} & & 9 & E & N & D \\ + & & 1 & 0 & 8 & E \\ \hline & 1 & 0 & N & E & Y \end{array}$$

이제 $D+E=Y+10$ (∵ ㉡)과 $N=E+1$를 만족하는 값을 찾아봅시다.

i) $E=2$일 때, $N=3$이고, $D=8+Y$이므로 $Y=0$ 또는 1이어야 하는데 이 숫자들은 이미 나온 숫자이므로 모순입니다.

ii) $E=3$일 때, $N=4$이고, $D=7+Y$가 되고, 만약 $Y=2$이면 $D=9$가 되므로 이것도 모순입니다.

iii) $E=4$일 때, $N=5$이고, $D=6+Y$가 됩니다. 여기서 $Y=2$이면 $D=8$, $Y=3$이면 $D=9$이므로 이것도 모두 모순입니다.

iv) $E=5$일 때, $N=6$이고, $D=5+Y$가 됩니다. 만약 $Y=2$이면 $D=7$이 되므로 성립합니다.

따라서 주어진 식은 9567＋1085＝10652가 됩니다.

히무로가 문제를 푸는 모습을 지켜보며 얼떨떨해 하는 아야키처럼 여러분들도 약간 어려움을 느낄 수 있습니다. 그러나 아래 자리의 계산 결과 수가 올라가는 것에 주의를 기울이면서 약간의 인내심만 갖는다면 그다지 어려울 것 없는 문제입니다.

서울대 구술정시의 기초소양 문제와 고려대에서 발표된 수리논술의 예시문제 등을 살펴보면 이런 종류의 수리개념, 수리분석 문제들을 익힐 필요가 있습니다. 또한 창의적인 추론문제를 많이 다루면서, 주어진 과제의 규칙성과 일반성을 찾아내는 연습도 해야합니다.

주인공 히무로의 놀라운 추리력은 수학적 발상에 기초한 추론입니다. 「리모트」 속에는 사건 발생의 일정한 패턴을 찾아내기 위한 계차수열적인 발상이나 암호 해독능력에서의 정수론적 논리, 저격자들의 게임이론적인 심리싸움 그리고 연역적 추론에 의해 사건의 개요를 꿰뚫어 보는 직관력 등 곳곳에 수학적 발상으로 가득합니다. 더불어 이런 소재와 함께 효과적으로 사건 해결의 자연스러움을 획득하고 있습니다. 아마도 만화가 아마기 세이마루는 수학을 무척 잘 하거나 아님 적어도 수학을 무척 좋아하는 사람인가 봅니다. 만화를 잘 그리기 위해서도 수학은 잘 하고 볼 일이라는 생각이 듭니다. 그래야 이 정도 인기 있고 완성도 높은 만화를 그릴 수 있지 않을까요?

히무로와 아야키

본 콜렉터

「본 컬렉터」의 한 장면

1999년도 상영된 영화 「본 컬렉터」는 그 설정이 「리모트」와 많이 비슷합니다. 수많은 베스트셀러를 남긴 전설적인 법의학 전문가 링컨 라임(덴젤 워싱턴)은 사고 현장에서 조사를 하던 중 불의의 사고로 반신불수가 됩니다. 한편 불행한 과거로 인해 결혼 생활을 두려워하는 여경관 도나위(안젤리나 졸리)는 연쇄살인범의 예고편을 목격하게 됩니다. 목 위와 손가락만을 움직일 수 있는 링컨은 자신의 팔다리가 되어줄 인물로 도나위를 지목하고, 그들은 연쇄살인범이 제시하는 단서를 따라갑니다. 링컨은 「리모트」의 히무로 형사처럼 휴대폰과 컴퓨터를 이용하여 A급 살인사건을 해결합니다.

자, 그렇다면 「본 컬렉터」에서 제시된 퍼즐과 비슷한 문제 유형을 살펴볼까요.

In the addition problem at the right, different letters represent different digits. It is also given that N is 6 and T is greater than 1. What four-digit number does THIS represent?

```
  T H I S
+     I S
---------
  K E E N
```

해석

위와 같은 덧셈 문제에서 다른 문자는 다른 숫자를 나타냅니다. N은 6이고 T는 1보다 큽니다. 네 자리 수 THIS는 얼마일까요?

풀 이

N=6이므로 S는 3 또는 8이어야 합니다. 천의 자리 T값이 계산한 결과 K로 바뀌었으므로 백의 자리로부터 천의 자리로 1이 올라가야 합니다.

따라서, H=9, E=0 그리고 I=5가 됩니다.

만약 S가 8이면 십의 자리로 1이 올라갑니다. 그래서 E는 홀수가 되므로 S는 8이 될 수 없습니다.

또한, T는 1, 3, 5, 6, 9가 될 수 없으므로 다음과 같은 경우들을 각각 생각할 수 있습니다.

i) T가 2이면 K=3, S=3이므로 이것은 모순입니다.

ii) T가 4이면 K=5, I=5이므로 모순입니다.

iii) T가 7이면 K=8이므로 정답은 7953입니다.

SAGASSE

SAGASSE는 7자리의 정수를 나타냅니다. 각 자리의 수를 나타내는 S, A, G, E는 1에서 9까지의 정수로 이루어져 있습니다. 글씨 한 글자는 숫자 하나를 나타내며 글자가 다르면 숫자도 각각 다릅니다.

(가) SAGASSE는 6의 배수이다.

(나) $\dfrac{G\times G\times G\times G\times G}{S\times S\times S}=\dfrac{1}{G}$

(다) $\dfrac{1}{A(A+1)}+\dfrac{1}{(A+1)(A+2)}=\dfrac{2}{63}$

이때, 위의 세 조건을 만족하는 7자리 정수 SAGASSE를 모두 구하세요.

풀이

부분 분수 $\dfrac{1}{A\cdot B}=\dfrac{1}{B-A}\left(\dfrac{1}{A}-\dfrac{1}{B}\right)$를 이용합니다.

(나)를 변형하면

$G\times G\times G\times G\times G\times G=S\times S\times S$

$\Leftrightarrow$ $(G\times G)\times(G\times G)\times(G\times G)=S\times S\times S$이 되므로 $G\times G=S$

G와 S는 다른 수이므로 $G=2, S=4$ 또는 $G=3, S=9$ 입니다.

(다)를 변형하면

$$\frac{1}{A(A+1)}+\frac{1}{(A+1)(A+2)}$$

$$=\frac{1}{A}-\frac{1}{A+1}+\frac{1}{A+1}-\frac{1}{A+2}$$

$$=\frac{1}{A}-\frac{1}{A+2}$$

$$=\frac{2}{A(A+2)}=\frac{2}{63} \qquad \therefore\ A=7$$

이상에서 SAGASSE는 472744E거나 973799E 중 하나입니다. 이것이 6의 배수가 되도록 사용하지 않은 나머지 숫자로부터 E를 선택하면 4727448, 9737994입니다.

선생님의 집 번지수는 몇 번일까

수학 선생님은 '늘 푸른 거리'에서 살고 있습니다. 어느 날 학생이 선생님에게 집 주소를 묻자 선생님은 이렇게 대답했습니다.

선생님 : "우리 집의 주소는 x번지예요."

학 생 : "x가 얼마인데요?"

선생님 : "우리 집을 제외한 '늘 푸른 거리'에 있는 모든 집의 주소의 합에 $2x$를 빼면 200이 나와요."

학 생 : "늘 푸른 거리의 주소 번지수 중 건너뛴 것이 있나요?"

선생님 : "없어요. 1부터 시작하여 건너뛴 번지도 없으며 반복된 번지도 없어요."

도대체 수학 선생님 집 번지수는 몇 번일까요?

풀이

'늘 푸른 거리'의 마지막 집 번지를 n번이라고 합시다.

$$1+2+3+\cdots+n-2x=200 \quad \cdots \text{①}$$

또, $1+2+3+\cdots+n=\frac{1}{2}n(n+1)$ ⋯ ②

①과 ②에서 $\frac{1}{2}n(n+1)-2x=200 \quad \therefore x=\frac{1}{4}n(n+1)-100$

한편, $x \leqq n$이고, x가 자연수이므로 $n(n+1)$은 4의 배수이고,

$n(n+1)>400$임을 알 수 있습니다. 즉, $n \geqq 20$인 수입니다.

그런데 $n=21$ 혹은 22일 때 $n(n+1)$은 4의 배수가 아닙니다.

$n=23$일 때 $x=\frac{1}{4}\times 23\times 24-100=38>23$

$n=20$이고, $x=5$가 됩니다.

즉, 수학선생님의 번지수는 5번이며 '늘 푸른 거리'에 있는 마지막 집 번지수는 20입니다.

1 정수의 분리

7을 두 개 이상의 자연수의 합으로 나타낸다면, 과연 몇 개의 방법이 있을까요? $2+2+3$, $2+3+2$, $3+2+2$와 같이 더하는 순서가 달라도 다른 표현으로 본다고 합시다.

7을 두 개 이상의 자연수의 합으로 표현하는 방법은 7개의 동그라미를 몇 개의 덩어리로 나누는 방법을 찾는 것과 같습니다. 왜냐하면 다음과 같이 두 개 이상의 자연수의 합으로 표현한 것은 7개의 동그라미를 몇 개의 덩어리로 나누어 놓은 것과 일대일 대응이 되기 때문입니다.

$2+2+3 \Leftrightarrow$ ● ●∨● ●∨● ● ●

$2+3+2 \Leftrightarrow$ ● ●∨● ● ●∨● ●

$3+2+2 \Leftrightarrow$ ● ● ●∨● ●∨● ●

⋮　　　　⋮

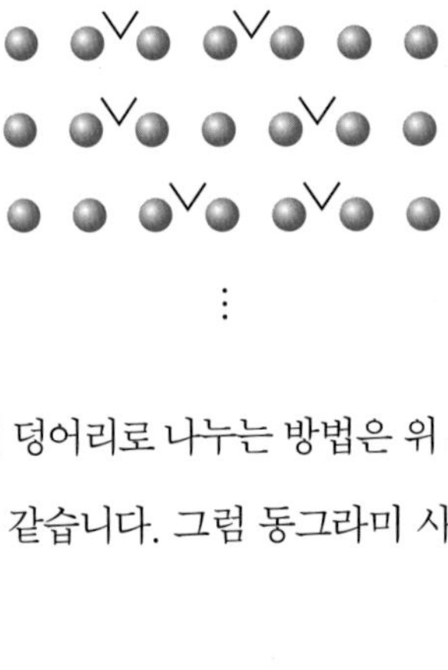

그런데 7개의 동그라미를 몇 개의 덩어리로 나누는 방법은 위 그림과 같이 각 동그라미 사이를 선택하는 방법의 수와 같습니다. 그럼 동그라미 사이를 선택하는 방법의 수를 구하여 볼까요.

7개의 동그라미 사이 간격은 6개가 있고, 각 사이를 '선택하거나', '선택하지 않거나'의 두 가지의 경우가 각각 있으므로 모두 $2\times2\times2\times2\times2\times2=2^6$(가지)이고, 반드시 하나는 선택되어야 합니다. 그래서 하나도 선택하지 않는 경우의 수 1를 빼야 합니다.

따라서 7을 두 개 이상의 자연수의 합으로 나타내는 방법의 수는 $2^6-1=63$(가지)이 됩니다.

이와 같이 어떤 정수를 나누고 그보다 작은 정수들의 합으로 표현하는 경우의 수를 구하는 문제는 시험에 자주 출제되는 문제입니다.

이 문제는 간단한 수에서 시작하여 점차 복잡한 수로 발전하며, 결국 일반화된 패턴을 찾아 이를 증명하기를 요구합니다. 그래서 이 문제는 학생의 수리적 서술능력을 측정하는 문 · 이과 공통영역에 해당됩니다. 수리논술을 준비하는 수험생은 제시된 풀이의 서술형식을 잘 살펴본 후, 실전에 임하여 이와 같은 방식으로 답안을 작성할 수 있도록 연습해 두어야 합니다. 대학에서 측정하는 수리논술 능력은 주어진 문제의 정확한 독해를 요구합니다. 이를 통해 일반화된 패턴을 찾아 이를 논리적으로 서술하는 능력을 살펴본다는 것을 반드시 염두에 두기 바랍니다.

합이 100이 되는 정수들의 모임

문제 난이도 그래프
논리력 ■■■
사고력 ■■■
창의력 ■■

1에서 9까지 9개의 수 가운데에서 8개를 택하여 이를 적당하게 늘어놓습니다. 그리고 다음 숫자 사이의 적당한 곳에 +를 써 나갑니다.

예를 들면 {1, 2, 3, 4, 5, 6, 7, 8}을 택해 12+3+4+56+78과 같은 방식으로 식을 만듭니다.

이와 같은 방식으로 만들어진 식들 중에 계산의 결과가 100이 되는 방법은 몇 가지가 있을까요? 단, 덧셈 식의 순서를 바꾸는 것은 같은 식으로 간주합니다.

어떤 정수를 9로 나눈 나머지는 각 자리 숫자의 합을 9로 나눈 나머지와 같습니다.

100을 9로 나누면 나머지가 1이 된다는 사실을 생각해 봅시다. 이를 합으로 표현한 식을 9로 나누면 나머지가 1이 되어야 한다는 것을 알 수 있습니다.

1에서 9까지의 합은 1+2+3+4+……+9=45가 되며, 9의 배수입니다.

따라서 1~9 가운데서 뽑은 8개의 숫자의 합을 9로 나누어 1이 남는 수가 되는 것은 위의 식에서 8을 제외한 1, 2, 3, 4, 5, 6, 7, 9의 8개의 수를 뽑을 경우뿐입니다. 또한 이들 수를 사용해서 합이 100이 되도록 하기 위해서는 적어도 하나는 두 자리 수이어야 합니다.

이때, 계산식으로 나온 두 자리 수의 십의 자리의 숫자의 합을 x라고 하면,

$$10x+1+2+3+4+5+6+7+9-x=100 \quad \therefore\ x=7$$

ⅰ) 두 자리 숫자가 한 개뿐일 때, 두 자리 수는 7의 형식이 되어야 합니다.

즉, □+□+□+□+□+□+7이라 할 수 있습니다.

7□의 □에 들어가는 수는 7가지의 경우를 생각할 수 있으므로 합이 100이 되는 경우의 식은 7가지입니다.

ⅱ) 두 자리 숫자가 두 개 있을 때 합이 7이 되는 두 수의 순서쌍은

(1, 6), (2, 5), (3, 4)

의 경우를 생각할 수 있습니다.

(1, 6)의 경우, 만들어진 식은 □+□+□+□+1□+6□이 되고,

1□, 6□의 □에 들어가는 수는 $6\times5=30$(가지)이므로 합이 100이 되는 경우의 식은 30가지입니다.

(2, 5), (3, 4)의 경우도 마찬가지로 30(가지)씩 있습니다.

따라서, $3\times30=90$(가지) 입니다.

ⅲ) 두 자리 숫자가 세 가지 있을 때 합이 7이 되는 3수의 순서쌍은 (1, 2, 4)뿐입니다. 이때는 □+□+1□+2□+4□가 되므로 1□, 2□, 4□의 □에 들어가는 수를 생각해 $5\times4\times3=60$(가지)의 경우를 생각할 수 있습니다.

또한, 두 자리 숫자가 네 개 이상이 되면 합이 7이 되는 경우는 불가능하므로 ⅰ), ⅱ), ⅲ)에 의해 구하는 경우의 수는 $7+30\times3+60=157$(가지)입니다.

문제 난이도 그래프
논리력 ■■■■
사고력 ■■■■■
창의력 ■■■■

정수 분류의 일반화

양의 정수 n을 몇 개의 양의 정수의 합으로 하여 나타내 봅시다.

$n=n_1+n_2+\cdots+n_r$ $(r\geqq 1)$으로 나타낼 수 있습니다. 예를 들면 $n=3$일 때 $1+1+1$, $1+2$, $2+1$, 3처럼 4가지 방법으로 표시됩니다. n을 이러한 합으로 나타내는 모든 표시법에 대해, 항의 곱 $n_1n_2\cdots n_r$을 고려하여 그 최대값을 M이라 합시다. $n=3$일 때는 $\mathrm{M}=3$입니다. 또한 $n=4$일 때, 항의 순서를 고려하지 않으면 $1+1+1+1$, $1+1+2$, $1+3$, $2+2$, 4와 같이 5가지로 표시되어 항의 곱은 각각 1, 2, 3, 4, 4이므로 $\mathrm{M}=4$입니다. 또한 $n=5$일 때는 $n=2+3$ 및 $n=3+2$이 항의 곱의 최대가 되어 $\mathrm{M}=6$입니다. 이때 다음 물음에 답하세요.

(1) $n=5$일 때, 항의 순서가 다르면 다른 것으로 생각할 때, 표시 방법의 수를 구하세요.

(2) $n=6$, $n=7$일 때, M의 값은 각각 얼마인가요?

(3) $n=20$일 때, M의 값을 구하세요.

(4) $n=100$일 때, n을 이러한 합으로 나타내는 표시방법 중에서, 항의 곱의 최대값 M이 되도록 하는 표시법은 몇 가지인가요? (단, 항의 순서가 다른 식은 다른 것으로 생각합니다.)

풀 이

(1)이 해결되면 (2)는 쉽게 해결됩니다. 먼저 나열하는 방식에 의해 (1)을 해결한 다음 각각의 경우에 1을 더하는 경우와 $2+2+2$, $2+4$, $3+3$, 6의 경우를 합하여 (2)를 해결합니다. (3)에서는 결국 규칙적인 패턴을 찾아주어야 합니다. 그리고 이를 증명해야 합니다.

(1) $n=5$가 되는 합의 표시법은 항의 순서를 고려하면 다음과 같습니다.

$$\left.\begin{array}{ll} 1+1+1+1+1 & \cdots \text{1가지} \\ 1+1+1+2 & \cdots \text{4가지} \\ 1+2+2 & \cdots \text{3가지} \\ 1+1+3 & \cdots \text{3가지} \\ 1+4 & \cdots \text{2가지} \\ 2+3 & \cdots \text{2가지} \\ 5 & \cdots \text{1가지} \end{array}\right\} \text{16가지}$$

또는 $1\vee1\vee1\vee1\vee1$에서 $\vee$기호가 들어가거나 들어가지 않는 경우가 각각 2가지 있으므로 $2^4=16$(가지)라고 구해도 됩니다.

(2) $n=6$인 합의 표시법은 ($n=5$일 때)$+1$인 경우 외에 $2+2+2$, $2+4$, $3+3$, 6

따라서 $\mathrm{M}=9$ 입니다.

$n=7$인 합의 표시법은 ($n=6$ 일 때)$+1$인 경우 외에 $2+2+3$, $2+5$, $3+4$, 7

따라서 $\mathrm{M}=12$ 입니다.

(3) $n=n_1+n_2+\cdots+n_r$ $(r\geqq2)$라 합니다.

ⅰ) $n_1 \sim n_r$ 중에 1이 있을 때 $n_r=1$이라도 일반성을 잃지 않습니다.

$n_1\cdot n_2\cdot\cdots\cdot n_{r-2}\cdot(n_{r-1}+1)-n_1\cdot n_2\cdot\cdots\cdot n_{r-1}\cdot1>0$

그러므로 1은 사용하지 않는 편이 좋습니다.

ⅱ) $n_1 n_r$ 중에 5 이상의 정수가 있을 때 $n_r\geqq5$이어도 일반성을 잃지 않습니다.

$n_1\cdot n_2\cdot\cdots\cdot n_{r-1}\cdot2\cdot(n_r-2)-n_1\cdot n_2\cdot\cdots\cdot n_{r-1}\cdot n_r$

$=n_1\cdot n_2\cdot\cdots\cdot n_{r-1}\cdot(n_r-4)>0$ ($\because n_r\geqq5$)

그러므로 5 이상의 수는 사용하지 않는 편이 좋습니다.

ⅲ) $2+2=4$에서는 $2^2=4$, $2+2+2=2+4=3+3$에서는 $2^3=2\cdot4<3^2$ 입니다.

그러므로 3을 많이 사용하는 편이 좋습니다.

결론적으로 M을 구할 때는 i), ii), iii)에 의하여 3을 많이 사용하여 2, 3, 4의 합으로 표시하면 좋습니다.

$$20=\underbrace{3+3+\cdots+3}_{6개}+2$$

이므로, $n=20$일 때는 $M=3^6\cdot 2=1458$

(4) $$100=\underbrace{3+3+3+\cdots+3}_{32개}+4$$

$$=\underbrace{3+3+3+\cdots+3}_{32개}+2+2$$

$$=\underbrace{\mathbf{3+3+3+\cdots+3}}_{33개}\mathbf{+1}$$

이므로, $M=3^{32}\cdot 4=3^{32}\cdot 2^2$

이 합의 표시법은 항의 순서를 고려하면, ${}_{33}C_1+{}_{34}C_2=33+561=594$(가지)

(주의) 진한 부분은 실제로 곱하기를 했을 때 앞의 두 경우보다 그 값이 작다는 것을 쉽게 알 수 있습니다.

읽을거리

프리즌 브레이크

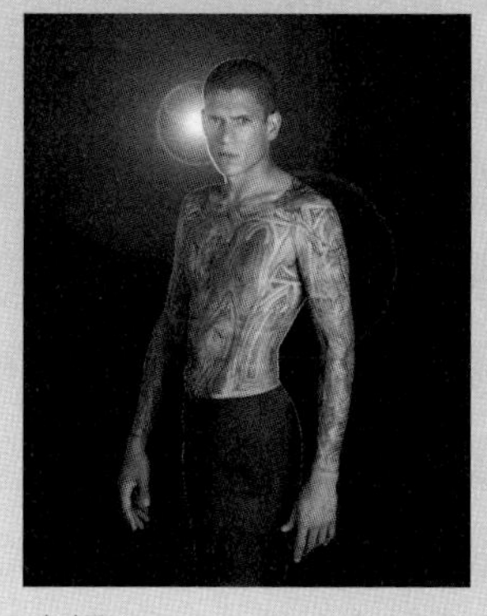
마이클

상상을 초월하는 고도의 두뇌 플레이로 미국 전역을 뒤흔든 드라마 「프리즌 브레이크」가 한국에서는 인기절정입니다. 「프리즌 브레이크」는 천재 건축가 마이클이 부통령의 동생을 죽였다는 누명을 쓰고 사형선고를 받게 된 형 링컨을 구하는 내용입니다. 마이클은 자신의 몸에 감옥의 설계도를 문신으로 새기고, 일부러 범죄를 저질러 감옥에 들어갑니다. 치밀한 탈옥 계획을 세우고 감옥에 들어간 마이클은 자신에게 도움을 줄 수 있는 죄수들을 찾아 함께 탈옥할 것을 제안한 뒤, 간수들의 눈을 피해 탈옥을 준비합니다. 인종문제, 세력싸움 등이 팽배한 감옥안의 죄수들은 탈옥이라는 같은 목표를 두고 마이클의 지휘 아래 힘을 모으게 되지요.

「프리즌 브레이크」의 매력은 천재 마이클이 펼치는 고도의 두뇌 플레입니다. 어마어마한 감옥에서 탈옥하기까지의 과정속에 상상할 수 없는 치밀한 계획과 천재성이 펼쳐집니다. 몇 차례의 큰 고비를 맞게 되지만 전혀 당황하지 않고 순간순간 개선책을 마련하는 마이클을 보면 절로 감탄사가 나옵니다. 또 마이클의 형 링컨이 쓴 누명의 실체가 벗겨지면서 드러나는 거대한 음모도 재미를 더하고 있습니다. 링컨의 전 애인이자 변호사인 베로니카는 링컨의 무죄를 증명하면서 사건 뒤에 숨겨져 있던 거대한 정치 세력을 발견하게 됩니다.

이밖에 마이클의 감춰져 있는 상처와 인간적인 모습을 통해 마이클을 좋아하게 된 형무소 내 여의사 사라가 탈옥에 결정적인 도움을 주고, 자신의 아버지가 살인을 했다는 것 때문에 괴로워하던 아들 엘제이가 누명의 진실을 알게 되면서 아버지를 용서하게 되는 등 가족과 연인간의 절실한 사랑이 진한 감동을 선사합니다.

시즌 1에서 새로운 감방 동료가 된 분열증 환자, 헤이와이어는 마이클의 몸에 새겨진 문신에 대해 의심을 갖게 됩니다. 마이클은 할 수 없이 자해를 해서 헤이와이어를 내쫓고 본격적으로 감방벽을 뚫기 시작합니다. 그런데 마이클은 사고로 등에 화상을 입어 지도의 가장 중요한 부분을 잃습니다. 그래서 지도를 기억하고 있는 헤이와이어를 찾아가 지도를 복원해 달라고 부탁합니다. 헤이와이어는 지도의 다른 부분을 참고로 하여 지도를 복원하게 됩니다. 몸에 남아있는 다른 부분을 토대로 하여 잃어버린 부분을 복원하는 것은 우리가 배우려하는 수의 추리와 비슷한 발상이라 할 수 있습니다. 대사를 잠깐 살펴볼까요?

헤이와이어 : 아, 이런 사라졌잖아

마이클 : 그래서 네가 고쳐줬으면 해
전에 있었던 것을 기억해 냈으면 좋겠어

헤이와이어 : 이거 안 좋은데
지도를 해독할 수 없으면
아무 데도 갈 수가 없잖아

마이클 : 맞아
그래서 훼손되기 이전의 그림을 기억해 달라는 거야

헤이와이어 : 기억났어
악마가 있던 게 기억나
아니, 순례자였을 지도 모르지
그들이 길을 가리키며
"이 길이다, 이 길이야" 라고 말하고 있었어

2 벌레 먹은 셈 (虫食算)

계산식의 일부(또는 전부)에 숫자가 빠진 곳이 있을 때, 그 곳에 적당한 숫자를 보충하여 올바른 식으로 완성하는 문제를 '벌레 먹은 셈(虫食算)'이라고 합니다. 숫자 0～9 또는 1～9를 한 번씩 이용한 계산식은 '소정산'이라고 합니다.

예로부터 벌레 먹은 셈은 수학문제나 숫자 퍼즐 문제로 발전하여 왔습니다. 이 문제가 책을 통해 처음 발견된 것은 중근언순(中根彦循)의 『간두산법(竿頭算法, 1783)』이라는 책입니다. 벌레 먹은 셈이라는 말이 신기하지요? 이것은 서류나 종이에 기록된 숫자가 빠진 것을 가르켜 '벌레가 먹어 생겼다' 라고 해서 생긴 말입니다. 서양에서도 계산식이나 숫자를 문자로 바꾸어 놓은 이와 같은 퍼즐이 있습니다. 서양에서는 이것을 '복면(mask)산'이라고 합니다.

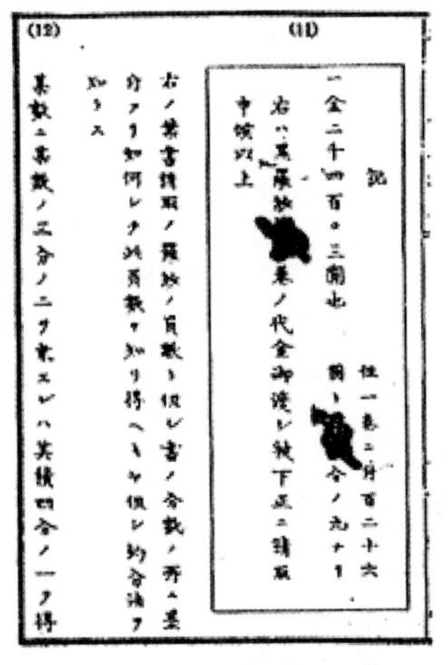

소학필산 교수본 5권 하(1873년)

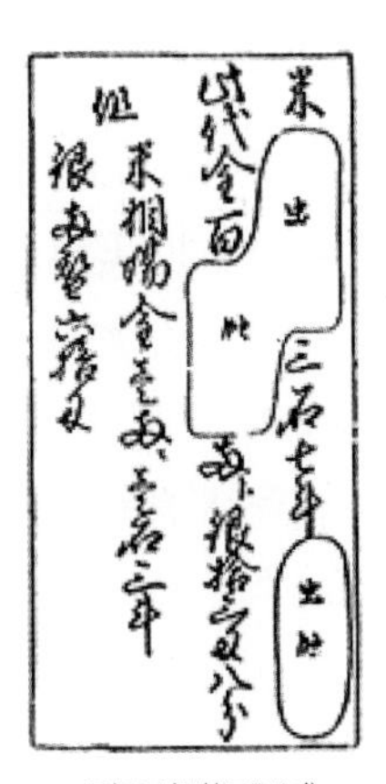

정요산법(1781년)

앞의 그림은 벌레 먹은 셈 문제입니다. 오른쪽은 등전정자(藤田貞資)가 쓴 『정요산법 (1781)』에 기록된 문제이고, 왼쪽은 일본의 메이지 초기 교과서인 산전정일(山田正一)이 쓴 『소학필산 교수본 (1873)』에 있는 문제입니다. 왼쪽 문제는 벌레가 먹어 생긴 것이 아니라 먹물이 묻어 숫자가 보이지 않아 생겼다고 되어 있습니다.

소정산(小町算)이라는 말은 중근언수(中根彦循)의 『감자어가초자(勘者御伽草子, 1743)』 안에 1∼9까지의 숫자만으로 계산하여 99를 만드는 방법을 노래로 읊은 것에서부터 유래되었지요.

서양에도 영국의 유명한 퍼즐 작가 H. E. Dudeney의 『100 만들기 문제 (1917)』가 있습니다. 이것은 "1∼9의 숫자 사이에 적당히 덧셈, 뺄셈 기호를 넣어 100이 되는 식을 만드시오"라는 것으로, 1971년에 이르러 컴퓨터의 도움으로 모두 찾았다고 합니다.

숫자의 나열방법이 1, 2, 3, ……인 것을 정순, 반대로 9, 8, 7, ……인 것을 역순이라고 합니다. 미국의 패튼 주니어는 100 만들기 식은 $1+2+34-5+67-8+9=100$과 같은 정순으로 만들어진 것이 150가지가 있고, 또 $9-8+76+54-32+1=100$과 같은 역순으로 만들어진 것이 198개가 있다는 것을 컴퓨터를 이용하여 구했습니다.

벌레 먹는 셈의 한 가지 예문을 살펴봅시다.

예문 아래 그림의 곱셈에서 A, B, C, D, E, F, G는 두 조건

i) A, B, C, D, E, F, G는 서로 상이하다.

ii) A, B, C, D, E, F, G는 2, 4, 5, 6, 7, 8, 9 중 어느 것이다.

을 만족합니다. 이때 A, B, C, D, E, F, G는 단 한 가지로 결정되는 것을 나타내세요. 우선 3×C부터 생각하세요.

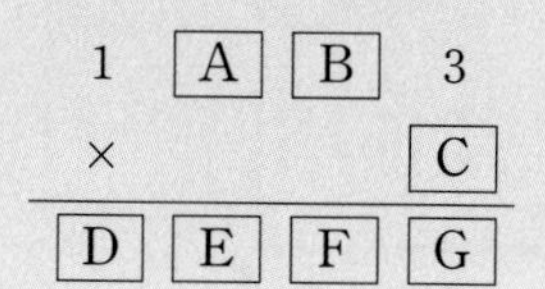

이 문제는 '소정산'의 성격과 '벌레 먹은 셈'의 성격을 모두 지니고 있어 '소정충식의 산(小町虫食い算)'이라고 합니다.

무턱대고 적당한 수를 예상하여 풀면 숫자가 많기 때문에 혼란스럽고, 시행착오를 많이 겪어야 합니다. 또, 발견했다 해도 그것을 증명해내기가 힘듭니다. 그렇다고 일곱 군데에 숫자를 넣은 방법의 개수인 $7!(=1\times2\times3\times\cdots\times7)$가지를 일일이 조사한다면 엄청난 종이와 시간을 투자해야 할 것입니다. 그래서 문제에서 '우선 $3\times C$부터 생각하세요'라고 친절하게 힌트까지 주어져 있습니다. 자, 그럼 도전해볼까요.

우선 $3\times C$에서 $C=5$이면 $3\times5=15$로 $C=G=5$라는 모순이 생기고, $C=7$이면 $3\times7=21$으로 $G=1$이 되어 모순이 생깁니다. 따라서 C는 5와 7이 절대로 될 수 없습니다. 따라서 $C=2,\ 4,\ 6,\ 8,\ 9$ 중 하나입니다.

i) $C=2$일 때 : $1\times C=D=2$가 되거나 백의 자리에서 1이 올라오면 3이 되므로 어느 것도 부적당하게 됩니다. 따라서 $C=2$일 때는 해가 없습니다.

ii) $C=4$일 때 : $B=5,\ 6,\ 7,\ 8,\ 9$ 중 하나가 될 것입니다.

① $B=5,\ 8$이면 F는 각각 $F=1,\ 3$이 되어 부적당하므로 $B=6,\ 7,\ 9$ 중 하나가 됩니다.

② $B=6$이면, $A=7,\ 8,\ 9$ 중 하나인데 $A=7,\ 8$일 때는 E가 각각 $E=0,\ 4$가 되어 부적당합니다. 그런데 $A=9$이면 $E=8$, $D=7$이 되어 조건을 만족시킵니다.

③ $B=7$이면, $A=5,\ 6,\ 8$ 중 하나인데, 모두 E가 다른 것과 중복되어 부적당합니다.

④ $B=9$이면, $A=5,\ 6,\ 8$ 중 하나가 되고, $A=5,\ 6$일 때는 E가 다른 것과 중복되고, 8일 때는 D가 다른 것과 중복됩니다.

따라서 C=4일 때, A=9, B=6, D=7, E=8, F=5, G=2가 답이 됩니다.

iii) C=6일 때 : B=2, 4, 5, 7, 9 중 하나입니다.

①B=2, 5, 7일 때는 F가 1 또는 3이 되어 부적당합니다.

②B=4일 때, A=2, 7, 9 중 어느 것입니다. A=2, 7, 9일 때는 E는 다른 것과 중복되어 부적당합니다.

③B=9일 때, A=2, 4, 7 중 하나에 해당되지만 모두 E가 다른 것과 중복되어 부적당합니다.

따라서 C=6일 때 해가 없습니다.

iv) C=8일 때 : D는 8이 될 수 없기 때문에 D=9입니다. 따라서 B=2, 5, 6, 7 중에 하나입니다.

①B=2일 때, F가 8로 중복됩니다.

②B=5일 때, A는 6, 7 중 어느 것이지만 모두 E가 0 또는 다른 것과 중복되어 부적당합니다.

③B=6일 때, F가 0으로 부적당합니다.

④B=7일 때, F가 C와 중복되어 부적당합니다.

따라서 C=8일 때 해가 없습니다.

v) C=9일 때 : 10<D가 되어 부적당합니다. 따라서 C=9일 때 해가 없습니다.

i)~v)에서 조건을 만족시키는 것은 A=9, B=6, C=4, D=7, E=8, F=5, G=2일 때뿐입니다.

C에서 고찰을 시작하여, 피승수 B, A와 함께 부적당한 것을 선별해가면 시간은 걸리지만 정확하게 답을 구할 수 있습니다.

벌레 먹은 셈의 또 다른 유형을 살펴봅시다.

예문 아래의 그림을 만족시키는 정수의 순서쌍 (a, b, c, d, e, f)의 개수를 구하세요.

				계
	a	b	c	8
	d	e	f	10
계	5	6	7	

(주의) 이 표는 $a+d=5$, $a+b+c=8$ 등의 의미입니다.

주어진 그림 속에 각 칸의 숫자는 모르지만 합계는 알 수 있습니다. 각 칸의 숫자가 어떤 것이었는지를 알아보는 것으로 벌레 먹은 셈을 계산식이 아닌 그림의 형태로 변형한 것입니다.

이 문제가 앞의 문제와 다른 것은 빈칸에 무슨 수가 들어가는지 일일이 알 필요가 없다는 것입니다. 단지 가능한 것이 몇 가지인가를 밝히면 됩니다. 그러나 역시 실제로 해를 구하여, 개수를 세는 쪽이 좋습니다.

장부는 $a+b+c+d+e+f=18$로 일정합니다. 그러므로 제 1행의 a, b, c의 순서쌍이 (a, b, c) 1개 정해지면, 그것에 따라 (d, e, f)는 자동으로 1개가 결정되므로 (a, b, c)의 해만 얻으면 됩니다. 이것을 잘 생각하면서 문제를 해결해 봅시다.

6개의 정수 a, b, c, d, e, f에 대해 다음과 같은 식을 얻을 수 있습니다.

$a+d=5$ ……①

$b+e=6$ ……②

$c+f=7$ ……③

$a+b+c=8$ ……④

$d+e+f=10$ ……⑤

여기에서 a, b, c의 수치가 결정되면 ①, ②, ③에 의해 d, e, f의 수치는 정해집니다. 따라서 ④식을 만족시키는 a, b, c를 구하면 됩니다.

①, ②, ③에서 $1 \leqq a \leqq 4$, $1 \leqq b \leqq 5$, $1 \leqq c \leqq 6$

$\therefore a=1, 2, 3, 4$

i) $a=1$인 경우 : ④에서 $b+c=7$이므로

$(b, c)=(1, 6), (2, 5), (3, 4), (4, 3), (5, 2)$ $\therefore$ 5개

ii) $a=2$인 경우 : $b+c=6$이므로

$(b, c)=(1, 5), (2, 4), (3, 3), (4, 2), (5, 1)$ $\therefore$ 5개

iii) $a=3$인 경우 : $b+c=5$이므로

$(b, c)=(1, 4), (2, 3), (3, 2), (4, 1)$ $\therefore$ 4개

iv) $a=4$인 경우 : $b+c=4$이므로

$(b, c)=(1, 3), (2, 2), (3, 1)$ $\therefore$ 3개

입니다. 따라서 구하는 개수는 $5+5+4+3=17$(개)가 됩니다.

경우의 수를 구할 때, 수형도를 이용하면 시각적으로 알기 쉽습니다. 이 경우의 수를 수형도로 그리면 다음과 같습니다.

a	b	c	……	개수
1	1	6	……	(1)
	2	5	……	(2)
	3	4	……	(3)
	4	3	……	(4)
	5	2	……	(5)
2	1	6	……	(6)
	2	5	……	(7)
	3	4	……	(8)
	4	3	……	(9)
	5	2	……	(10)
3	1	6	……	(11)
	2	5	……	(12)
	3	4	……	(13)
	4	3	……	(14)
4	2	5	……	(15)
	3	4	……	(16)
	4	3	……	(17)

확실히 17가지인 것을 알 수 있습니다.

이처럼 어떤 원인으로 불분명하게 된 부분을 원래의 형태로 복원하는 형식의 문제를 일컬어 모두 '벌레 먹은 셈'이라고 합니다. 이런 형식의 문제는 다양하게 응용되어 각종 입시 시험에서 자주 출제되고 있습니다. 다양한 문제를 접하면서 연습을 많이 해야 하겠습니다.

벌레 먹은 장부

앞 장의 장부 문제의 소계 부분을 다시 봅시다. 세로의 소계는 순서대로 5, 6, 7로 연속한 정수이지만, 가로의 소계는 8, 10으로 연속한 정수로 되어 있지 않습니다. 물론 세로와 가로의 합계는 일치해야 하기 때문에, 가로의 소계를 8, 9로 할 수 없습니다.

그럼 세로의 3개 소계가 왼쪽부터 순서대로 연속한 수가 되어 있고, 2개의 가로 소계도 바로 이어서 연속하는 정수가 되도록 만들 수는 없는 것일까요?

만약 가능하다면 그와 같은 정수의 순서쌍 (a, b, c, d, e, f)의 개수는 몇 개가 될까요?

우선 소계가 연속하는 정수가 될 수 있을지 알아봅시다.

세로의 소계를 순서대로 n, $n+1$, $n+2$, 가로의 소계를 순서대로 $n+3$, $n+4$라고 하면, 세로와 가로의 각각의 합계는 같습니다.

$$3n+3=2n+7 \quad \therefore n=4$$

4는 정수이므로, 가능합니다. 즉 장부는 다음과 같습니다.

				계
	a	b	c	7
	d	e	f	8
계	4	5	6	

순서쌍의 개수를 구하는 방법은 앞장의 경우와 동일하므로 여러분이 스스로 한 번 풀어 보세요. 정답은 11가지가 있습니다.

일의 자리가 십의 자리가 되면

아래와 같은 덧셈 문제에서 A, B, C는 숫자입니다. 만약 일의 자리의 C를 십의 자리로 옮긴다면 맩 오른쪽과 같이 합이 97이 됩니다. A, B, C의 값은 얼마일까요?

$$\begin{array}{rcc} & A & B \\ + & & C \\ \hline & 5 & 2 \end{array} \qquad \begin{array}{rcc} & A & B \\ + & C & \\ \hline & 9 & 7 \end{array}$$

풀이

두 번째 덧셈에서 B는 7이 되므로, 첫 번째 덧셈에서 B+C=7+C=2입니다. 그러므로 C는 5가 됩니다. 따라서 A=4가 되어야 합니다.

A와 B의 수를 구하라

A4273B는 정수로 이루어진 숫자입니다. A와 B가 숫자인 여섯 자리 수를 나타내고, 이 수를 72로 나누었을 때 나머지가 없다고 합니다. A와 B의 값은 무엇일까요?

여섯 자리 수가 72로 나누어지면 8과 9로도 나누어집니다. A4273B를 다시 쓰면 A42000+73B로 쓸 수 있습니다.

A42000은 8로 나누어지고, 73B도 8로 나누어져야 하므로 B는 6이어야 합니다.

또, 9로 나누어지려면 모든 자리 숫자의 합이 9의 배수여야 하므로

$A+4+2+7+3+6=A+22$는 9의 배수여야 합니다.

따라서 22보다 큰 9의 배수 중 가장 작은 수는 27이므로 A는 5입니다.

최대 · 최소값을 갖게 해 주는 두 수

(1) M과 N은 1부터 25까지의 수 중에서 뽑은 다른 수입니다. 만약 M이 N보다 크다면, 오른쪽의 식이 가질 수 있는 가장 작은 값은 몇일까요?

$$\frac{M\times N}{M-N}$$

(2) 오른쪽에서 다른 문자는 다른 숫자를 나타내고 ABC와 DEF는 세 자리 수이고 A와 D는 '0'이 아닌 수입니다. 만약 ABC에서 DEF를 뺀다면 뺄셈 값 중 최대값은 몇일까요?

$$\begin{array}{r} A\,B\,C \\ -\,D\,E\,F \\ \hline \end{array}$$

(1) 분자의 값이 최소가 되어야 합니다. M이 25이고 N이 1이면

$$\frac{M\times N}{M-N}=\frac{25\times 1}{25-1}=\frac{25}{24}$$

이므로, 제일 작은 값은 $\frac{25}{24}$ 입니다.

다음과 같이 풀어도 됩니다.

$$\frac{M\times N}{M-N}=\frac{(M/M)\times N}{(M/M)-(N/M)}=\frac{1\times N}{1-(N/M)}$$

이므로 $1\times N$이 가장 작은 값은 $N=1$입니다. 그리고 분모의 $1-(1/M)$이 가장 큰 값을 가져야 하므로 M은 25가 됩니다.

(2) 가능한 ABC를 최대값을 갖게 만들고 DEF를 최소값으로 하면 두 값의 뺄셈이 최대가 됩니다. 따라서 ABC는 987이고, DEF는 102가 되므로 뺄셈값 중 최대값은 885입니다.

줄리어스 시저의 버릇

줄리어스 시저는 로마숫자 Ⅰ, Ⅱ, Ⅲ, Ⅳ, Ⅴ를 쓸 때 몇 가지 버릇이 있다고 합니다.

- 임의의 순서로 왼쪽에서 오른쪽으로 쓴다.
- Ⅲ 전에 Ⅰ을 쓰고 Ⅳ 후에 Ⅰ을 쓴다.
- Ⅰ 전에 Ⅱ를 쓰고 Ⅳ 후에 Ⅱ를 쓴다.
- Ⅲ전에 Ⅴ를 쓰고 Ⅱ 후에 Ⅴ를 쓴다.

Ⅴ가 3번째 숫자가 아니라고 합니다. 시저는 어떤 순서로 5개의 숫자를 왼쪽에서부터 오른쪽으로 쓸까요?

시저의 습관을 다음의 표와 같이 나타낼 수 있습니다.

시저의 습관	숫자의 순서
Ⅰ는 Ⅲ전, Ⅳ 후	Ⅳ, Ⅰ, Ⅲ
Ⅱ는 Ⅰ 전, Ⅳ 후	Ⅳ, Ⅱ, Ⅰ, Ⅲ
Ⅴ는 Ⅲ전, Ⅱ 후	Ⅳ, Ⅱ, Ⅴ, Ⅰ, Ⅲ 혹은 Ⅳ, Ⅱ, Ⅰ, Ⅴ, Ⅲ
Ⅴ는 세 번째 수가 아니다.	Ⅳ, Ⅱ, Ⅰ, Ⅴ, Ⅲ

훼손된 성적 자료

아래의 표는 인원수 40명인 어느 학급의 테스트 결과를 정리한 것인데 일부가 파손되어 있습니다. 이 학급의 평균은 5.3점입니다. 다음 물음에 답하세요.

점수	0	1	2	3	4	5	6	7	8	9	10
명수	1	0	3		5	7	10		2	2	1

(1) 점수가 3점, 7점인 학생은 각각 몇 명인가요?

(2) 점수가 3점 이하인 학생은 전체의 몇 %인가요?

(1) 3점인 학생을 x명, 7점인 학생을 y명이라고 하면,

$1+0+3+x+5+7+10+y+2+2+1=40 \Leftrightarrow x+y=9$ … ①

$$\frac{0\times1+1\times0+2\times3+3\times x+4\times5+5\times7+6\times10+7\times y+8\times2+9\times2+10\times1}{40}=5.3$$

$\Leftrightarrow 165+3x+7y=212 \quad \Leftrightarrow 3x+7y=47$ … ②

②−①×3에서 $4y=20 \quad \therefore y=5 \quad \therefore x=4$

따라서 3점인 학생은 4명, 7점인 학생은 5명입니다.

(2) 3점 이하인 학생은 $1+0+3+4=8$, 즉 8명입니다.

따라서, $\frac{8}{40}\times100=20(\%)$

문제 난이도 그래프

논리력 ■■■■
사고력 ■■■
창의력 ■■■

벌레 먹은 곱셈식

오른쪽은 곱셈 계산식입니다. □ 하나에 숫자 하나가 들어가고, 글씨 한 글자는 숫자 하나를 나타내며 글자가 다르면 숫자도 각각 다릅니다. '총'이라는 글자가 2보다 큰 숫자를 나타낸다면 '총결승'이 나타내는 3자리 숫자는 몇일까요?

		총	결	승
×			환	영
		□	□	□
□	□	□	□	
1	9	9	4	승

풀이

만일 '영'이 3이면 '총'은 2보다 커야 하므로 4이상이 됩니다. '영'이 4이상이라도 '총'은 3이상이 됩니다. 어느 쪽이든 '총×영'은 10이상이 되어 셋째 줄의 숫자가 네 자릿수가 됩니다. 따라서 '영'은 2이하이어야 합니다.

곱셈의 결과인 다섯째 줄의 일의 자리가 '승'이므로 '영'은 1이어야 합니다.

한편, 셋째 줄과 넷째 줄의 배치로 미루어 보면 전체는 [그림 A]나 [그림 B] 중의 하나입니다. [그림 A]의 경우는 '총'=9, '환'=2로 결정되어 바로 막혀 버립니다. 따라서 B쪽으로 생각해야 합니다.

[그림 A]

		총	결	승
×			환	1
		9	□	승
1	8	9	□	
1	9	9	4	승

[그림 B]

		총	결	승
×			환	1
		□	□	승
1	9	□	□	
1	9	9	4	승

이렇게 하면 곱셈식 전체의 윤곽이 나타납니다.

```
         3  2  7
×           6  1
----------------
         3  2  7
   1  9  6  2
----------------
   1  9  9  4  7
```

즉, '총결승' 이 나타내는 숫자는 327입니다.

벌레 먹은 덧셈식

문제 난이도 그래프

논리력 ■■■
사고력 ■■■
창의력 ■■■

임의로 다섯 자리의 수를 쓰고, 이 수를 역으로 하여 임의의 다섯 자릿수와 더합니다.

예를 들어 다섯 자릿수를 82391이라고 한다면, 오른쪽과 같이 계산합니다. 어떤 다섯 자릿수에 대하여, 이처럼 계산을 하였더니, 그 합이 163535가 되었습니다.

$$\begin{array}{r} 8\ 2\ 3\ 9\ 1 \\ +\ 1\ 9\ 3\ 2\ 8 \\ \hline 1\ 0\ 1\ 7\ 1\ 9 \end{array}$$

이때 어떤 수의 100자리의 수 (아래 계산의 ◯)를 구하세요.

$$\begin{array}{r} \square\ \triangledown\ \bigcirc\ \diamond\ \triangle \\ +\quad \triangle\ \diamond\ \bigcirc\ \triangledown\ \square \\ \hline 1\ 6\ 3\ 5\ 3\ 5 \end{array}$$

풀이

1, 10, 1000, 10000의 자릿수는 여러 가지로 취할 수가 있으나, 100의 자릿수만은 딱 한 가지로 결정됩니다.

합의 결과 1의 자릿수는 5입니다. 이것으로부터 △과 □의 합은 5이거나 15입니다. 그러나 5로 계산하면 제일 높은 두 자릿수인 16이 나오지 않습니다. 따라서 △+□=15로 결정됩니다.

지금 10000의 자릿수는 □, 1000, 100 그리고 10의 세 개의 자릿수는 0, 1의 자릿수를 △로 하여 오른쪽 계산처럼 써봅시다. 그렇다면 결과는 150015이므로

$$\begin{array}{r} \square\ 0\ 0\ 0\ \triangle \\ +\ \triangle\ 0\ 0\ 0\ \square \\ \hline 1\ 5\ 0\ 0\ 1\ 5 \end{array}$$

163535－150015＝13520이 나옵니다.

이것에 주의하면, 가운데의 세 자릿수는

$$\begin{array}{rcccc} & & ▽ & ◯ & ◇ \\ + & & ◇ & ◯ & ▽ \\ \hline & 1 & 3 & 5 & 2 \end{array}$$

가 될 것입니다. 마찬가지 방법으로, 1의 자릿수의 2를 보면, ◇과 ▽의 합은 2 혹은 12입니다.

2로 계산하면 제일 높은 두 자리 수의 13이 나오지 않습니다.

그리하여 ◇+▽=12가 결정됩니다.

100의 자릿수는 ▽, 10의 자릿수는 0, 1의 자릿수는 ◇로 하여 오른쪽 계산처럼 써봅시다.

$$\begin{array}{rccc} & ▽ & 0 & ◇ \\ + & ◇ & 0 & ▽ \\ \hline 1 & 2 & 1 & 2 \end{array}$$

결과는 1212이므로 1352−1212=140에 주의하면, ◯을 2개 더한 것은 14인 것을 알 수 있습니다. 따라서 원래의 다섯 자릿수의 100의 자릿수는 7이 됩니다.

벌레 먹은 나눗셈식

문제 난이도 그래프
논리력 ■■■
사고력 ■■■■
창의력 ■■■

다음의 대화를 보고 문제를 풀어봅시다.

마테 : "별표로 숫자를 가려 놓은 문제에 얼룩이 졌는데 이 상태에서 문제를 풀 수 있을까?"

코이 : "어떤 문제인데? 넌 풀어 보았니?"

마테 : "응, 그런데 얼룩지기 전에 풀어 보았어."

코이 : "얼룩진 곳은 원래 별표였니 아니면 숫자였니?"

마테 : "음, 한 자릿수의 숫자였어. 그런데 그 숫자는 이 계산 전체에서 두 군데에서만 쓰였어."

(* 은 한 자릿수 숫자 1개를 나타냅니다.)

```
                  * 8 * * *
      * ● * ) * * * * * * 8 3 *
              * * * *
              -------
                * * * *
                  * * *
                -------
                  * * *
                  * * *
                  -------
                    * * *
                    * * *
                    -----
                        0
```

얼룩진 곳, 즉 나누는 수의 십의 자리를 △로 표시합니다.

(* △ *) × 8을 계산한 5번째 줄에 세 자릿수가 있고, 125 × 8 = 100이므로 (* △ *)

는 124 이하입니다.

한편, 셋째 줄은 네 자릿수이므로, (＊△＊)는 112 이상이 되어야 합니다. 왜냐하면 111 이하이면 9를 곱해도 네 자릿수가 되지 않기 때문입니다.

이 두 가지 조건과 '△는 두 번밖에 쓰이지 않았다' 는 조건을 동시에 만족시키는 △는 2밖에 없으므로, 나누는 수는 120～124입니다.

두 번째 줄의 3은 8번째 줄까지 내려오므로 '나누는 수×(나눗셈 결과의 끝 부분)' 의 십의 자릿수가 3입니다. 그렇다면 가능성은 122×6＝732나 123×6＝738인데, '△은 두 번밖에 쓰이지 않는다' 고 했으므로 두 번째가 맞습니다. 따라서 답은 다음과 같습니다.

```
                  9 8 7 0 6
          ___________________
1 2 3 ) 1 2 1 4 0 8 3 8
        1 1 0 7
        -------
          1 0 7 0
            9 8 4
          -------
            8 6 8
            8 6 1
            ---------
              7 3 8
              7 3 8
              -----
                  0
```

훼손된 성적표

문제 난이도 그래프
논리력 ■■■
사고력 ■■
창의력 ■■

다음 표는 어떤 클래스 50명의 영어와 수학 성적을 정리한 것입니다. 그런데 알파벳이 기입되어 있는 부분의 숫자를 읽을 수 없게 되었습니다.

(1) 읽을 수 없게 된 숫자를 구하세요.

(2) 수학 성적이 3인 학생 중에서 한 명의 학생을 임의로 고를 때, 그 학생의 영어 성적이 4일 확률을 구하세요.

(3) 2명의 학생을 임의로 고를 때, 그 2명의 수학 성적이 같을 확률을 구하세요.

수학 \ 영어	5	4	3	2	1	계
5	1	A	0	0	0	2
4	0	3	B	0	0	7
3	C	D	E	F	0	G
2	0	1	X	0	1	7
1	0	0	Y	1	1	2
계	2	Z	32	7	2	50

풀이

(1)

A	B	C	D	E	F	G	X	Y	Z
1	4	1	2	23	6	32	5	0	7

(2) $\frac{2}{32}=\frac{1}{16}$

(3) $\frac{{}_{2}C_{2}+{}_{7}C_{2}+{}_{32}C_{2}}{{}_{50}C_{2}}=\frac{108}{245}$

문제 난이도 그래프
논리력 ■■■■
사고력 ■■■■
창의력 ■■■

동그라미 안에 수 넣기

그림의 7개 원 안에 연속하는 7개의 자연수를 넣어, 서로 이웃하는 원 안의 숫자의 합이 원끼리 연결한 선 위에 쓰인 숫자가 되도록 합니다. 자, A의 원에 써 넣을 숫자를 맞춰 보세요.

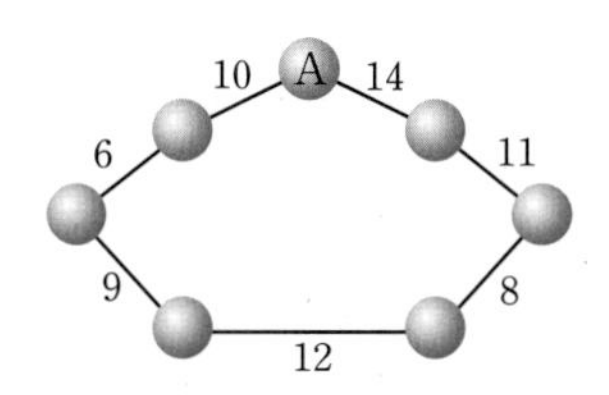

풀 이

7개의 '이웃한 수의 합'의 합계는 70입니다. ● 의 숫자는 2번씩 더한 것이 되므로 연속하는 '7개의 자연수의 합'은 70÷2=35가 됩니다. 그러므로 연속하는 7개의 숫자는 2에서 8입니다. 서로 이웃하는 수의 합이 6이 되는 곳이 있는데, 그것은 2+4의 경우뿐입니다.

A에서 왼쪽으로 두 번째를 4, 바로 왼쪽을 2로 하여 지정된 합이 되도록 오른쪽으로 돌아가면서 수를 넣으면, 1을 넣게 되어 '2에서 8까지'의 조건에 맞지 않습니다.

그래서, A에서 왼쪽으로 두 번째를 2, 바로 왼쪽을 4로 놓고 계산하면 그림과 같이 모순되는 곳 없이 원 안을 채워 넣을 수 있습니다.

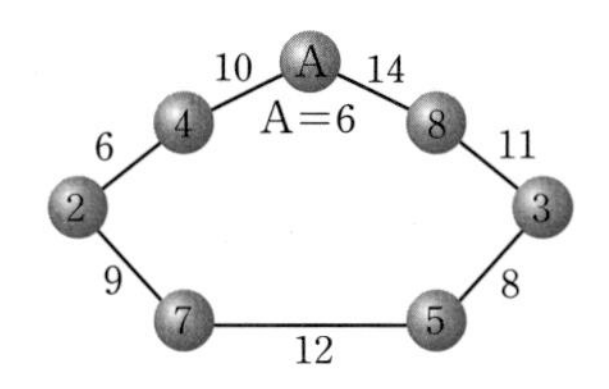

오륜 마크에 숫자 새기기

문제 난이도 그래프
논리력 ■■■■
사고력 ■■■■■
창의력 ■■■■

아래 그림은 올림픽 오륜 마크입니다. a에서 i까지의 위치에 1에서 9까지의 정수를 1개씩 써 넣어, 하나의 원으로 둘러싸인 수의 합이 모두 같아지게 해봅시다. 단, 하나의 정수는 한 번밖에 쓸 수 없습니다. 이때 하나의 원에 둘러싸인 수의 합은 얼마일까요?

가장 큰 경우의 숫자와 작은 경우의 숫자를 이용해 답하세요.

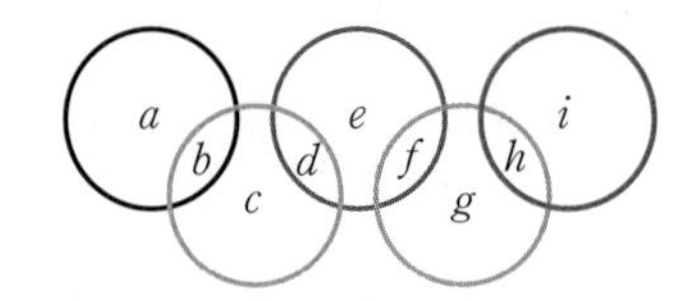

풀이

구하려고 하는 '원 하나에 둘러싸인 수의 합'을 k라고 합니다.

$$5\times k=(a+b)+(b+c+d)+(d+e+f)+(f+g+h)+(h+i)$$

$$=(a+b+c+d+e+f+g+h+i)+(b+d+f+h)$$

$$=45+(b+d+f+h)$$

$$=5\times 9+(b+d+f+h)$$

$(b+d+f+h)$도 5의 배수라는 것을 알 수 있습니다.

구하려고 하는 것은 최대의 k와 최소의 k이므로 $b+d+f+h$에 대입할 수 있는 최대의 수는 $9+8+7+6=30$이고, 가장 작은 수는 $1+2+3+4=10$입니다.

대입해서 계산하면 k는 최대 15, 최소 11입니다. 각각의 그림을 완성시킬 수 있는지 없는지 확인합니다.

i) $k=15$이고 $b+d+f+h=30$일 때,

b, d, f, h에 해당하는 숫자는 9, 8, 7, 6뿐입니다. 이 숫자를 어떻게 배열하든 9를 포함한 원 안의 숫자의 합이 15를 넘기 때문에 $k=15$가 아닙니다.

ii) $k=14$이고 $b+d+f+h=25$일 때,

b, d, f, h는 여러 가지 조합을 생각할 수 있기 때문에, 숫자는 한 번밖에 쓸 수 없다는 사실을 기억하며 $k=14$가 될 수 있는 숫자들을 조사합시다. 그렇다면 다음의 그림 같이 오륜을 완성할 수 있습니다. 따라서 k의 최대는 14입니다.

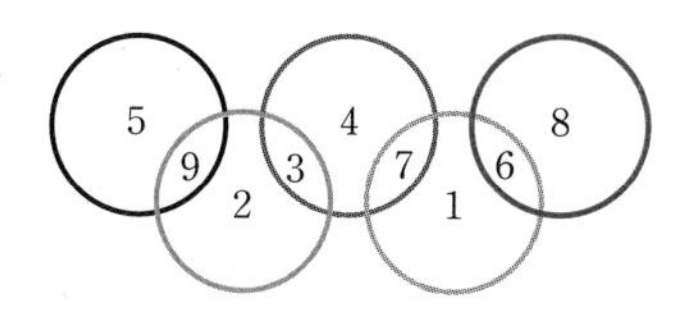

iii) 이제 최소의 k를 구하여 봅시다.

$k=11$일 때 $b+d+f+h=10$

$b+d+f+h=10$이 되는 b, d, f, h는 1, 2, 3, 4의 조합뿐입니다. 이 숫자들을 문제가 제시한 조건대로 늘어놓아 아래와 같은 오륜을 완성해 봅시다.

따라서, k의 최소값은 11입니다.

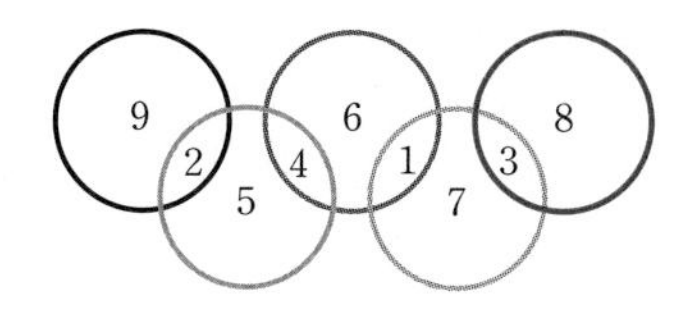

디지털 신호체계의 수의 추리

디지털은 지식 정보화 사회에서 첨단기술의 대명사처럼 쓰이고 있습니다. 그러나 디지털(Digital)은 사람의 손가락이나 동물의 발가락을 의미하는 디지트(digit)에서 유래한 말입니다. 그렇다면 디지털을 수학적 개념으로 접근해 볼까요.

수학에서 손가락으로 꼽아가며 셀 수 있는 것은 자연수이며, 이 자연수는 불연속적인 특성을 갖습니다.

이처럼 디지털이란 분명하게 구분되는 몇 개의 불연속적인 원소들의 조합으로 세상을 표현하고 전달하는 방식입니다. 그래서 디지털은 애매모호한 점이 없고, 정밀도를 높일 수 있다는 특징이 있습니다.

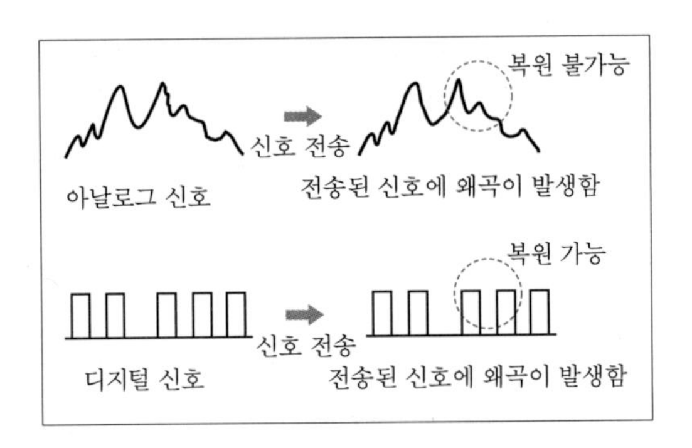

이에 비해 아날로그(analog)는 세상을 연속적이고 있는 그대로 표현합니다. 이 방법은 저장하거나 전달하는 과정에서 정보의 왜곡이 발생할 수 있으며 과정을 복원할 수 없습니다. 그러나 디지털은 0, 1과 같이 불연속의 데이터로 표현해 왜곡된 값을 예측 또는 확인할 수 있습니다. 그래서 디지털 방식의 대부분은 원래 신호로 완벽하게 복원이 가능합니다.

디지털이 가진 성질은 0에서 9까지의 불연속적인 자연수로 이루어진 수에서 훼손된 부분을 찾아내어 원래의 모습으로 만드는 벌레 먹은 셈과 같습니다. 이런 이유로 우리는 아날로그보다 디지털을 더 선호할 수밖에 없는 것입니다.

디지털의 복원 가능하다는 성질을 이용하여 옛날에 아날로그 방식으로 제작되었던 그림이나, 음악, 영화 등을 디지털 신호체계로 전환시킬 수 있습니다. 지금도 수많은 아날로그 방식의 문화의 훼손된 부분을 복원하여 본 모습을 되찾아 가는 작업들이 활발히 진행되고 있습니다.

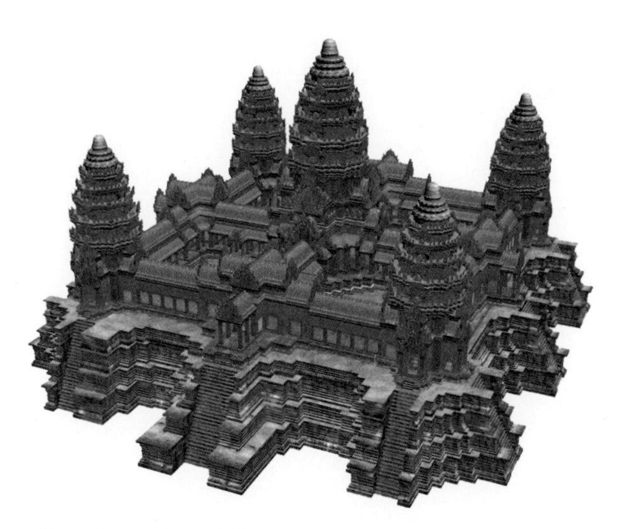

앙코르와트의 디지털 복원

자연 현상은 아날로그 신호 체계를 따른다고 할 수 있습니다. 그러나 막상 미시적(몹시 작은 현상 또는 개별적인 분석) 세계를 들어다 보면 반드시 그런 것만은 아닙니다. 1953년 DNA의 이중나선 구조를 밝힌 클릭과 왓슨의 연구에 따르면 DNA는

4개의 염기배열에 수많은 유전 정보를 기억한다고 합니다. DNA의 유전정보를 저장하는 방식은 바로 디지털 방식과 유사하다고 할 수 있습니다. 즉, 생명체의 유전이나 원자나 분자도 불연속적이며 셀 수 있는 개념입니다. 이는 복원이나 복제 등과 같은 오늘날의 생명공학시대를 열 수 있게 해 준 아주 중요한 발견이었습니다.

옛 문화의 복원, 생명체의 복원 등의 암호를 풀거나 훼손된 부분을 원래의 모습으로 바꾸어주는 수의 추리는 수학적 사고에서 출발한 것들이라고 할 수 있습니다.

5장

놀이로 하는 수학

퍼즐

인간에게는 사고하고 이미지화하는 뛰어난 능력이
나면서부터 주어져 있다.
이 능력을 충분히 발휘하여 어떻게 소원을
이루어 나가느냐 하는 것은 개인의 문제이다.
신념이란 바꿔 말하면 생각하는 힘이다.
– 랄프 W. 트라인

사고력 수학퍼즐

★★★★★

공장 이등분하기

12개의 성냥개비가 있습니다. 그 중에 9개의 성냥개비로 다음의 공장 모양을 만들었습니다. 나머지 3개의 성냥개비를 사용하여 공장을 같은 넓이로 2등분 해봅시다. 단, 성냥을 부러뜨리거나 겹치거나 밖으로 삐져나오게 하면 안 됩니다.

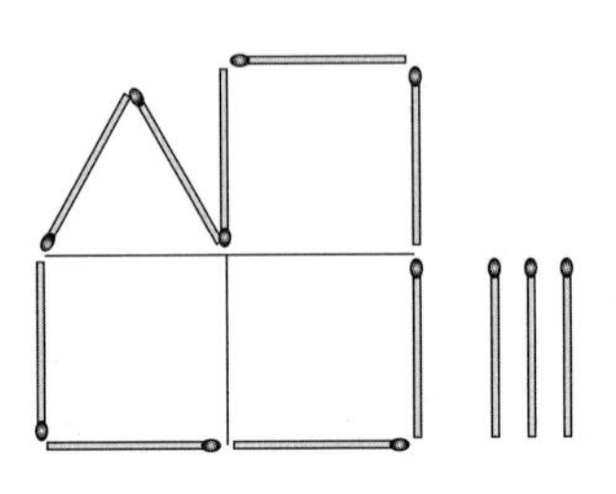

풀이

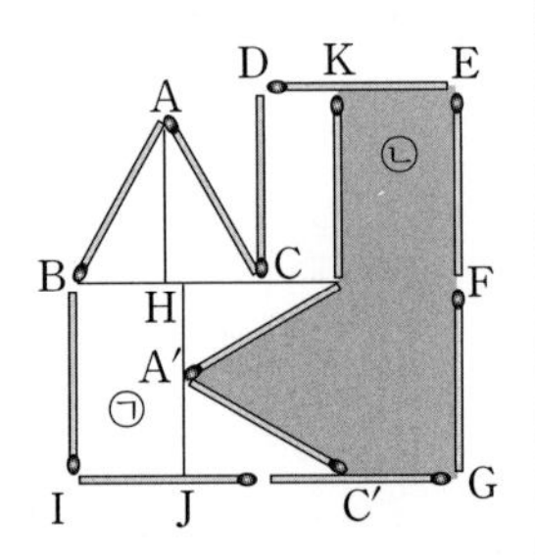

오른쪽 그림에서 ㉠ 부분의 넓이

$=\triangle ABC+\square DCB'K+\square BIJH+2\triangle HAB'$

㉡ 부분의 넓이$=\triangle A'B'C'+2\square KB'FE$

여기서, (㉠ 부분의 넓이)=(㉡ 부분의 넓이)이어야 합니다.

$\triangle ABC=\triangle A'B'C'$이므로

$\square DCB'K+\square BIJH+2\triangle HAB'=2\square KB'FE$이면 됩니다.

성냥개비 하나의 길이를 1로 보고, $\overline{DK}=x$라 하면,

$$\overline{AH}=\overline{AH'}=\frac{\sqrt{3}}{2},\ \overline{KE}=1-x$$

$$\overline{BH}=2-(\overline{AH'}+\overline{B'F})=2-\left(\frac{\sqrt{3}}{2}+1-x\right)=x+1-\frac{\sqrt{3}}{2}$$

그러므로, $\square DCB'K+\square BIJH+2\triangle HAB'$

$$=x+\left(x+1-\frac{\sqrt{3}}{2}\right)+2\times\frac{\sqrt{3}}{8}=2x+1-\frac{\sqrt{3}}{4}\ \cdots ①$$

또, $2\square KB'FE=2(1-x)\ \cdots ②$

①=②에서 $2(1-x)=2x+1-\frac{\sqrt{3}}{4}$을 풀면 $x=\frac{4+\sqrt{3}}{16}$

따라서, 변 DE 길이의 $\frac{4+\sqrt{3}}{16}$이 되는 곳에 성냥개

비를 하나 놓고, 그 아래 두 개의 성냥개비로 삼각형이 되도록 놓으면 공장의 넓이를 이등분하게 됩니다.

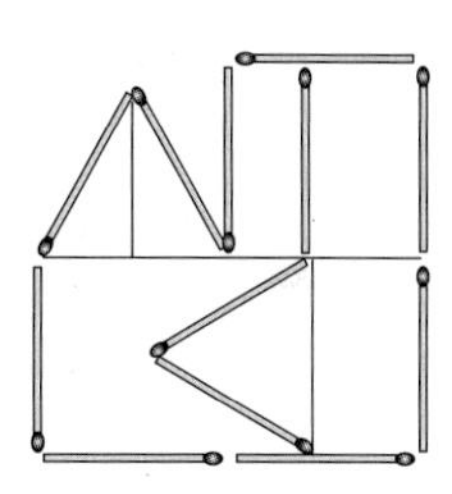

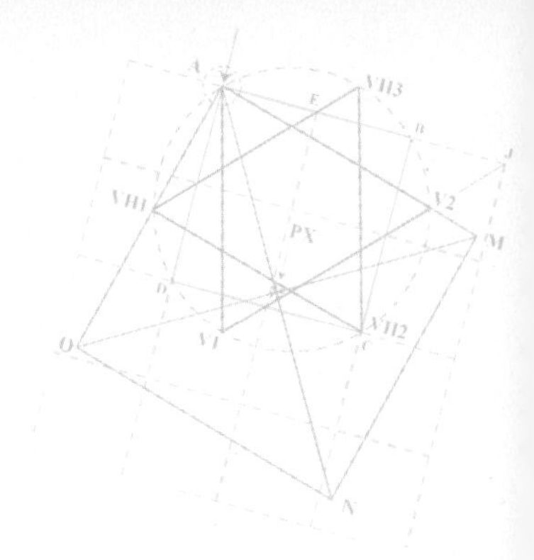

수학의 시작이요 끝인 사고력

인간이 세상의 지배자가 될 수 있었던 가장 큰 이유는 다른 생물체에 비해 사고력이 높기 때문입니다. 이 사고력의 핵심은 논리력과 창의력입니다. 또 이를 바탕으로 이루어진 학문이 바로 수학입니다. 따라서 수학을 잘하기 위한 필수 조건은 공식을 암기하고 문제를 많이 푸는 것이 아닙니다.

수학을 잘하기 위해서는 사고력의 핵심 요소인 논리력과 창의력을 강하게 키우는 것이 중요합니다.

예를 들어, 사칙 연산을 암산으로 해결하는 초등학생에게

"일곱 채의 어느 저택에 일곱 마리씩의 고양이가 살고 있다. 각각의 고양이에게 일곱 마리씩의 쥐가 잡히고, 각각의 쥐도 일곱 개씩의 보리 이삭을 먹는다. 각각의 이삭도 칠 홉의 보리를 수확할 수 있다. 이들 모든 수의 합은?"

이라고 질문을 던지면 선뜻 답을 못하는 경우가 많습니다.

이는 곱셈은 잘 하지만 곱셈의 개념이 무엇인지 확실히 알고 있지 못하기 때문입니다.

연령에 따라 차이는 있겠지만 사고력을 키우기 위한 수학 공부는 다음과 같습니다.

첫째, 수학이라는 대상을 직접 조작도 해보고, 활동도 해 봄으로써 원리를 정확하게 이해하고, 그 바탕 위에서 적응력과 응용력을 기르도록 노력해야 합니다.

둘째, 스스로 호기심을 가지고 직접 문제를 해결해 나갈 수 있는 적극적인 학습태도를 갖는 것이 중요합니다.

셋째, 생각하는 힘을 길러주는 수학공부이어야 합니다. 스스로 생각하는 힘은 창의력의 원동력입니다.

21세기 지식 정보화 사회 속에서 살아남기 위해서는 남다른 창의력이 필요합니다. 이제 수학은 단순한 연산의 반복이나 과도한 문제 풀이에 있는 것이 아닙니다.

이런 변화에 발맞추어 사고력을 키우기 위한 다양한 도구들이 많이 쏟아지고 있습니다. 사고력을 키우기 위한 도구로는 성냥개비, 색종이, 블록, 저울, 거울, 동전 등을 활용할 수 있습니다. 이 도구들은 원래의 목적과 가치를 넘어서 사고력을 키우는 훌륭한 소재가 될 수 있습니다.

목적지로 가는 길은 여러 가지입니다. 때로는 좀 멀더라도 우회하여 갈 필요도 있습니다. 수학은 단기간에 강화되는 학문이 절대로 아닙니다. 스스로 생각하는 힘으로 차곡차곡 쌓아가는 학습이 절대적으로 필요한 학문입니다. 사고력! 수학의 시작이자 끝입니다.

울타리 개조하기

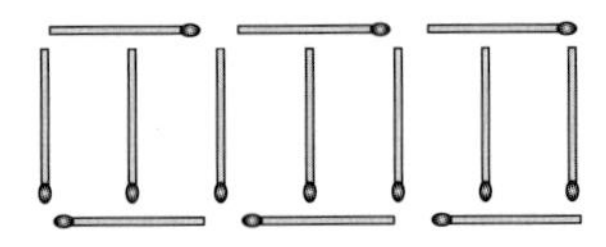

6마리의 양을 키우는 농부가 살고 있었습니다. 농부는 한 칸에 한 마리씩 넣을 수 있는 우리에서 양들을 키우고 있었습니다. 그러던 어느 날 울타리의 나무 하나를 도둑맞았습니다. 농부는 성냥개비 13개를 이용하여 오른쪽 그림과 같이 도둑맞기 전의 울타리 모양을 만들어 고민하기 시작했습니다. 12개의 성냥으로 어떻게 하면 이전처럼 6개의 방을 만들 수 있을까요? 자! 어떻게 하면 좋을까요?

12개의 성냥개비로 삼각형을 만들면 6개의 칸이 나올 수 있습니다. 아래 그림 이외에도 다양한 모양을 만들어 봅시다.

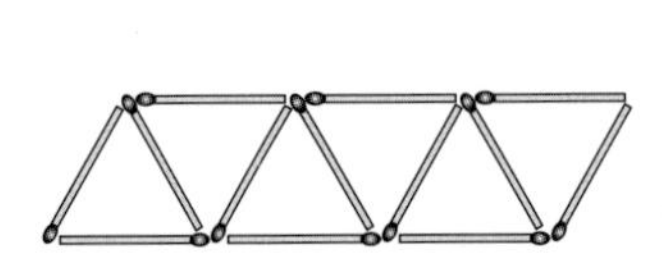

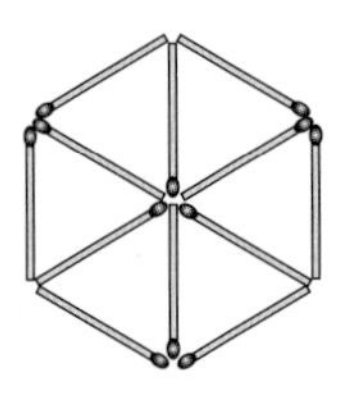

1 단계 주제를 이해하는 문제 2

무게가 다른 두 물체 균형잡기

무게가 다른 ◯, ▲, ⏢, □의 4가지 모양의 물체가 있습니다. 이 물체를 양팔 저울에 균형있게 올려놓았더니 오른쪽 그림과 같았습니다. 이때, ◯ 모양과 균형을 이루기 위해서는 □ 모양의 물체가 몇 개 필요할까요?

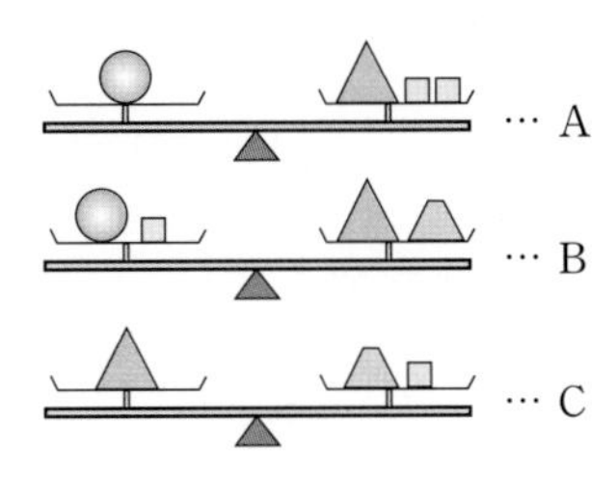

풀이

A저울에 의해 ◯=▲□□ …①

양 접시에 □를 올려놓으면 ◯□=▲□□□ …②

B저울에 의해 ◯□=▲⏢ 이므로 이를 ②에 대입하면

▲⏢=▲□□□ ∴ ⏢=□□□ …③

또, C저울에서 ▲=⏢□ 이므로 ③을 대입하면

▲=□□□□ …④

④를 ①에 대입하면 ◯=□□□□□□

따라서, ◯ 모양과 □ 모양 6개가 균형을 이룹니다.

정육면체 96개 만들기

파란색이 칠해진 정육면체가 있습니다. 이 정육면체를 나누어 한 면만 파란색인 정육면체 96개를 만들려고 합니다. 가로, 세로, 높이 각각 몇 번씩 자르면 될까요?

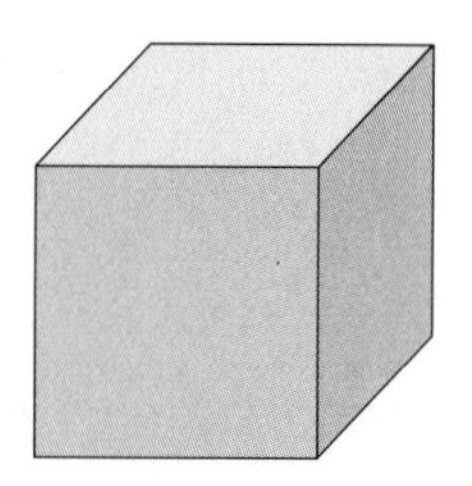

풀이

오른쪽 그림과 같이 나누면, 겉면의 모서리를 끼지 않은 부분을 가지고 있는 정육면체 한 면이 파란색이 됩니다.

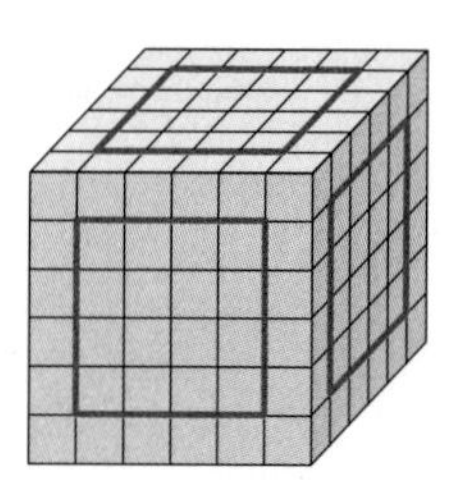

96개의 작은 정육면체를 만들려면 정육면체는 면이 6개이므로 한 면에서 16개씩 만들면 됩니다.

따라서 가로, 세로, 높이를 각각 5번씩 자르면 됩니다.

1 성냥개비 퍼즐

프랑스의 천재 작가 베르나르 베르베르를 알고 있나요? 그에게 천재 작가라는 찬사를 받게 해준 소설이 바로 『개미』라는 작품입니다. 그러나 이 작품은 결코 그가 타고난 천재였기에 나온 우연의 산물이 아닙니다. 『개미』는 작가의 오랜 노력에 의한 필연의 산물입니다.

베르나르 베르베르의 『개미』

베르베르의 개미 관찰은 개미의 일하는 모습에 매료되어 개미집을 부수지 않게 된 열두 살 무렵부터 시작되었고, 개미집을 자신의 방안에 아예 들여앉혔던 열일곱 살 때부터 소설 『개미』의 이야기 구상이 시작되었습니다. 그러나 집필의 직접적 동기가 된 것은 1983년 〈뉴스〉 재단에서 개최한 어느 대회에서 '아프리카 개미에 관한 보고서' 로 호평을 받고, 곧바로 아프리카 코트디부아르로 가서 '마냥개미' 를 관찰하고 돌아온 뒤입니다. 베르베르는 12년간 120번에 가까운 개작을 거듭한 끝에 1991년 봄, 소설 『개미』를 발표하였고, 이 소설로 그는 '과학과 미래' 의 그랑프리와 '팔리시 상' 을 받았습니다. 그 이후 그는 천재 작가라는 찬사를 받을 수 있었던 것입니다.

작가는 소설 『개미』 곳곳에서 퍼즐 형식의 질문과 힌트를 독자들에게 던지고 있습니다.

Q1. 여섯 개의 성냥개비로 네 개의 정삼각형을 만들어라.

힌트 다른 방식으로 생각하라.

Q2. 다음 열에 나올 수는?

힌트 아이처럼 생각하라.

1 1
1 2
1 1 2 1
1 2 2 1 1 1
1 1 2 2 1 3

Q3. 성냥개비 6개로 정삼각형 6개를 만들어라.

힌트 평범하게 생각하라.

Q4. 성냥개비 6개로 정삼각형 8개를 만들어라.

힌트 비춰보아라.

이 퍼즐들의 해답은 이미 잘 알려져서 누구나 쉽게 대답할 수 있습니다. 그러나 이 책이 발간된 초기에 이 문제들은 우리의 머리에 신선한 자극을 주었습니다.

처음 나온 퍼즐의 힌트 "다른 방식으로 생각하라"는 이 소설의 전반적인 주제라고 할 수 있습니다. 우리는 이 책을 통해 개미라는 작은 생물체를 통해 인간 중심의 세계관을 벗어날 수 있습니다. 또한 다른 눈높이에서 세상을 바라볼 수 있는 사고력도 키울 수 있지요.

소설 『개미』 속에는 성냥개비를 이용한 퍼즐문제 3가지가 나옵니다. 베르베르는 주변에 너무 흔해 주목을 받지 못하는 개미에게 관심을 갖고, 관찰하며 스스로 생각하는 힘을 키웠습니다. 그가 천재작가라는 찬사를 받을 만큼 훌륭한 창의력을 발휘할 수 있었던 것처럼 우리도 작은 성냥개비라는 일상의 도구를 잘 활용하면 능동적인 사고력을 키울 수 있습니다. 그래서 성냥개비 퍼즐 문제들은 우리에게 친숙한 사고력 키우기 도구로 많이 활용되고 있습니다. 이들을 유형별로 간략히 구분하여 보면 다음과 같습니다.

유형 1 사물의 모양 만들기

그림과 같은 고등어가 급식 시간에 나왔습니다. 너무 맛있어 순식간에 뼈만 남았습니다. 성냥개비 4개를 옮겨 다 먹은 고등어로 만들어 볼까요?

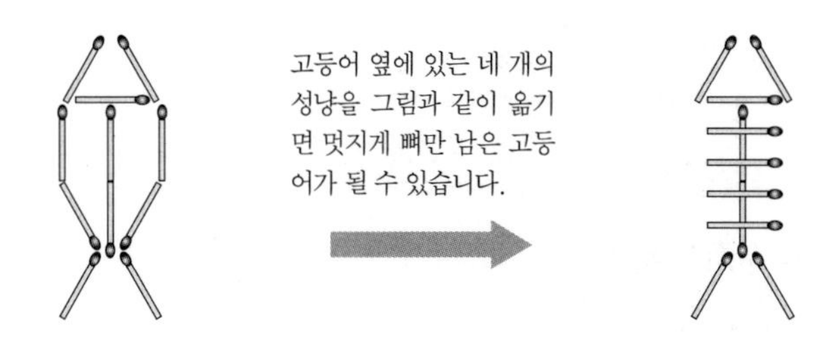

이처럼 물건이나 생물들의 모양을 성냥개비로 묘사하고 여기에 약간의 위트까지 겸비하여 사고력을 키워주는 문제들이 있습니다. 또는 여러 수식이나 문자를 만들어 내는 문제들도 있습니다. 물론 이미 주어진 문제를 직접 풀어 재미있게 사고력을 키우는 것도 중요합니다. 하지만 무엇보다 직접 이런 상황을 만들어보는 것이 더 훌륭한 사고력 키우기 훈련이 될 수 있습니다.

유형 2 여러 도형을 만들기

다음과 같이 성냥개비 12개를 이용하여 별 모양의 도형을 만들었습니다. 여기서 성냥개비 6개를 옮겨 마름모 3개를 만들어 보세요.

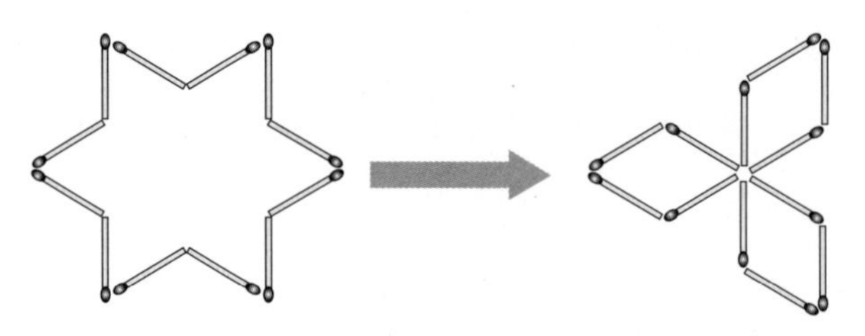

이 유형은 주어진 도형에서 성냥개비를 옮겨 다양한 도형을 만들 수 있으며, 새로운 도형으로 다양한 문제도 만들 수 있습니다.

유형 3 도형의 개수 증 · 감하기

그림처럼 성냥개비 9개로 정삼각형을 5개(큰 삼각형 1개, 작은 삼각형이 4개)를 만들었습니다. 한번에 성냥개비 2개만 움직여 정삼각형을 1개씩 감소시켜 보세요. 정삼각형이 몇 개가 될 때까지 감소시킬 수 있을까요? 정삼각형의 크기는 관계없고, 성냥개비를 꺾어 구부리거나, 포개서 놓거나, 교차시켜서는 안 됩니다.

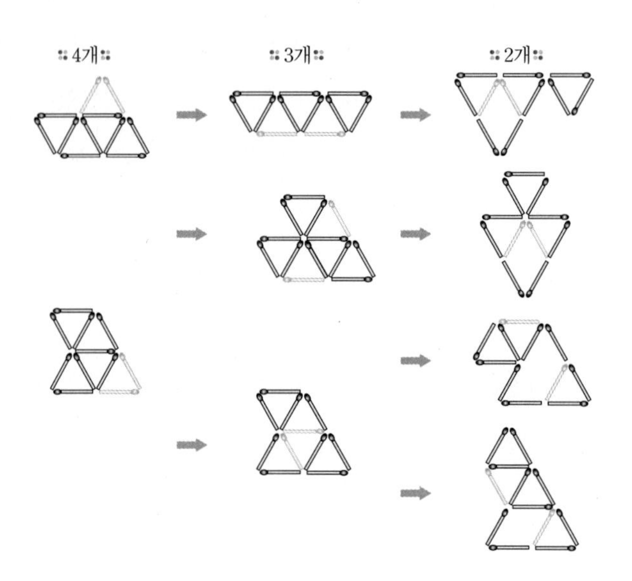

옆의 그림처럼 다양한 방법으로 삼각형의 개수를 감소시킬 수 있습니다. 이처럼 성냥개비를 이용하여 도형의 개수를 줄이거나 늘리는 유형의 문제도 창의력 사고에 도움이 됩니다.

유형 4 넓이 분할하기

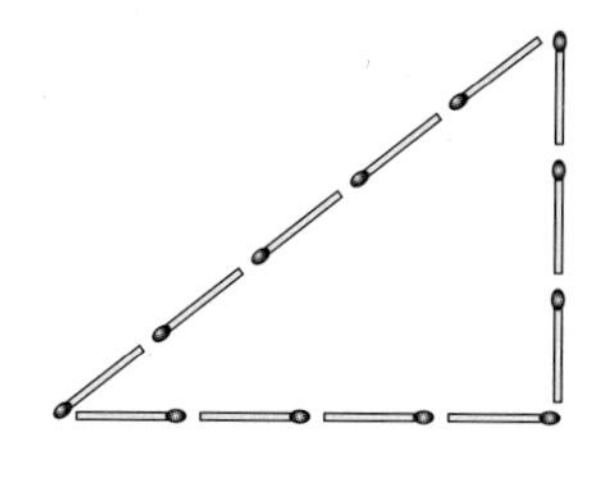

왼쪽 그림과 같이 12개의 성냥개비로 두 변이 3개, 4개, 빗변이 5개인 직각삼각형을 만듭니다. 성냥개비 한 개의 길이를 1이라고 하면 이 직각삼각형의 넓이는 6입니다. 성냥개비 몇 개를 이용하여 이 직각 삼각형의 넓이를 2등분하여 보세요.

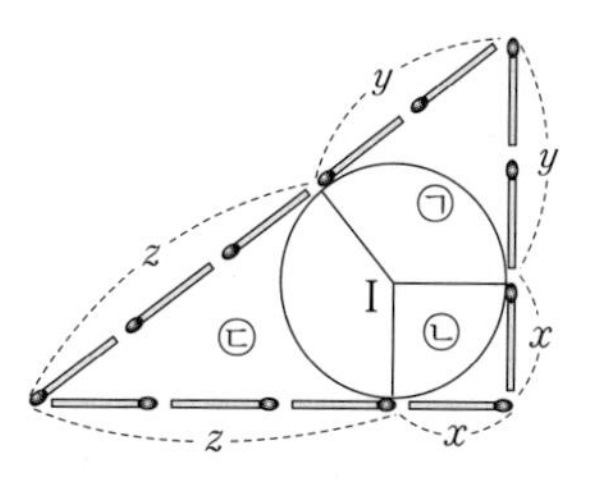

성냥개비로 삼각형의 넓이를 이등분하는 방법을 생각하기 위하여 분할 패턴의 기본형을 생각해 두는 것이 좋습니다. 직각삼각형의 내심을 I로 정하고 꼭지점에서 접점까지의 거리를 각각 x, y, z라 하면,

$$\begin{cases} x+y=3 \\ y+z=5 \\ z+x=4 \end{cases}$$

입니다. 이 연립방정식을 풀면, $x=1, y=2, z=3$ 이므로

(사각형 ㉠의 넓이)$=2\times\left(\frac{1}{2}\times1\times2\right)=2$

(정사각형 ㉡의 넓이)$=1$

(사각형 ㉢의 넓이)$=2\times\left(\frac{1}{2}\times1\times3\right)=3$

임을 알 수 있습니다.

이것을 바탕으로 다음과 같은 분할 패턴 4가지를 만들 수 있습니다.

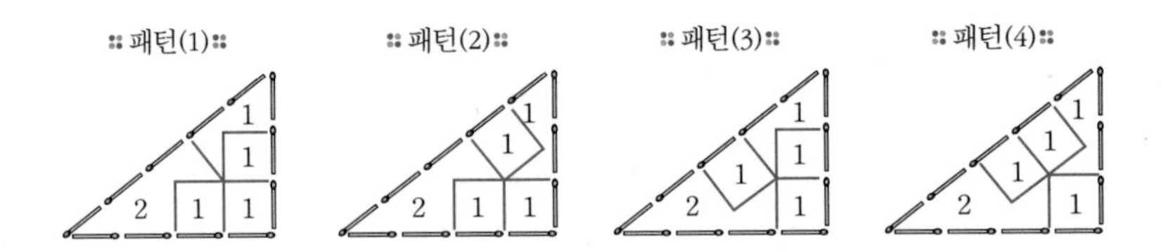

주어진 삼각형의 넓이가 6이므로 이등분한 한 쪽의 넓이가 3이 되어야 한다는 것과 분할 패턴을 활용하면 다양한 형태의 분할선을 만들어 낼 수 있습니다.

성냥개비 2개로 이등분하기	성냥개비 3개로 이등분하기	성냥개비 4개로 이등분하기

또, 다음과 같이 기본 패턴 선을 기준으로 성냥개비의 수를 늘리면서 삼각형을 이등분할 수 있는 방법도 있습니다.

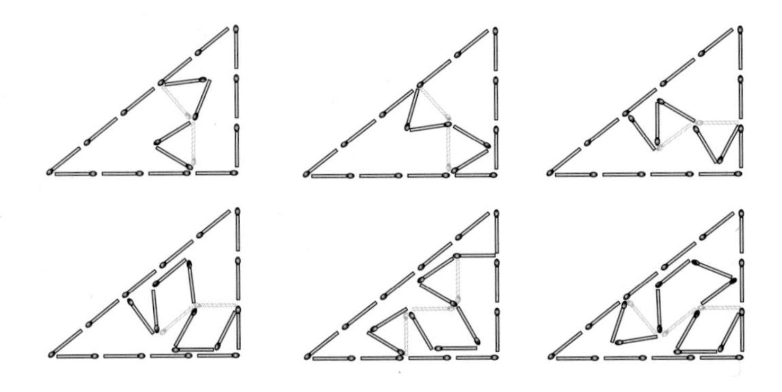

정말 다양하고 기발하게 삼각형을 이등분하고 있지요?

삼각형뿐만 아니라 여러 평면 도형을 분할하는 문제는 다양합니다. 여러분들은 이 분할 문제를 풀 때, 성냥개비를 하나의 선분으로 생각하세요. 그리고 도형에서 배운 기본 성질을 잘 생각한다면 얼마든지 재미있는 분할 문제를 직접 만들어 볼 수 있습니다.

유형 5 규칙 찾기

성냥개비로 다음과 같은 모양(정사각형)을 네 번째, 다섯 번째, …, 계속 만들어 나갑니다. 20번째에 있는 가장 작은 정사각형의 개수는 몇 개일까요? 또 그 때 사용된 성냥개비의 수를 모두 구하세요.

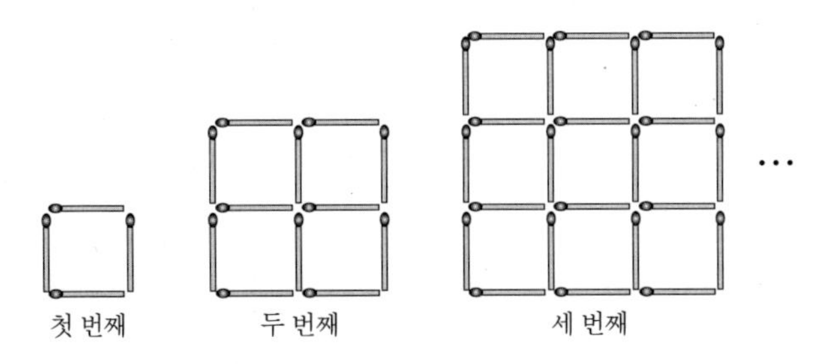

이런 유형의 문제는 규칙을 찾고 일반화된 식을 만들어 냄으로써 식이 지니는 장점을 활용하면 쉽게 문제를 풀 수 있습니다. 일반적으로 규칙을 찾기 위해서는 몇 차례 실제로 성냥개비를 놓아보거나, 그림을 그려 직접 개수를 세어서 표를 만들고 관계를 따져봅니다.

	정사각형의 개수	성냥개비의 개수
1번째	1	4
2번째	$2\times2=4$	$4+8$
3번째	$3\times3=9$	$4+8+12$
4번째	$4\times4=16$	$4+8+12+16$
⋮	⋮	⋮
n번째	$n\times n=n^2$	$4+8+12+16+\cdots+4n$

위의 표에서 보면 알 수 있듯이 20번째 정사각형의 개수는 $20^2=400$(개)이고, 성냥개비의 개수 S는

$$\begin{array}{rl} S= & 4 + 8 + 12 + \cdots + 4(n-1) + 4n \\ +)\ S= & 4n + 4(n-1) + 4(n-2) + \cdots + 8 + 4 \\ \hline 2S= & 4(n+1) + 4(n+1) + 4(n+1) + \cdots + 4(n+1) + 4(n+1) \end{array}$$

$$\therefore S=\frac{n\times 4(n+1)}{2}=2n(n+1)$$

이라는 식이 유도됩니다. 즉, 20번째의 성냥개비의 수는 $2\times 20\times 21=840$(개)입니다. 물론 이 방법만이 정답인 것은 아닙니다. 다음과 같은 방식으로도 쉽게 규칙을 구할 수 있습니다.

세 번째 성냥개비의 나열을 살펴보면 가로줄에 성냥개비 3개의 $(3+1)$줄이 있습니다. 마찬가지로 세로줄에도 3개의 $(3+1)$줄이 있습니다. 따라서, 이때 성냥개비의 개수는

$$3\times(3+1)+3\times(3+1)=2\times 3\times(3+1)$$

이 됩니다. 네 번째, 다섯 번째, …, 에서도 이와 마찬가지이므로 일반화 해봅시다. 그렇다면 n번째의 경우 $2n(n+1)$개의 성냥개비가 필요합니다.

규칙을 찾는 정해진 방법이 있는 것은 아닙니다. 여러분은 자유롭게 여러 각도로 생각해 볼 수 있으며, 그에 따라 여러 가지 방법이 나올 수 있습니다. 규칙을 찾아 일반화된 식으로 문제를 해결하는 것은 수학적 사고력에 있어서 아주 중요한 위치를 차지합니다. 그러므로 많은 연습이 필요한 부분이라 할 수 있습니다.

지금까지 성냥개비로 사고력을 키울 수 있는 여러 유형을 알아보았습니다. 이 밖에도 성냥개비를 옮겨 잘못된 식을 바르게 만든다거나, 숫자를 만드는 유형의 문제도 있습니다. 또는 성냥개비를 이용해 한글이나 한자, 영어로 글자 만들기 등 많은 문제들이 퍼즐 책이나 인터넷을 통해 소개되고 있습니다.

성냥개비 퍼즐은 사물을 깊이 생각할 수 있는 능력을 길러주고, 도형감각이나 역학적 기초관념을 심어주는데 큰 도움이 되는 놀이라고 할 수 있습니다.

2 단계 기초가 되는 문제 1

소설 『개미』 따라하기

(1) 아홉 개의 성냥개비로 세 개의 정사각형과 두 개의 정삼각형을 만들어 봅시다.

힌트 다른 방식으로 생각하라.

(2) 여덟 개의 성냥개비로 정사각형 14개를 만들어 봅시다. 정사각형의 크기가 모두 같지 않아도 좋습니다.

힌트 평범하게 생각하라.

(3) 성냥개비로 다음과 같은 두 수식을 만들었습니다. ⅰ)의 연산이 9825가 된다고 하면, ⅱ)의 연산 값은 얼마가 될까요?

힌트 보는 각도를 다르게 하라.

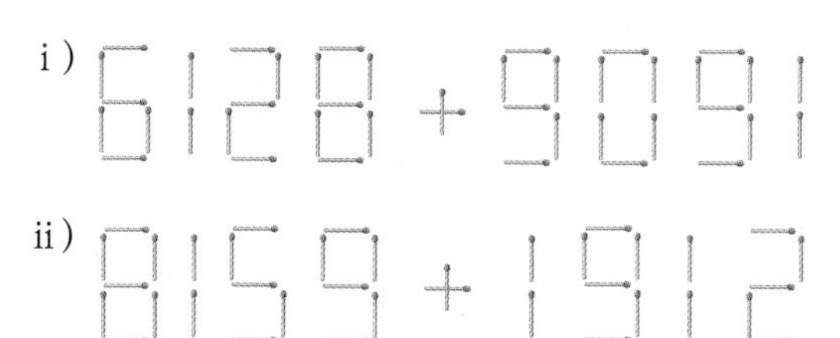

(1) 성냥개비는 평면 위에 나열하여 모양을 만든다는 생각만 하면 풀기 어려운 문제입니다. 그러나 사고의 범위를 공간으로 옮겨 보면 너무도 쉽게 해답이 나옵니다. 아홉 개의 성냥개비로 오른쪽 그림과 같은 삼각기둥을 만들면 됩니다.

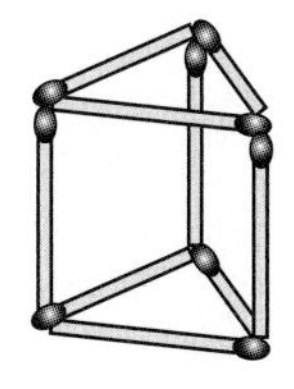

(2) 오른쪽 그림과 같이 성냥개비를 나열하면

큰 정사각형 : 1개
중간 정사각형 : 4개
작은 정사각형 : 9개

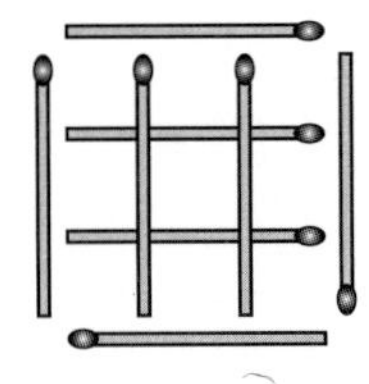

14개의 정사각형을 쉽게 만들 수 있습니다. 창의력의 발상은 언제나 특이한 것에서만 나오는 것은 아닙니다. 이처럼 평범한 곳에서도 발견할 수 있는 것이지요.

(3) 위 식을 거꾸로 놓으면 1606＋8219＝9825가 됩니다. 즉, 아래 식도 거꾸로 놓으면 2161＋6218＝8379가 됩니다.

잠깐!

다음 열에 나올 수는?

힌트 아이처럼 생각하라.

1 1
1 2
1 1 2 1
1 2 2 1 1 1
1 1 2 2 1 3

소설 『개미』에 나오는 퍼즐입니다. 앞 줄에 숫자가 몇 개씩 있는지 읽으면 다음 줄의 숫자가 나옵니다. 즉, 맨 윗줄을 읽어보면 '1이 두 개'이므로 두 번째 줄은 '12'가 되었습니다. 그리고 이 두 번째 줄을 읽으면 '1이 하나, 2가 하나' 이므로 세 번째 줄은 '1121' 가 됩니다. 따라서 다음 열에는 '12221131'가 나오게 됩니다. 힌트랑 너무도 잘 맞아 떨어지는 문제죠?

재치 겨루기(넌센스 문제)

(1) 은행 강도가 은행을 턴 후에 자동차를 타고 도주했습니다. 경찰들은 강도가 어느 방향으로 사라졌는지 알아내기 위해 고심을 하던 끝에 성냥개비 한 개를 움직여서 그 방향을 알아냈습니다. 과연 강도는 동, 서, 남, 북 중 어디로 갔을까요?

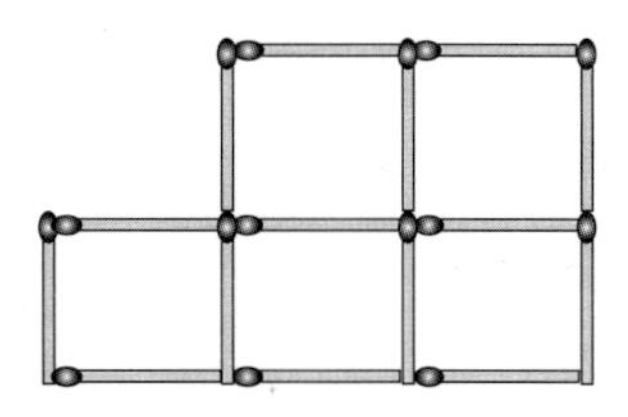

(2) 성냥개비로 다음과 같은 식을 만들었습니다. 그런데 하나도 성립되는 식이 없습니다. 각 식에서 단 한 개의 성냥개비를 이동하여 등식이 성립하도록 만들어 보세요. 옮겨진 한 개의 성냥개비도 이동 후에는 역시 등식 속에 들어 있어야 합니다. 단, 숫자는 모두 로마 숫자입니다.

① X−I=I

② VI=II

③ III−II=IV

(3) 성냥개비로 다음과 같이 아라비아 숫자를 만들었습니다. 단, 이들 숫자도 보는 방식에 따라서는 영문자로 읽을 수 있다는 것을 기억하세요.

냄비에 5500g의 물이 들어 있습니다. 이 냄비에 소금을 넣어서 12%의 소금물을 만들었습니다. 이 소금물에 858g의 설탕을 넣고 잘 섞어서 강한 불에 얹었습니다. 잠시 후에 어떻게 되었을까요?

재치를 발휘하여 풀 수 있는 문제들입니다. 여러분의 기량을 맘껏 발휘해 보세요.

(1) 서쪽으로 도망갔습니다. 성냥개비 하나를 오른쪽과 같이 이동하여 서(西)자를 만들 수 있기 때문입니다.

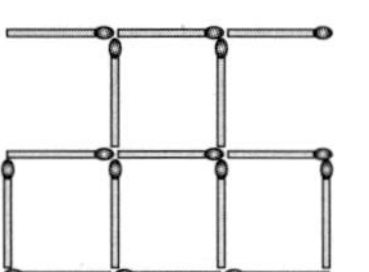

(2) 다음은 답의 일례일 뿐입니다. 더 기발한 아이디어를 생각해보세요.

① 

② 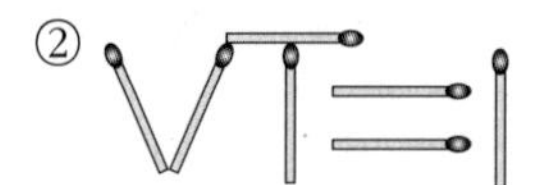

③

(3) 5500g의 물에 xg의 소금을 넣어 12%의 소금물을 만들었으므로

$$\frac{x}{5500+x}\times 100=12$$

$$x=0.12(5500+x) \quad \therefore x=750(\text{g})$$

즉, 소금물 6250g이고 이것에 설탕 858g을 넣었으므로 7108g의 혼합액이 생깁니다.

이것을 거꾸로 보면 BOIL 즉, "끓는다"라는 영어가 됩니다. 즉, 강한 불에 올려놓고 잠시 기다리면 당연히 끓겠죠?

문제 난이도 그래프
논리력 ■■■
사고력 ■■■
창의력 ■■■

사라진 정사각형

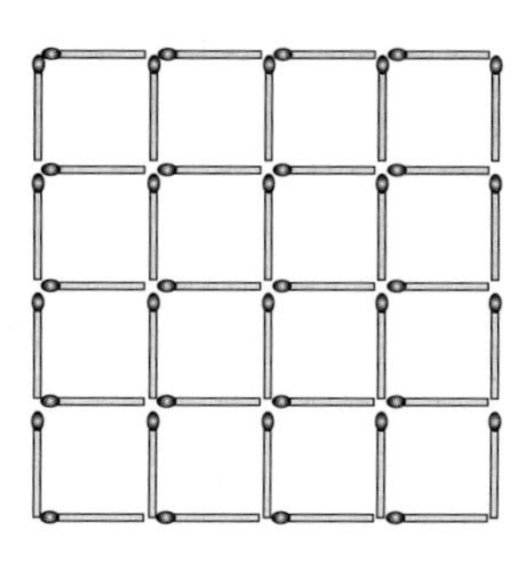

오른쪽 그림은 성냥개비 40개를 배열하여 만들었습니다. 그림 속에는 성냥개비 한 개를 한 변으로 하는 정사각형이 16개, 두 개를 한 변으로 하는 정사각형이 9개, 세 개를 한 변으로 하는 정사각형이 4개, 네 개를 한 변으로 하는 가장 큰 정사각형 1개, 합계 30개의 정사각형으로 이루어져 있습니다. 다음 물음에 답하여 보세요.

(1) 성냥개비 9개를 들어내어 정사각형이 하나도 없도록 해 보세요. 큰 정사각형도 남아서는 안 됩니다.

(2) 성냥개비 11개를 들어내어 정사각형뿐만 아니라 직사각형도 없게 만들어 보세요.

풀이

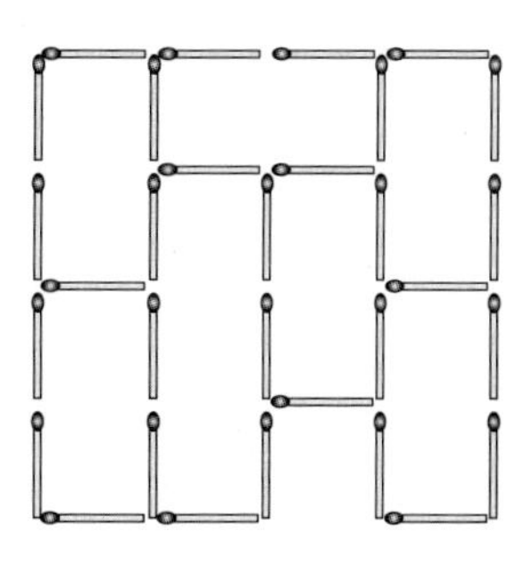

(1) 여러 가지 답이 있습니다. 오른쪽 그림이 그 중 하나입니다. 2개의 정사각형이 붙어있는 과 같은 그림이 8개 있으므로 정사각형을 전부 없애는 데는 최소 8개의 성냥개비를 제거합니다. 그러나 여전이 둘레의 가장 큰 정사각형은 남아 있으므로 둘레의 변에서도 성냥개비 한 개를 더 없애야 합니다.

(2) 여러 가지 해가 있습니다. 오른쪽 그림이 그 중 하나입니다.

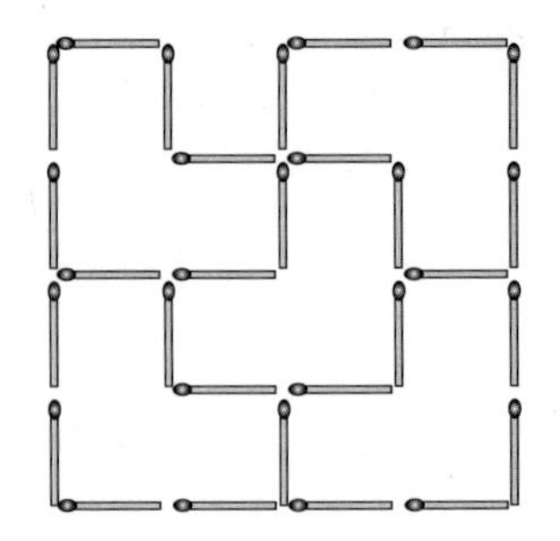

3개의 정사각형이 붙어있는 와 같은 모양에서 2개의 성냥개비를 제거해야 합니다.

4행 4열의 정사각형에는 5개의 L자형과 1개의 작은 정사각형으로 되어 있습니다. 따라서 L자형에서 2개씩, 작은 정사각형에서 1개 즉, 11개의 성냥개비를 없애면 됩니다.

토지를 공평하게 분배하기

문제 난이도 그래프
논리력 ■■■
사고력 ■■■
창의력 ■■■

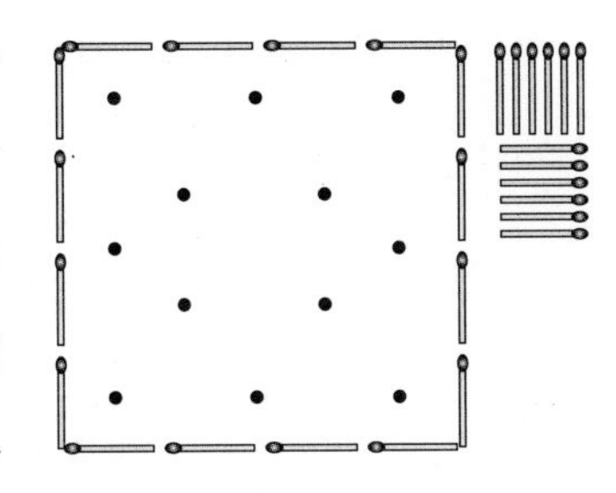

옛날에 사이좋은 사형제가 살고 있었습니다. 사형제의 아버지가 돌아가시면서 오른쪽 그림과 같은 토지를 유산으로 남겼습니다. 이 토지는 16개의 울타리로 둘러싸여 있고, 12그루의 나무가 심어져 있습니다. 사이좋은 형제는 이 토지를 똑같이 나누어 가지기로 했습니다. 또, 나무도 똑같이 나누어 가지려고 합니다. 그래서 사형제는 12개의 울타리로 경계를 세우기로 했습니다. 어떻게 하면 될까요?

풀이

다음은 많은 정답 중 한가지입니다.

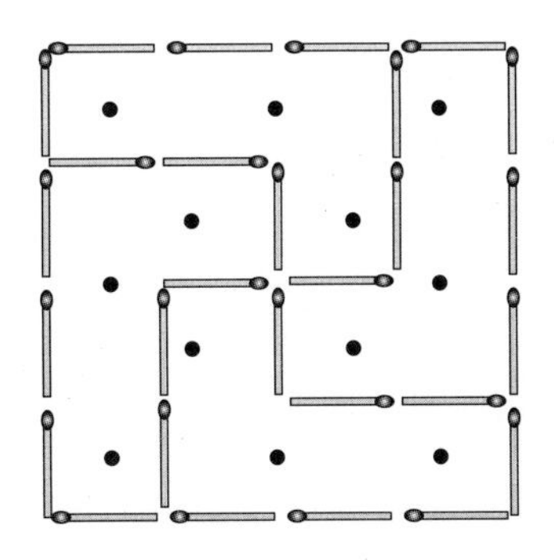

삼각형 만들기

문제 난이도 그래프
논리력 ■■■
사고력 ■■■■
창의력 ■■■

성냥개비로 다음과 같이 1단부터 5단까지 쌓았습니다. 다음 물음에 답하세요.

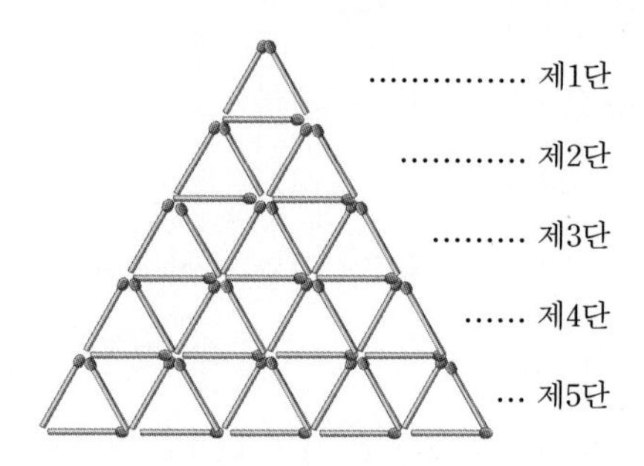

(1) 모든 삼각형의 개수를 구하여 보세요. 크기는 달라도 됩니다.

(2) 성냥개비를 늘려서 20단까지 만들 경우, 가장 작은 정삼각형의 개수는 몇 개일까요? 또, 그 때의 성냥개비의 수는 몇 개인지 구하세요.

풀이

(1) 성냥개비 한 개가 한 변인 정삼각형의 개수 : $1+3+5+7+9=25$(개)

성냥개비 두 개가 한 변인 정삼각형의 개수 : $1+2+4+6=13$(개)

성냥개비 세 개가 한 변인 정삼각형의 개수 : $1+2+3=6$(개)

성냥개비 네 개가 한 변인 정삼각형의 개수 : $1+2=3$(개)

성냥개비 다섯 개가 한 변인 정삼각형의 개수 : 1(개)

따라서, 총 정삼각형의 개수는 $25+13+6+3+1=48$(개)입니다.

(2) 삼각형의 개수가 $1, 3(=1+2), 5(1+2+2), 7=(1+2+2+2), \cdots$의 배열로 증가합니다. 즉, 단이 증가할 때마다 2개씩 증가하므로 n번째 단에서의 삼각형의 개수는

$$1+2(n-1)=2n-1(\text{개})$$

라는 식이 성립합니다. 20단에서의 삼각형의 개수는 $2\times 20-1=39$(개)

삼각형의 총수 S는 다음과 같습니다.

$$\begin{array}{rcccccccccc} & \mathrm{S}= & 1 & + & 3 & + & 5 & +\cdots+ & 37 & + & 39 \\ +) & \mathrm{S}= & 39 & + & 37 & + & 35 & +\cdots+ & 3 & + & 1 \\ \hline & 2\mathrm{S}= & 40 & + & 40 & + & 40 & +\cdots+ & 40 & + & 40 \end{array}$$

$$\therefore \mathrm{S}=\frac{20\times 40}{2}=400(\text{개})$$

성냥개비의 개수는 $3,\ 6(=2\times 3),\ 9(=3\times 3)$의 배열로 증가합니다. 즉, 단이 증가할 때마다 3의 배수로 증가하므로 n번째 단에서 성냥개비의 개수는 $n\times 3=\ 3n$(개)가 됩니다. 따라서, 20단에서의 성냥개비의 수는 $3\times 20=60$(개)이므로 성냥개비의 총수 S′는 $\mathrm{S}'=\dfrac{20(3+60)}{2}=630(\text{개})$입니다.

도형 삼등분하기

문제 난이도 그래프
논리력 ■■■
사고력 ■■■■
창의력 ■■■■

성냥개비 10개로 오른쪽 모양의 도형을 만들었습니다. 이 도형을 성냥개비 5개를 사용하여 3등분하려면 어떻게 하면 될까요?

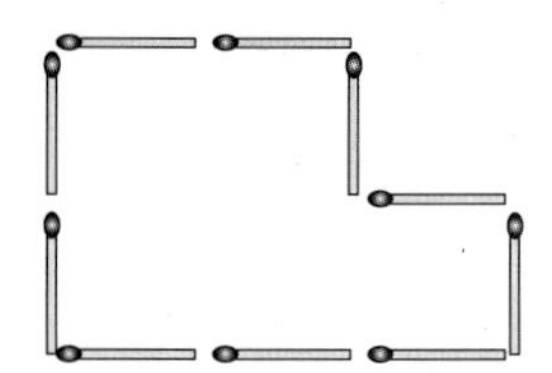

풀이

$\triangle ABC \backsim \triangle AB'C'$이고 $\overline{AB'}:\overline{AB}=1:3$이므로 성냥개비 $\overline{B'D}$를 $1:3$으로 내분하는 곳에 점 C′가 위치합니다. 또, $\overline{C'C}$와 평행하도록 점 D에서 선을 그으면 점 E도 성냥개비 하나의 $\frac{1}{3}$의 위치가 됩니다.

이와 같이 점들의 위치를 잡아 오른쪽 그림과 같이 성냥개비를 놓으면 모양이 같은 도형이 3개가 만들어지므로 삼등분이 됩니다.

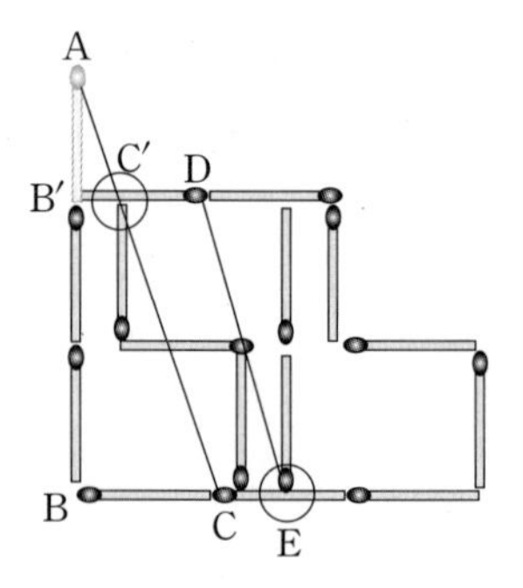

잠깐!

나의 직관력을 테스트 하라

위 문제의 도형에서 세 부분을 모두 동일한 형태로 나누라는 얘기가 없다는 것에 주목합니다. 이 문제는 세 부분으로 나눈 형태가 서로 같은 모양일 것이라는 사실을 직관적으로 알아냈는가에 따라 승부가 납니다.

재건축하기

문제 난이도 그래프
논리력 ■■■■
사고력 ■■■■■
창의력 ■■■

[그림 1]과 같이 책상 위에 성냥개비를 배열하였습니다. 배열된 정사각형의 수는 36개입니다. 이때, 이 모형을 부수어서 [그림 2]와 같이 가로와 세로의 정사각형 수가 같도록 배열하려고 합니다. 작은 정사각형은 최대 몇 개까지 만들 수 있을까요?

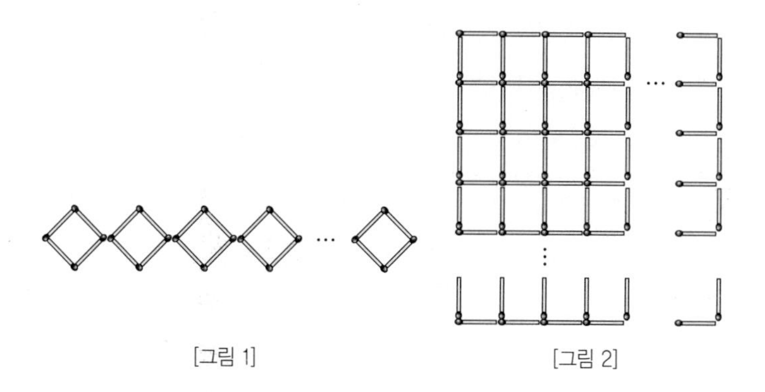

[그림 1] [그림 2]

풀이

[그림 1]에서 사용한 성냥개비의 수를 구하여 보면 정사각형 하나 당 성냥개비가 4개씩 들어가므로 모두 $36 \times 4 = 144$(개)가 사용되었습니다.

[그림 2]에서 작은 정사각형을 가로로 n개, 세로로 n개 나열한다고 합시다. 우선 첫 줄 하나를 생각해보면 제일 앞에 성냥개비를 하나 세운 후 정사각형 하나를 만들기 위해 성냥개비가 3개씩 들어가게 됩니다. 그러므로 n개의 정사각형을 만든다면 $1+3n$(개)의 성냥개비가 필요하게 됩니다.

두 번째 줄부터는 오른쪽 그림처럼 나열하면 되므로, 제일 앞에 성냥개비를 하나 세운 후 정사각형 하나를 만들기 위해 성냥개비가 2개씩 들어갑니다. 그러므로 n개의 정사각형을 만든다면 $1+2n$(개)의 성냥개비가 필요하게 됩니다.

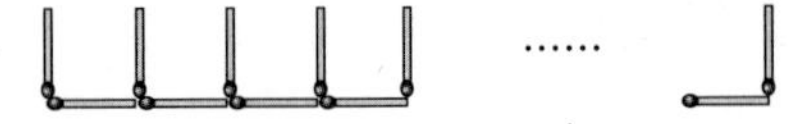

이와 같은 모양의 가로줄을 $n-1$(개) 놓아야 하므로 전체 사용되는 성냥개비의 수는

$(1+3n)+(n-1)(1+2n)=2n^2+2n$ 입니다.

이것이 144개보다 작거나 같아야 하므로

$2n^2+2n=144 \Leftrightarrow n^2+n-72=0 \Leftrightarrow (n-8)(n+9)=0$

$\therefore n=-9$ 또는 $n=8$ 이 됩니다.

그런데 n은 자연수이므로 $n=8$

즉, 가로로 8개, 세로로 8개의 정사각형을 만들 수 있으므로 $8\times8=64$(개)의 정사각형을 만들 수 있습니다.

성냥개비로 입체 도형에 도전하기

문제 난이도 그래프
논리력 ■■■■
사고력 ■■■■
창의력 ■■■

성냥개비를 이용해서 다음 그림과 같이 입체도형을 만들었습니다. 제n번째의 입체를 만들기 위해 필요한 성냥개비의 개수를 a_n이라고 할 때, a_n을 n에 관한 식으로 나타내어 보세요.

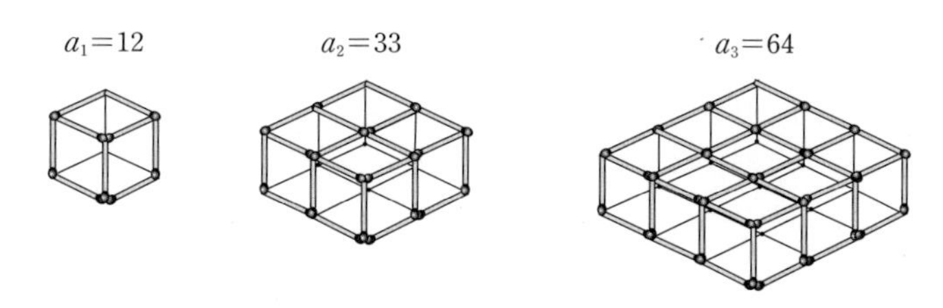

풀이

위에 주어진 입체 윗면으로부터 규칙성을 찾아봅시다.

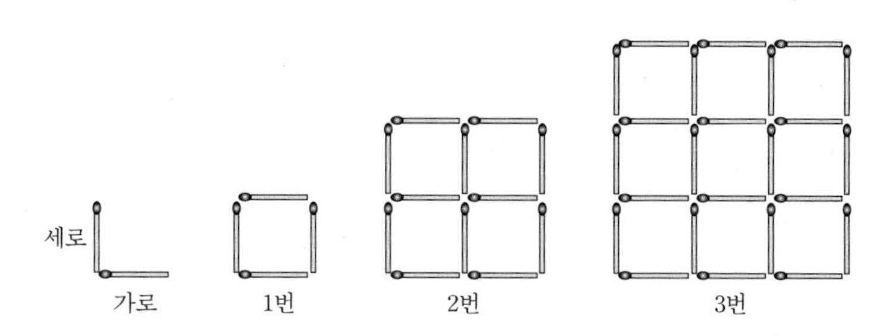

각 방향으로 사용된 성냥개비의 개수는 다음 표와 같습니다.

	1번	2번	3번	…	n번
가로 방향	1×2	2×3	3×4	…	$n\times(n+1)$
세로 방향	1×2	2×3	3×4	…	$n\times(n+1)$

첫 번째 입체의 경우 높이를 위해 성냥개비 4개가 사용되었습니다. 두 번째 입체의 경우는 9개가, 세 번째 입체의 경우 16개가 사용되었습니다.

즉, n번째 입체의 경우 $(n+1)^2$개가 사용됩니다. 이제 n번째 입체를 만들기 위해 필요한 성냥개비의 개수 a_n을 세어 봅시다.

n번 입체의 윗면에서는 가로 $\{n \times (n+1)\}$개, 세로 $\{n \times (n+1)\}$개씩 총 $2n(n+1)$개가 사용되었으며, 아랫면에서도 $2n(n+1)$개가 사용되었습니다. 또, 윗면과 아랫면을 연결하는 높이에 $(n+1)^2$개가 사용되었으므로, n번째 입체를 만들기 위한 성냥개비 개수 a_n은

$$a_n = 2\{2n(n+1)\} + (n+1)^2 = 5n^2 + 6n + 1$$

이 됩니다.

성냥개비 퍼즐의 원조 '산가지 놀이'

우리 선조들은 셈을 어떻게 하였을까요? '말 한마디로 천냥 빚을 갚는다', '되로 주고 말로 받는다'라는 속담 등을 보면 우리 조상들은 이웃 간의 이익을 위한 계산에는 그리 밝지 못했을 것 같습니다. 그러나 지혜로운 우리 조상들은 셈을 할 수 있는 여러 도구들을 개발하여 사용하였습니다.

대나무로 만든 산가지와 산통

우리 조상들이 사용했던 도구 중에는 막대기를 사용해서 숫자를 계산하는 산가지, 산가지의 일종으로 격자산법에 의해 곱셈이 가능한 주산반(籌算盤), 서로 기준이 다른 단위들을 쉽게 비교하고 환산할 수 있도록 위 아래로 움직이게 만든 환산반, 주판인 산반이 있었습니다. 작은 막대는 1단위, 큰 막대는 5단위로 하여 볏단 등을 세는데 사용하는 계산대, 지게 짐을 세는데 사용하는 만조, 서산 등 여러 가지 계산 기구도 있었지요.

이들 가운데 '산가지'는 가는 대나무나 뼈로 젓가락 모양을 만들어 세로나 가로로 배열하여 셈을 하던 기구입니다. 지방에 따라 '산가비', '산대', '수가비', '수대'로도 불립니다. 이 산가지들은 대나무로 만든 통에 담아서 보관했는데 이 통을 '산통' 또는 수통(數筒), 계산통이라고 부릅니다. 이 통의 길이는 11.5cm이고, 둘레는 5.2cm로 산가지가 24개 들어 있습니다.

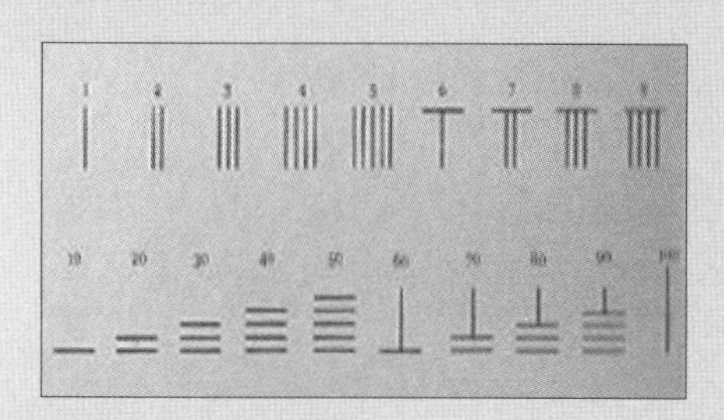

이 산가지로 셈하는 방법은 일, 백, 만의 단위는 세로로 늘어놓고, 십, 천, 억(지금의 십만)의 단위는 가로로 늘어놓아 수를 나타내었습니다.

6 이상의 수일 경우 5를 기준으로 5는 가로로 놓고 나머지 수는 세로로 놓아 나타내었습니다. 예를 들어 621은 T=|로, 2622는 =T=||로 수를 나타내었던 것입니다.

주막에서도 이런 산가지의 셈 방식을 사용하여 외상장부를 기록하였습니다. 글을 깨우치지 못한 주막의 주모들에게는 이 산가지의 방식이 안성맞춤이었습니다. 주막의 기둥에 외상꾼 얼굴의 특징을 숯으로 그리고 그 밑에 외상 술값을 산가지 방식의 금으로 그어 표시하여 훌륭한 외상 장부를 만들었던 것입니다.

그러나 산가지를 이렇게 계산하는 데만 사용했던 것은 아닙니다. 계모임이나 인간의 길흉을 판단하는 점, 각종 놀이에도 이용하였습니다.

서민들은 목돈을 모을 목적으로 산통계를 많이 조직했습니다. 한 달에 한두 번 날을 정하여 일정한 곗돈을 낸 다음, 산통 속에 계알을 넣고 흔들어 추첨하여 뽑힌 사람이 곗돈을 가져가는 형식입니다. 그런데 산통계는 모임의 사람이 골고루 곗돈을 타야 끝이 나는데 그렇지 못하고 중간에 깨지는 경우가 종종 있었습니다. "어떤 일을 이루지 못하게 뒤튼다"는 뜻의 "산통 깬다"라는 말이 바로 여기서 나온 말입니다.

산통점은 산통에 산목 또는 산가지를 여덟 개 넣어두고 뽑아서 괘를 만들어 길흉회복을 판단하는 점입니다. 뿐만 아니라 산가지를 활용하여 다양한 놀이도 즐겼습니다.

놀이 방법은 다음과 같습니다.

① 산가지 떼어내기 : 산가지를 왼손에 한 줌 쥐고, 바닥에 세우고 나서 오른손으로 산가지 한 개를 집습니다. 오른손에 쥔 산가지 끝으로 왼손의 산가지 가운데 하나를 눌러 세우고 동시에 왼손을 놓아 나머지 산가지들이 흩어지게 합니다. 그리고 오른손 산가지로 이들을 하나씩 떼어내는데, 이때 다른 산가지를 건드리지 않아야 합니다. 따라서, 왼손에 쥐었던 산가지들은 될수록 멀리 그리고 뿔뿔이 흩어지게 해야 많은 가지를 얻을 수 있습니다.

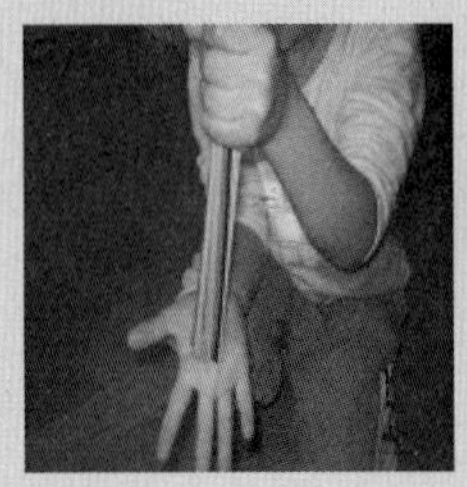

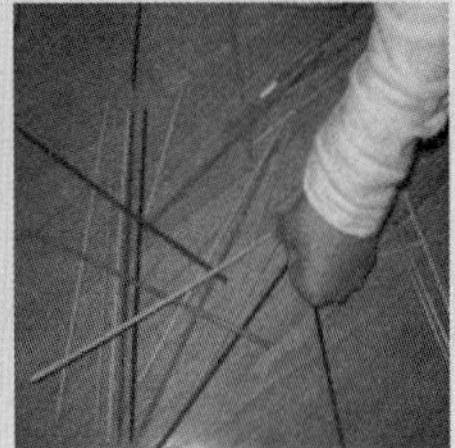

② 산가지 따기 : 이 놀이는 산가지를 늘어놓고 윷을 던져서 그 수에 따라 산가지를 가져가는 놀이입니다. 그러나 만약 윷가락에 해당되는 산가지가 없을 때는 가지고 있는 산가지를 모두 내놓아야 하고, 자신이 가진 산가지가 없으면 빚을 지게 됩니다. 이 놀이는 일정한 횟수를 마친 뒤에 가지고 있는 산가지 숫자로 승패를 결정합니다.

③ 산가지 들기 : 산가지 한 개로 여러 개의 산가지를 드는 놀이입니다. 드는 방법은 바닥에 놓인 한 개의 산가지 위에 20여 개의 산가지를 엇갈려서 나란히 걸어놓고, 마지막 한 개는 그 교차점에 놓습니다. 그런 다음 밑에 놓은 산가지를 가만히 들어 올리면 나머지도 모두 따라 올라옵니다.

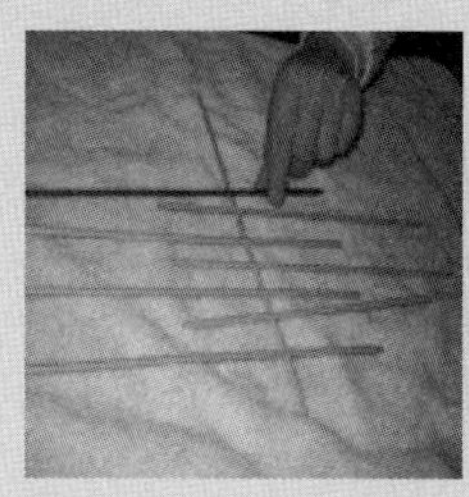

④ 쌍 만들기 : 산가지 열 개를 한 개씩 옆으로 늘어놓고, 산가지 하나가 산가지 두 개를 건너서 한 쌍을 이루는 방법으로 다섯 쌍을 만드는 놀이입니다. 먼저 산가지 5를 3과 4를 건너 2와 한 쌍이 되게 하고, 7을 8과 9를 건너 10과 한 쌍이 되게 합니다. 3을 4와 6을 건너 8과 한 쌍이 되게 하고, 1을 2와 5가 합쳐 한 쌍이 된 두 가지를 건너 4와 쌍이 되게 합니다. 마지막으로 9를 3과 8이 한 쌍으로 된 두 가지를 건너 6과 한 쌍이 되게 합니다.

여기에서 한 가지 주의할 점은 산가지 5와 7 또는 1과 9는 어느 것을 먼저 옮겨도 좋으나 3은 반드시 세 번째로 옮겨야 5쌍을 제대로 만들 수 있다는 점입니다.

이 밖에 형태 바꾸기, 삼각형 없애기 등의 놀이가 있는데, 이것들은 지금의 성냥개비 퍼즐과 전혀 다를 것이 없는 놀이로 산가지 놀이는 지금의 성냥개비 퍼즐의 원조라고 할 수 있겠습니다.

2 저울 퍼즐

페트루스 크리스투스의 〈성 엘리지오〉

왼쪽 그림은 조용하고 절제된 세련미를 구사하는 네덜란드의 화가 페트루스 크리스투스(Petrus Christus, 1420?~1472)가 그린 〈성 엘리지오〉의 그림입니다. 엘리지오는 프랑스 느와용 출신의 대장장이자 금세공인이었습니다. 그는 뛰어난 재주뿐만 아니라 정직한 성품 덕에 왕립 화폐국장을 지냈고, 느와용 주교의 자리에까지 올랐습니다. 후에 그는 정직함과 신앙심으로 대장장이들과 금세공인, 환전상의 수호성인으로 추앙받았습니다.

크리스투스가 〈성 엘리지오〉 그림을 그릴 당시의 벨기에 브뤼크는 15세기 북유럽 무역의 중심지로 매우 부유한 지역이었습니다. 따라서 브뤼크 지역에서는 금 세공품을 비롯해 은행과 환전업 등 금융업이 발달했습니다. 그런데 15세기 북유럽은 도량형이 통일되지 않았던 터라 물건의 무게를 속이는 일이 무척 쉬웠습니다. 그래서 이 일에서 무엇보다 중요하게 여겼던 것은 정직과 올바름의 미덕이었습니다. 크리스투스는 이런 시대상을 반영하여 정직함과 올바름의 산 증인인 성 엘리지오를 화폭에 담았습니다.

그림에 세 명이 등장하는데 누가 엘리지오일까요? 당연히 저울을 손에 들고 측량

하고 있는 사람입니다. 그는 측량을 하면서 저울을 보는 대신 배려가 담긴 눈길로 손님들을 바라보고 있습니다. 이는 실제 저울의 무게를 재는 것보다 측량하는 이의 정직하고 진실한 마음이 중요하다는 것을 보이기 위한 것입니다.

이제 유대인의 기본정신이 담긴 『탈무드』를 살펴봅시다. 유대인은 정신적 지주인 경전 연구의 중요성을 깨닫고 천 년에 걸쳐 수많은 학자들과 랍비들이 『탈무드』를 연구·보급하였습니다. 정신적 지주에 대한 아낌없는 지원이 있었기 때문에, 유대인은 수천 년에 걸친 시련의 역사를 이겨내고 세계에서 가장 우수한 민족으로 살아남을 수 있었습니다. 유대인은 역대 노벨상 수상자의 약 25%를 차지하고 있고, 20세기를 주도한 최고의 지성 21명 중 15명이 유대인입니다. 또한 미국 최고 부자 40명 중 절반이 유대인이지요. 이는 유대인의 우수한 민족성을 증명해 주고 있습니다. 고난의 긴 세월 속에서 유대민족의 우수성을 잃지 않게 지켜준 정신적 지주인 『탈무드』에서 상업에 대해 언급한 말을 잠시 살펴보면,

"유대인의 역사는 대단히 길고 오래 되었다. 성서 시대의 유대인들은 농경 생활을 하였다. 그러므로 교역은 별반 이루어지지 않았고, 상인이라는 말은 곧 비유대인들을 나타내는 말로 사용되었다. 즉, 유대인들은 자기들의 생활주변에서는 좀처럼 물건을 사고 파는 매매 행위를 하지 않았다. 다만 '유대인으로서 장사를 할 경우에는 계량을 정직하게 하고, 물건을 속이지 말라' 는 평범한 도덕성이 강조되었을 뿐이었다. 그러나 탈무드 시대에 접어들면서 교역이나 장사가 점차 발달하여, 탈무드에서도 사업에 대하여 깊은 관심을 기울이게 되었다. (중략) 그러나 탈무드는 어떻게 처신해야 도덕적인 사업가가 될 수 있는가를 생각한 것이지, 어떻게 해야 능력 있는 사업가가 될 수 있는가에 대해 규정한 것은 아니라는 점이다. 그것은 탈무드에서는 자유 방임주의적인 사업에는 반대하고 있다는 사실로도 알 수 있다. 이를테면, 물건을 사는 사람의 한 권리로서 아무런 보증이 없다 해도 사는 물건이 좋

은 품질이어야 한다는 조건을 요구할 수 있는 권리가 있다. (중략) 따라서 물건을 사는 사람은 우선 상품의 결함이나 눈가림, 그리고 물건을 파는 사람이 미처 알지 못한 실수나 잘못에 대해서도 보호받게 되는 것이다."

라고 쓰여 있습니다. 탈무드는 측량을 정확히 하고, 절대로 사는 사람을 속이지 말라는 것을 누누이 강조하고 있습니다.

그림 〈성 엘리지오〉와 유대인의 『탈무드』는 우리에게 단순히 물건을 속이지 않는 것만을 강조하고 있는 것이 아닙니다. 바로 인간의 양심을 바르게 저울질하여 불량품 아닌 양심을 파는 인류의 기본 정신을 말하고 있는 것이지요.

양심의 바른 측량의 시작은 물건의 바른 측량에서 시작합니다. 물건을 정확히 측정하기 위해 만든 도구가 저울입니다. 이 저울을 이용한 사고력 키우기 문제 또한 다양합니다.

유형 1 진법을 활용하여 불량 양심 찾아내기

금화 10g짜리를 납품하는 회사가 5개 있습니다. 그런데 이 5개의 회사 중 몇 개의 회사가 금화를 9g에 납품하고 있다는 정보가 입수되었습니다. 5개의 회사에서 여러 개의 샘플을 가지고 와서 불량품을 납품하고 있는 회사들을 찾으려고 합니다. 불량품을 납품하는 회사는 1개의 회사일 수도 있고, 2개의 회사일 수도 있으며 심지어 모든 회사가 다 불량품을 납품하고 있을 수도 있습니다. 자! 이때 눈금 저울을 한 번만 사용하여 불량 제품을 납품하는 여러 개의 회사를 찾으려고 합니다. 어떻게 하면 될까요?

우선 5개의 각 회사제품에 1에서 5까지 고유의 번호를 붙입니다. 그리고 1번 회사의 제품 1개를, 2번 회사의 제품 2개를, 3번 회사의 제품 4개를, 4번 회사의 제품 8개를, 5번 회사의 제품 16개를 눈금저울 위에 올려놓습니다.

불량품이 없이 모든 회사가 정상적인 제품을 납품하고 있다면, $(1+2+4+8+16)\times 10=310$(g)이 되어야 합니다. 그런데 몇 개의 회사가 불량품을 납품하고 있으므로 그 미달되는 양을 보면 어느 회사가 불량품을 납품하는지 알 수 있습니다.

만약 1번 회사와 3번 회사가 불량품을 납품하고 있으면 1번 회사에서 1g, 3번 회사에서 4g이 부족합니다. 그래서 부족한 금화의 전체적인 양은 5g이 되고, 눈금저울에 나타나는 무게는 305g이 될 것입니다. 부족한 양을 구하여 이진법으로 표현해 보면,

$$310-305=5=4+1=101_{(2)}$$

가 되는데, 이진법의 전개식으로 표현하면 다음과 같습니다.

$$101_{(2)}=1\times 2^2+0\times 2+1\times 1$$

이렇듯 4개의 제품을 추출한 3번 회사와 1개의 제품을 추출한 1번 회사에서 불량품을 납품하고 있다는 것을 한 눈에 알아낼 수 있습니다.

만약 눈금저울에 나타난 무게가 288g이면

$$310-288=22=16+4+2=10110_{(2)}$$

이 되므로 5번 회사와 3번 회사, 그리고 2번 회사가 불량품을 납품하고 있는 것임을 알 수 있게 됩니다.

이처럼 저울 퍼즐 문제에서는 진법을 잘 활용하여 푸는 유형의 문제가 많습니다.

유형 2 논리적 사고와 추리를 배양하는 문제

동전이 9개 있습니다. 그 가운데에서 한 개는 가짜입니다. 가짜는 진짜보다 동전의 무게가 가볍습니다. 천징 저울을 딱 두 번 사용하여 가짜 동전을 가려볼까요.

천칭저울

동전을 3개씩 나누어서 각각 A, B, C라고 합시다.

우선 A, B를 저울에 올려 놓습니다.

Ⅰ) A, B가 평행하면, A, B 안에는 가짜가 없습니다. 다음에 C에서 두 개를 들어내어 저울에 올려놓습니다.

ⅰ) 저울이 평행하면, 남아 있는 동전이 가짜입니다.

ⅱ) 저울이 평행하지 않으면, 가벼운 쪽의 접시 위에 있는 것이 가짜입니다.

Ⅱ) A, B가 평행하지 않으면, 가벼운 쪽에 있는 3개의 동전에 대해서 Ⅰ)의 C에 대해서 했던 것과 같은 방법으로 가짜를 가려내면 됩니다.

이 문제는 나올 수 있는 모든 경우의 수를 생각하여 해결점을 찾아내는 유형입니다.

두 가지 유형에서 본 것처럼 저울 퍼즐은 해결하고 나면 참으로 통쾌하다는 느낌을 받게 됩니다. 그 이유는 무엇일까요? 단번에 가짜들을 가려내는 그 탁월함 때문일 것입니다. 문제의 가짜 금화를 가려내듯이 나쁜 마음도 통쾌하게 가려낼 수 있다면 좀 더 밝은 세상을 만들 수 있지 않을까요.

불량 납품업체 색출하기

시계 공장에서 제품을 생산하는데 다이아몬드가 10그램씩 들어간다고 합니다. 이 공장에 다이아몬드를 납품하는 회사 10개가 있습니다. 이 10개의 회사 가운데 한 회사가 다이아몬드를 9그램에 납품하고 있다는 정보를 입수하였습니다. 불량품을 납품하고 있는 회사를 찾기 위해 각 10개의 회사에서 여러 개의 샘플을 가지고 왔습니다. 이때 눈금 저울을 한 번만 사용하여 불량 제품을 생산하는 1개의 회사를 찾을 수 있을까요?

풀이

우선 10개의 각 회사에 1에서 10까지 고유번호를 부여한 후 1번 회사의 제품 1개, 2번 회사의 제품 2개, … , 10번 회사의 제품 10개를 눈금저울 위에 올려놓습니다.

10개 회사 모두 불량품이 없이 정상적인 제품을 납품하고 있다면

$$(1+2+3+\cdots+10)\times 10=550(\mathrm{g})$$

이 되어야 합니다. 그런데 1개의 회사가 불량품을 납품하고 있으므로 전체의 양은 550g보다 적을 것입니다. 그 모자라는 무게를 계산해보면 몇 번째 회사가 불량품을 납품하는지 알 수 있습니다.

만약 6번 회사가 불량품을 납품한다면 그 회사의 샘플 6개가 각 1g씩 부족하므로 6g의 차이가 생깁니다. 따라서 $550-6=544(\mathrm{g})$이 측량됩니다.

곧, 눈금저울에 나타난 무게가 544g이면 6번 회사가 불량품을 납품하고 있는 것이 됩니다. 만약 눈금저울에 나타난 무게가 548g이라면 $550-548=2(\mathrm{g})$이므로 2번 회사가 불량품을 납품하고 있는 것이 됩니다.

가짜 동전 찾기

동전 101개가 있습니다. 이 가운데에서 한 개만 진짜 동전과 무게가 다릅니다. 이 동전이 진짜 동전보다 가벼운지 무거운지를 알아내는 방법을 설명해 보세요.(단, 양팔 저울 두 번만 사용합니다.)

풀이

동전에 1에서 101까지 번호를 붙입니다.

1번에서 50번까지의 동전을 한쪽 계량 접시에 올려놓고, 51번부터 100번까지의 동전을 다른 쪽 계량 접시에 올려놓습니다.

i) 수평이면 101번째의 동전이 가짜입니다. 따라서 진짜 동전 중 임의의 하나와 101번째 동전을 각각 저울의 접시에 올려놓습니다. 이때, 101번째 동전이 담긴 저울이 올라가면 위조동전은 가벼운 것이고, 내려가면 무거운 것임을 알 수 있습니다.

ii) 수평이 아니면 101번째의 동전은 진짜이고 두 접시 중 한 쪽에 위조 동전이 있는 것이 됩니다. 가벼운 쪽의 계량접시에 놓여 있는 50개를, 25개, 25개를 나누어서 계량접시에 올려놓습니다.

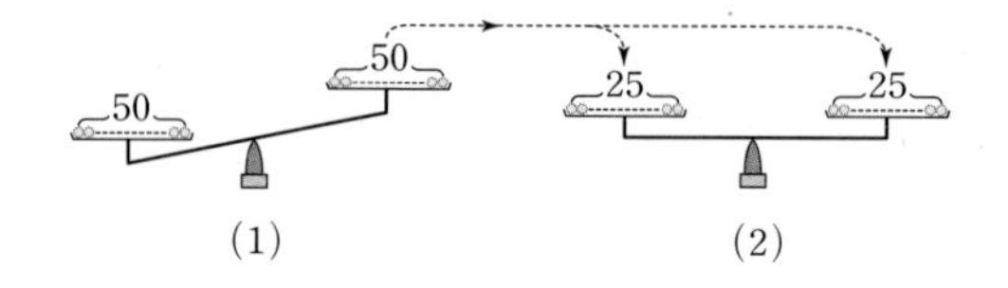

이때, 수평이면 가짜 동전은 접시에 올려놓지 않은 나머지 50개 안에 있으며 진짜보다도 무겁다는 것을 알 수 있습니다. 그런데, 수평이 아니면 진짜보다 가볍다는 것을 알 수 있습니다.

2개의 가짜 동전 찾기

동전이 6개 있습니다. 이 가운데에서 2개는 가짜이고 진짜 동전보다 가볍습니다. 저울로 세 번 달아서 2개의 가짜 동전을 찾아내세요.

동전을 3개씩 접시 위에 올려놓습니다.

i) 수평이면 (각각 3개 가운데 한 개의 가짜가 있습니다.) 한쪽 접시에 있는 3개 가운데 2개를 한 개씩 접시 위에 올려놓습니다. 평형이 잡히면 나머지 한 개가 가짜이고, 평형이 잡히지 않으면 위로 올라간 것이 가짜입니다. 같은 일을 다른 접시에 있는 3개의 동전에 똑같이 적용합니다.

이와 같이 해서 2개의 가짜를 찾아낼 수 있습니다.

ii) 수평이 아니면 (가벼운 접시 위에 2개의 가짜가 있습니다.) 가벼운 쪽의 접시에 있는 3개 가운데 2개를 들어내어 한 개씩 올려놓습니다. 이것이 평형을 잡으면, 이 2개가 가짜입니다. 이것이 평형을 이루지 못하면 가벼운 한 개와 나머지 한 개가 가짜입니다.

문제 난이도 그래프
논리력 ■■■
사고력 ■■■
창의력 ■■

가짜 동전이 든 상자 찾기

A나라의 동전은 10g, B나라의 동전은 9g, 가짜 동전은 8g이라고 합니다. a, b, c, d, e의 5개의 상자에 각각 같은 종류의 동전을 넣고 a에서 1개, b에서 2개, c에서 4개, d에서 8개, e에서 16개를 꺼내서 무게를 쟀습니다. 이 합계가 297g일 때, 가짜 동전은 어느 상자에 들어 있을까요? 단, 가짜 동전은 반드시 있습니다.

풀 이

무게를 재는 동전의 개수는 $1+2+4+8+16=31$(개)입니다. 이때, 모두 A나라 동전이라면 무게는 $31\times 10=310$(g)이 됩니다. 그런데 이것보다 13g($=310-297$)이나 적은 것은 다른 동전이 섞여 있기 때문입니다.

B나라 동전이 x개, 가짜 동전이 y개 들어 있다고 합시다. B나라 동전은 A나라 동전과 1g의 차이가 나고, 가짜 동전과는 2g의 차이가 나므로 $x+2y=13$이 됩니다.

y는 0보다 큰 자연수이므로 이 등식을 만족하는 x, y의 값을 구하면

$$(x,\ y)=(11,\ 1),\ (9,\ 2),\ (7,\ 3),\ (5,\ 4),\ (3,\ 5),\ (1,\ 6)$$

입니다. 그런데 홀수 개의 동전을 꺼낼 수 있는 상자는 a뿐이고, B나라 동전은 어느 경우나 홀수 개이므로 a상자에는 반드시 B나라 동전이 들어 있어야 합니다. 또한, 나머지 상자에서는 짝수개만 꺼내므로 가짜 동전은 반드시 짝수개입니다.

그러므로 각각의 동전이 들어있는 상자를 조사하면 다음 표와 같이 됩니다.

가짜 동전		B나라 동전		A나라 동전		판정
2개	b	9개	a, d	20개	c, e	○
4개	c	5개	a, c	22개	b, c, e	×
6개	b, c	1개	a	24개	d, e	○

따라서, 가짜 동전이 들어 있는 상자는 b상자나 c상자가 됩니다.

위조 주화를 찾아라 1

문제 난이도 그래프
논리력 ■■■
사고력 ■■■
창의력 ■■

열두 개의 동전이 있습니다. 겉으로 보기에는 어느 것이나 모두 똑같아 분간할 수 없지만 그 가운데 한 개는 틀림없이 가짜입니다. 가짜 동전은 진짜 동전과는 무게가 조금 다르다는 차이가 있습니다. 여기에 양팔 저울 한 개가 있습니다. 양팔 저울을 세 번만 사용하여 가짜 동전을 찾아내 봅시다. 그리고 이 가짜 동전이 가벼운지 무거운지 밝히세요.

열두 개의 동전에 1번에서 12번까지 번호를 붙입니다.

1, 2, 3, 4번의 동전과 5, 6, 7, 8번의 동전을 양팔저울 양쪽에 올려놓고 서로의 무게를 비교합니다. 이때 양쪽 무게가 똑같으면(따라서 1～8번까지의 동전은 진짜입니다) 나머지 9, 10번의 동전과 앞서 비교하여 진짜 동전임이 확인된 동전 가운데 1개의 동전(예를 들어 7번) 즉, 7번과 11번을 양쪽에 올려놓습니다.

양쪽이 똑같으면 나머지 12번이 위조 동전입니다. 만약에 두 번째 달았을 때 11번, 7번 동전이 9번, 10번의 동전보다 무겁다면, 11번이 무겁다든가 9번이나 10번이 가볍다는 결과가 됩니다. 그래서 9번과 10번의 동전을 양팔 저울 양쪽에 올려놓습니다. 무게가 같으면 11번이 무겁습니다. 그러나 무게가 다르다면 가벼운 쪽이 위조 동전입니다.

그런데, 처음 달았을 때 5, 6, 7, 8번의 동전이 1, 2, 3, 4번의 동전보다 무겁다고 가정합시다. 이것은 1, 2, 3, 4번 중 어느 하나가 가볍든가 5, 6, 7, 8번 중 어느 하나가 무겁다는 의미이기 때문에 1, 2, 5번의 동전과 3, 6, 9번(9번 동전은 진짜)의 동전을 양팔저울에 올려놓습니다. 여기서 무게가 같으면 7번이나 8번이 무겁든가 4번이 가볍다는 것입니다.

따라서, 7번과 8번을 달아보면 답이 나옵니다. 무거운 쪽이 위조 동전입니다. 만약 무게가 같으면 4번 동전이 가볍다는 말이며 위조 동전입니다. 그런데 1, 2, 5번과 3, 6, 9번의 무게를 비교하여 후자가 무거울 때는 6번이 무겁거나 1번이나 2번이 가볍다는 것이므로 1번과 2번을 달면 답이 나옵니다.

반대로 1, 2, 5번이 무거울 때는 3번이 가볍거나 5번이 무겁다는 것이므로, 3번 동전과 진짜 동전(이미 확인된 것 중 아무거나)을 양쪽에 각각 올려놓으면 판별이 됩니다.

문제 난이도 그래프
논리력 ■■■■
사고력 ■■■■
창의력 ■■■

위조 주화를 찾아라 2

2000개의 동전이 있는데 그 중 2개가 위조 동전입니다. 1개는 진짜 동전보다 가볍고, 다른 1개는 진짜 동전보다 무겁습니다. 위조 동전 2개의 무게의 합과 진짜 동전 2개의 무게의 합은 어느 쪽이 무거운지, 가벼운지 또는 같은지 결정하여 보세요.(단, 천칭 저울만으로 4회까지 잴 수 있다고 합니다.)

동전을 5백 개씩 4개의 그룹으로 나누어 그것들을 A, B, C, D라고 하고 이 그룹들의 동전의 무게를 잽니다. 그리고 A와 B, C와 D를 비교합니다. 다음의 3가지 경우를 검토하면 충분합니다.

i) A=B, C=D

이때, 2개의 위조 동전이 똑같이 1개의 그룹에 있고, 위조 동전 2개의 무게의 합은 진짜 동전 2개의 무게의 합과 같습니다. 이 경우는 2번만 재면 충분합니다.

ii) A=B, C>D

이때, 2개의 위조 동전은 C와 D 그룹 속에 있습니다. 그래서 A, B 그룹을 모은 천 개의 동전과 C, D 그룹을 모은 천 개의 동전의 무게를 비교하여 문제의 답을 얻을 수 있습니다. 이 경우는 3번 재면 충분합니다.

iii) A>B, C>D

이 경우는 2가지의 가능성이 있습니다. 무거운 가짜 동전이 A그룹에 있고, 가벼운 가짜 동전이 D 그룹에 있든가 그렇지 않으면 무거운 가짜 동전이 C그룹에 있고, 가벼운 가짜 동전이 B 그룹에 있든가 입니다.

이 경우는 A와 D를 비교하여 2개의 가능성 중 어느 쪽인가를 알고서 A+D와 B+C를 비교하면 문제의 답을 얻을 수 있습니다. 이 경우는 4번 재어야 합니다.

문제 난이도 그래프
논리력 ■■■■
사고력 ■■■■■
창의력 ■■■

불량 주화 색출하기

15개의 주화가 있습니다. 그 가운데 한 개는 가짜입니다. 그런데 그 가짜 주화는 진짜보다 조금 가볍다고 합니다. 양팔저울을 이용하여 가짜 주화를 찾아내는 효과적인 방법을 설명하여 보세요. [서울대 기출]

제1단계 우선, 양팔 저울에 각각 5개씩 주화를 놓습니다. 다음과 같은 두 경우를 생각할 수 있습니다.

① 수평일 경우 : 나머지 5개에 가짜 주화가 들어 있습니다.

② 수평이 아닐 경우 : 저울에서 위로 올라간 쪽에 가짜 주화가 들어 있습니다.

제2단계 가짜 주화가 있는 5개를 선택하여 양팔 저울에 2개씩 올려놓습니다.

① 수평일 경우 : 나머지 한 개가 가짜 주화입니다. 이 경우 양팔 저울을 두 번 사용하여 가짜를 찾을 수 있습니다.

② 수평이 아닐 경우 : 저울에서 위로 올라간 쪽에 가짜가 있습니다. 따라서 가짜 주화가 들어 있는 2개를 선택하여 양팔저울에 각각 한 개씩 올려놓습니다. 그러면 양팔 저울에서 위로 올라간 쪽이 가짜 주화입니다. 이 경우 양팔 저울을 세 번 사용하여 가짜를 찾을 수 있습니다.

더 나아가 이와 같이 15개인 경우에 한해서만 생각하지 않고 동전의 개수를 다르게 해 볼 수도 있습니다. 우선 다음과 같은 표를 작성하여 일반화시켜 보면, 2～3개일 때 1회, 4～9

개일 때 2회, 5～27개일 때 3회, 28～81개인 경우 4회, …, 임을 알 수 있습니다. 이로부터 주화의 개수가 $3^{n-1}+1\sim3^n$일 때 천칭은 최소 n회 사용하여 가짜 주화를 찾을 수 있습니다.

주화의 개수	2	3	4	5	…	8	9	10	…	26	27	28	…	80	81	82	…
천칭 사용 횟수	1	1	2	2	…	2	2	3	…	3	3	4	…	4	4	5	…

문제 난이도 그래프
논리력 ■■■■■
사고력 ■■■■■
창의력 ■■■■■

불량 주화 색출의 일반화

4^m개의 동전이 주어져 있습니다. 정확히 그 반수가 가짜 동전입니다. 물론 진짜 동전은 모두 같은 무게이며 가짜 동전끼리도 모두 같은 무게입니다. 또 진짜 동전, 가짜 동전 중 어느 쪽이 무거운지 알고 있다고 합시다. 천칭 저울을 3회 이하로 측정하여 모든 위조 동전을 결정하려면 어떻게 해야할까요?

짝수 n에 대하여 n개의 동전이 주어져 있고, n개의 동전 가운데 위조 동전 개수를 알고 있다면 $\left[\frac{3n}{4}\right]$회 계량 후에 모든 위조 동전을 결정해야 합니다. 이것을 짝수 n에 관한 귀납법에 의해서 증명합시다.

$n=0$ 및 $n=2$인 경우 이것은 옳습니다.

그렇다면 $n \geqq 4$라고 합시다. 이제 2개의 동전을 비교합니다. 만약 이 2개의 동전 무게가 다르면 옳고 그름은 금방 결정됩니다. 그러므로 $(n-2)$개의 동전일 경우를 생각해보면 경우의 횟수는 $\left[\frac{3(n-2)}{4}\right]$입니다. 그러므로 측정 총수는 $\left[\frac{3(n-2)}{4}\right]+1 \leqq \left[\frac{3n}{4}\right]$입니다.

2개의 동전의 무게가 같을 때, 다른 2개의 동전으로 그 2개의 동전 무게의 합계와 처음 2개의 동전 무게의 합계를 비교합니다. 이 무게들이 다를 때 가짜 동전을 포함하고 있는 2개가 결정되고, 그 2개의 무게를 비교하는 것에 의해 2개의 동전의 진위가 결정됩니다.

따라서 3회의 측정 중 $(n-4)$개의 동전의 경우가 해당됩니다. 이 경우 측정 횟수의 총수는

$$\left[\frac{3(n-4)}{4}\right]+3=\left[\frac{3n}{4}\right] \text{입니다.}$$

이들의 무게가 같을 때 이 4개의 동전 무게의 합계와 다른 4개의 동전 무게의 합계를 비교합시다. 만일 4개씩의 무게가 다르다면, 그것들의 처음 4개의 옳고 그름이 결정됩니다. 그리고 $(n-4)$개의 판단 문제가 되므로 이때 측정 총 회수는 다음과 같습니다.

$$\left[\frac{3(n-4)}{4}\right]+3=\left[\frac{3n}{4}\right]$$

4개씩의 무게가 같다면 이들 8개와 다른 8개를 비교하는 식으로 풀어나갑니다.

일반적으로 2^m개의 동전에서 생기는 그룹과 같은 개수의 동전에서 생기는 다른 그룹에서 무게가 다를 때 처음 그룹의 동전의 진위는 결정됩니다.

문제는 $(n-2^m)$개의 동전의 경우입니다. 따라서 그 때의 횟수는

$$\left[\frac{3(n-2^m)}{4}\right]+(m+1)\leqq\left[\frac{3n}{4}\right], m\geqq 2$$

가 됩니다.

이 과정을 되풀이해 가는 동안에 $2^m > \frac{n}{2}$임을 알았으면 이때도 모두 2^m개의 동전의 진위는 완전히 결정됩니다.

'근(斤)' 이란 어떤 단위일까

요즘에는 무게 단위를 전 세계적으로 통일해서 kg(킬로그램), g(그램)으로 재고 있습니다. 이 단위는 프랑스에서 1875년에 정했고, 1889년에 국제 회의에서 세계적으로 통일해서 사용하기로 약속한 무게 단위입니다. 즉, 우리가 보통 사용하고 있는 무게의 단위는 탄생한 지 약 120년 정도밖에 안 되었습니다.

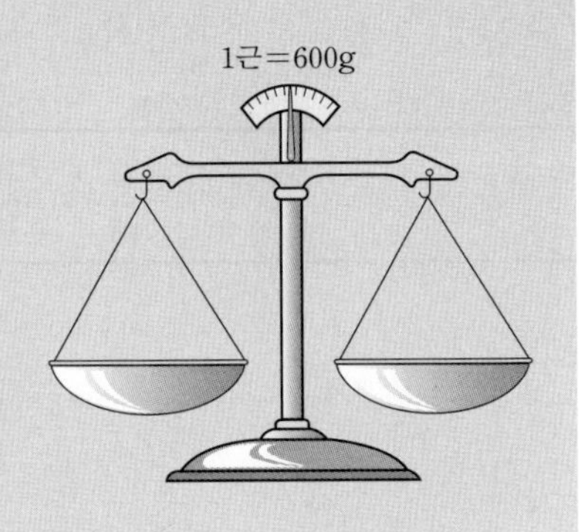

백금 90%, 이리듐 10%의 합금으로 만들어진, 지름도 높이도 모두 39mm인 원기둥 모양의 무게를 1kg이라고 정했습니다.

그렇다면 무게 단위를 통합하기 전에는 어떤 단위로 무게를 재었을까요? 이전에는 파운드, 온스, 근 등 나라마다 각자 다른 고유의 단위들을 사용했습니다. 그런데 무역과 국제 교류가 활발해지면서 단위를 하나로 통일할 필요성을 느끼게 되었습니다. 나라마다 전부 다른 단위를 가지고 무역을 한다면 일일이 단위를 바꾸는 계산을 해야 하고, 그런 과정에서 시간이 많이 걸리게 되고 오차도 생기기 때문입니다.

그러나 이런 고유의 단위들은 워낙 오랜 세월 동안 사용해 왔기 때문에 쉽게 사라지지 않고, 일상생활 속에서 자주 사용되고 있습니다. 수입 식품 봉지나 약통의 성분 표시를 보면 파운드와 온스로 적혀 있는 것을 볼 수 있습니다. 우리나라 인삼을 근으로 표기해서 수출하는 경우도 종종 있습니다.

우리나라에서 옛날부터 사용해온 전통적인 무게를 재는 단위인 근(斤)은 관악기 '황종'을 기준으로 만들어진 단위입니다.

조선 시대의 법전인 『경국대전(經國大典)』에 의하면,

"전통 악기 중에 피리의 일종인 '황종'이라는 관악기가 있는데, 그 관에 88푼 10리의 높이까지 들어간 물의 무게를 1푼으로 하여, 10푼＝1돈, 10돈＝1냥, 16냥＝1근이라 정한다."

고 되어 있습니다.

1근은 g단위로 따져서 600g으로 정하고 있습니다. 그러니까 쇠고기 1근은 600g이 됩니다. 만약 몸무게가 38kg이라면 38000g이니까 우리나라 무게 단위로 따져보면 약 63근(＝38000÷600) 정도가 됩니다.

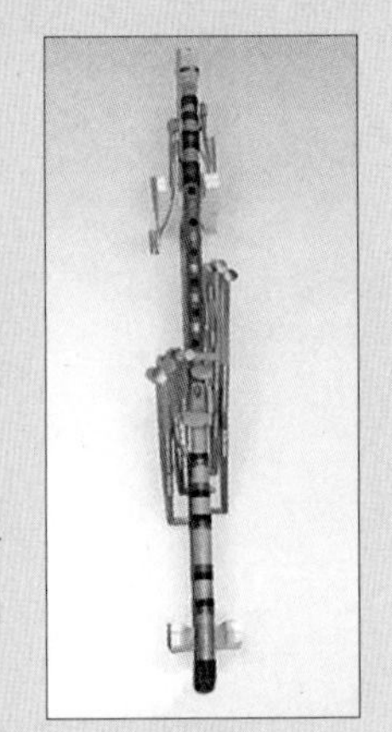

개량악기인 '황종피리'

3 쌓기 나무 퍼즐

가지런한 돌로 곱게 쌓은 돌담길을 거닐면 우리는 아늑하고 평온한 느낌을 받습니다. 아마도 돌담길에서 마음의 고향에 대한 향수가 물씬 풍기기 때문일지도 모릅니다. 그러나 아쉽게도 점점 현대적 건물이 들어서면서 이 돌담길이 사라지고 있습니다. 그래서 문화재청(청장 유홍준)에서는 2006년 4월 18일부터 영·호남 지역 10개 마을에 있는 '돌담길'을 문화재로 등록하기로 결정하였습니다.

문화재청이 이번에 등록하기로 한 돌담길은 경남 고성 학동 마을을 비롯해 경남 거창 황산 마을, 산청 단계 마을, 경북 군위 부계 한밤 마을, 성주 한개 마을, 전북 무주 지전 마을, 익산 함라 마을, 전남 강진 병영 마을, 담양 창평 삼지천 마을, 대구 옻골 마을의 돌담길 등입니다. "이 돌담들은 전문 장인이 아니라 마을 주민들 스스로가 세대를 이어가며 만든 것으로, 우리 민족의 미적 감각과 향토적 서정성이 고스란히 담겨 있는 문화유산이라는 점을 중시해 문화재 등록을 추진했다"고 문화재청은 밝히고 있습니다.

돌담길을 얼핏 보면 주변에서 구할 수 있는 손쉬운 재료로 아무렇게나 쌓은 것처럼 보이지만 사실은 나름대로의 규칙을 가지고 쌓은 것들입니다.

고성 학동 마을의 담장은 돌의 두께가 2~5cm인 납작한 돌들만을 채취해 쌓았습니다. 경북의 군위 부계 한밤 마을은 곡선형으로 돌을 쌓았으며, 경북의 한주 한개 마을의 경우는 주변의 한옥과의 조화미를 위해 높낮이를 규칙적으로 달리하며 아름다운 공간구성을 연출하고 있습니다. 특히, 전남 강진 병영 마을의 경우는 한국에 관해 최초로 저술한 서양인 하멜의 흔적이 담겨 있습니다. 하멜은 7년간 이곳에 머물면서 가르쳐준 담쌓기 방식인 빗살무늬 형식에 따라 담을 쌓았습니다.

고성 학동 마을 돌담길과 강진 병영 마을 돌담길 (2006.4.18 서울=연합뉴스)

이런 돌담길을 보면서 혹시 어린시절 쌓기 나무로 다양한 모양을 만들던 생각이 나지 않는지요? 쌓기 나무로 만들고 싶은 모양들을 마음껏 만들다 보면, 자신도 모르는 사이에 수학적 사고력이 커지게 됩니다. 쌓기 나무는 가장 간단한 교구이면서도 활용 방법에 따라 다양한 학습 효과를 거둘 수 있습니다.

그렇다면 쌓기 나무를 통한 다양한 유형의 문제를 살펴봅시다.

유형 1 쌓은 모양을 보고, 똑같이 쌓기

7개의 조각 중에서 2개를 골라 오른쪽 그림과 같은 모형을 만들어 봅시다.

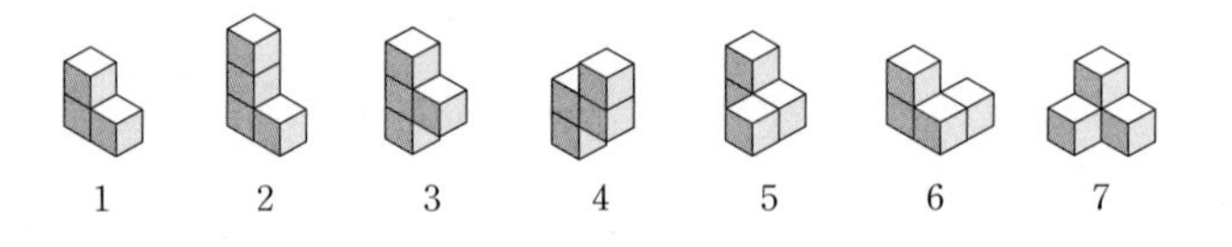

2번, 6번 도형을 사용하거나, 2번, 5번 도형을 이용하면 다음과 같이 같은 모형을 만들 수 있습니다.

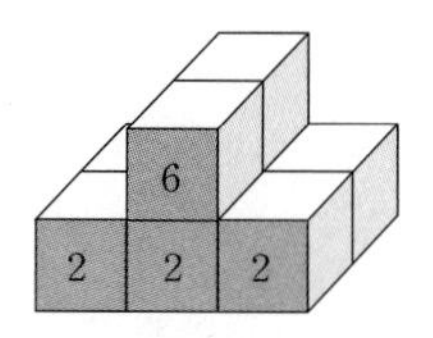

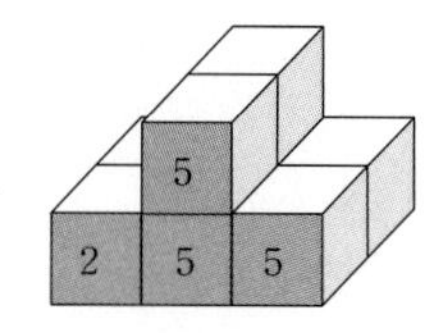

위의 7가지 조각을 이용하여 다양한 동물, 사물 등을 만들 수 있습니다. 다음 도형들은 위의 도형을 가지고 어떻게 만든 것인지 생각해보시고 직접 만들어 보세요.

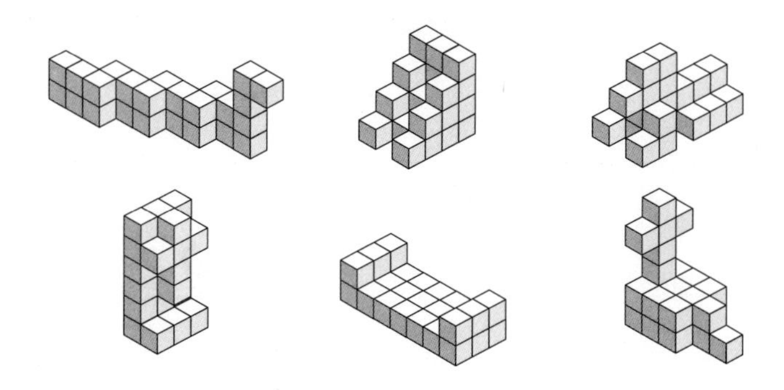

유형 2 쌓기 나무로 규칙 찾기

쌓기 나무로 다음과 같이 쌓기를 하였습니다. 이 쌓기 나무의 규칙을 찾아보고 100번째에 올 쌓기 나무의 개수를 구해볼까요?

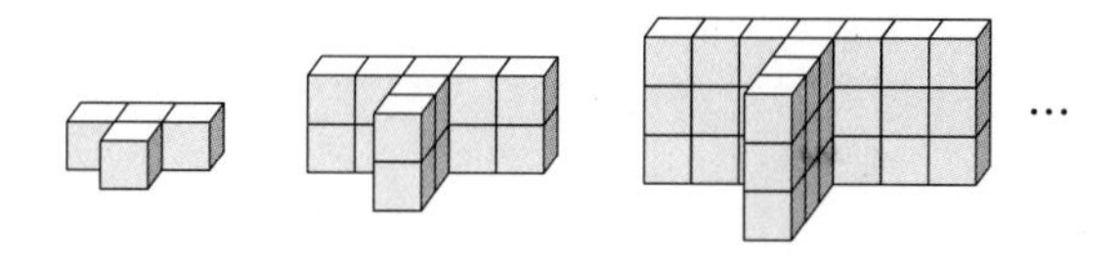

성냥개비 퍼즐에서 한 것과 동일한 방법으로 규칙을 찾아가면 됩니다. 앞에서 쌓은 형태에서 나무의 끝마다 하나씩 더 놓고, 3개를 더하고 층을 한 층 높였습니다. 이를 일반화 해보면 다음과 같습니다.

첫 번째 쌓기 나무의 개수 : 4

두 번째 쌓기 나무의 개수 : $(4+3)\times 2$

세 번째 쌓기 나무의 개수 : $(4+3+3)\times 3=(4+2\times 3)\times 3$

네 번째 쌓기 나무의 개수 : $(4+3+3+3)\times 4=(4+3\times 3)\times 4$

$\vdots$

n번째 쌓기 나무의 개수 : $(4+3+3+3+\cdots+3)\times n$

$$=\{4+(n-1)\times 3\}\times n=n(3n+1)$$

$$=3n^2+n$$

따라서, 100번째 쌓기 나무의 개수는 30100개가 됩니다.

다음과 같은 방법도 있습니다. 가운데 기둥을 중심으로 정사각형이 세 개 붙은 형태로 생각을 하면

첫 번째 쌓기 나무의 개수 : $1\times 3+1$

두 번째 쌓기 나무의 개수 : $2^2\times 3+2$

세 번째 쌓기 나무의 개수 : $3^2\times 3+3$

네 번째 쌓기 나무의 개수 : $4^2\times 3+4$

$\vdots$

n번째 쌓기 나무의 개수 : $n^2\times 3+n=3n^2+n$

어떠한 방법을 찾아도 결과는 같게 나옵니다. 즉, 생각은 여러 방향으로 할 수 있다는 것을 꼭 명심하세요.

유형 2 쌓기 나무의 바탕그림

다음 그림은 쌓기 나무 10개로 쌓은 모양입니다. 위에서 본 모양을 각각 그려 보면,

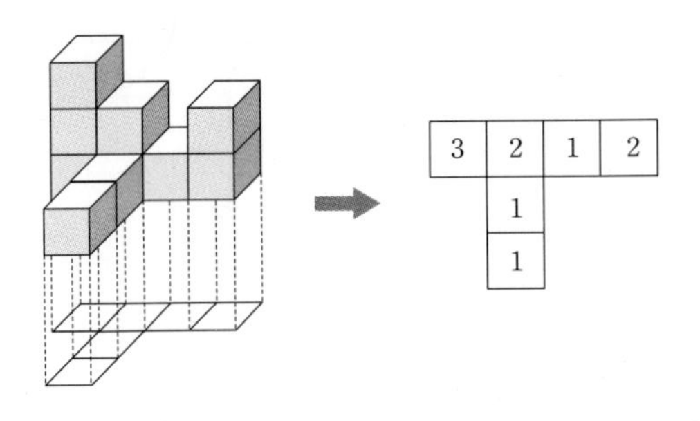

위와 같은 모양이 됩니다. 이것을 '바탕그림' 이라고 합니다. 칸마다 쓰여진 숫자는 그 칸에 쌓여진 쌓기 나무의 숫자를 뜻합니다. 이 그림을 통해 쌓기 나무를 직접 보지 않고도 이 모양을 만들기 위해 사용된 쌓기 나무의 개수나 쌓아진 모양 등을 파악할 수 있습니다. 즉, 바탕그림에 쓰여진 숫자 중 가장 큰 숫자만큼 칸을 쌓아 앞 또는 옆에서 본 모양을 쉽게 파악할 수 있습니다.

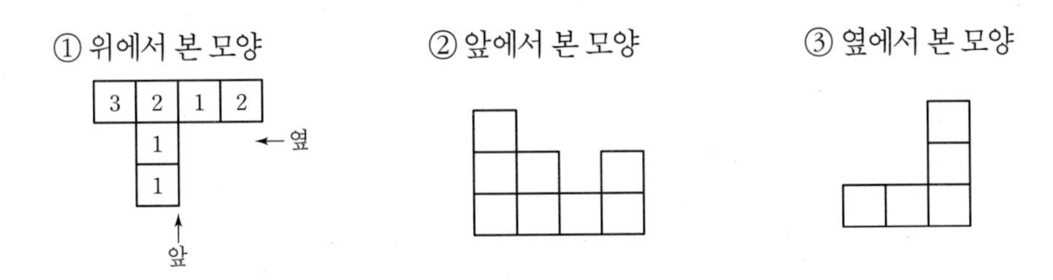

자! 그럼 쌓기 나무의 모양 없이 오른쪽과 같은 바탕그림만이 주어졌다고 합시다. 완성된 모양의 앞과 옆에서 본 모양을 각각 그려 보세요.

1	2	1	1
3			2
1	1		
	3		

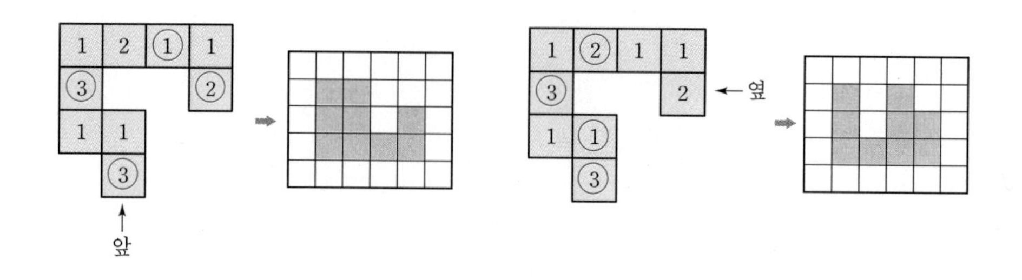

위와 같이 각 방향에서 보았을 때 가장 큰 높은 층을 모눈종이 위에 그대로 그려 넣으면 됩니다.

그럼 이번에는 위에서 본 모양, 앞에서 본 모양, 옆에서 본 모양을 보고 쌓기 나무 도형의 실제 모습을 유추해 봅시다. 그 방법을 정리해보면 다음과 같습니다.

① 위에서 본 모양의 빈 자리에 앞, 옆에서 본 모양의 개수를 씁니다.

② 앞, 옆에서 본 모양의 개수 중 1개인 것이 있으면, 그 1에 해당하는 줄과 칸에 1을 모두 채웁니다.

③ 앞, 옆에서 보았을 때, 단 한 칸만 있는 칸을 찾아 해당 개수를 써 넣습니다.

④ 앞, 옆에서 본 모양의 개수 중 가장 큰 수를 찾습니다. 그리고 나머지 빈 칸 중에서 가장 큰 수가 들어갈 수 없는 칸을 표시한 다음, 가장 큰 수가 들어갈 칸을 찾아 채웁니다.

그렇다면 다음과 같은 바탕그림과 앞, 옆에서 본 모양을 보고 쌓기 나무의 개수와 모양을 알아봅시다.

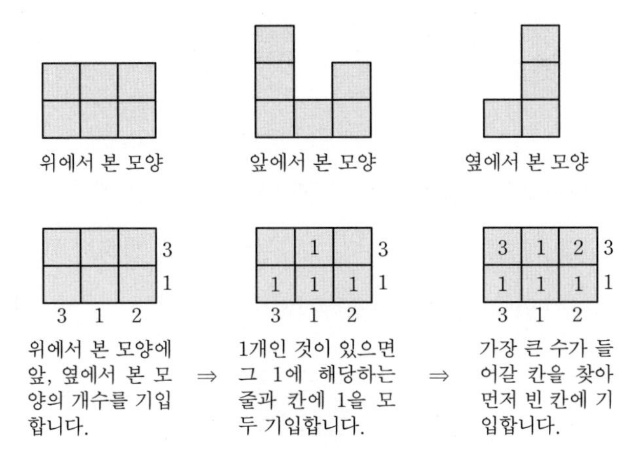

이제 바탕그림이 완성되었습니다. 이 쌓기 나무에 사용된 나무의 개수는 $3+1+2+1+1+1=9$(개)이고, 그 모양은 아래와 같습니다.

우리는 쌓기 나무 퍼즐을 통해 집중력과 창의력, 관찰력, 공간 개념, 규칙, 수열 등에 대해 많은 것을 알아갈 수 있습니다. 또한, 위, 앞, 옆에서 본 그림으로 공간 도형을 유추하는 과정에서 여러 가지 경우의 수를 구하는 과정에서 논리력은 키워갈 수 있습니다.

쌓기 나무 예상하기 1

다음 그림은 쌓기 나무를 쌓아 만든 모양과 바탕 그림 위에 쌓은 쌓기 나무의 개수를 표시한 것입니다. ㉮, ㉯, ㉰에 쌓은 쌓기 나무의 개수를 말하세요. 만일 개수를 정확히 알 수 없는 것이 있다면, 그 개수를 예상하여 보세요.

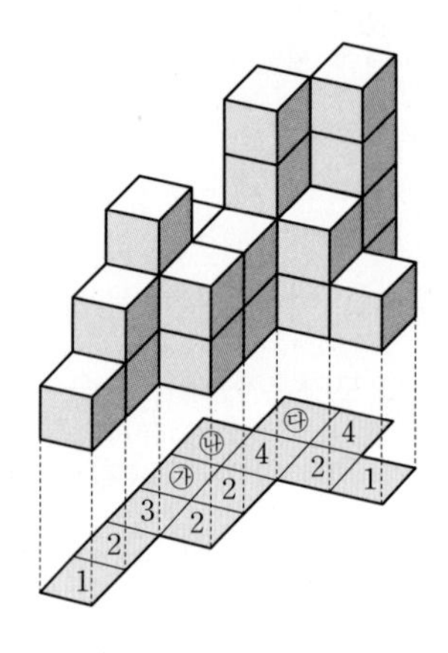

풀이

㉮ 2층의 일부가 살짝 보이므로 2개입니다.

㉯ 완전히 보이지 않으며, 앞에 2층까지 가려 있으므로 1개입니다.

㉰ 완전히 보이지 않으며, 앞에 4층까지 가려 있으므로 최소 1개, 최대 3개까지 있을 수 있습니다.

2단계 기초가 되는 문제 2

쌓기 나무 예상하기 2

위와 옆에서 본 쌓기 나무 모양이 다음과 같이 되도록 쌓으려고 합니다. 필요한 쌓기 나무는 최소한 몇 개, 최대한 몇 개일까요?

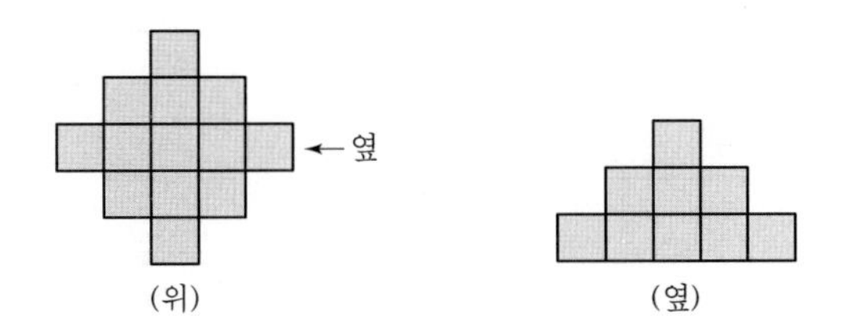

풀이

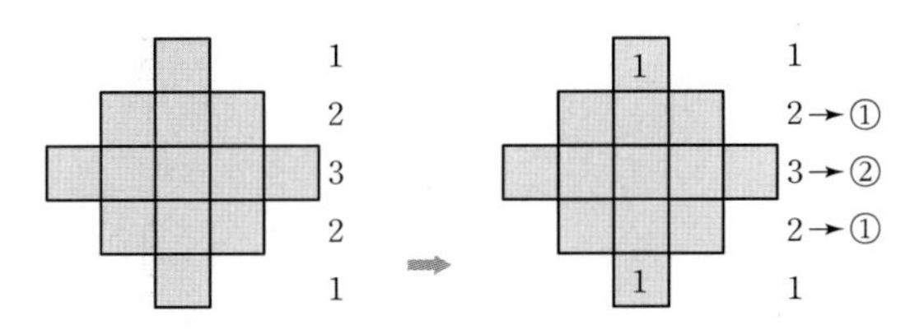

①번 줄은 세 칸 중 어느 하나 이상에만 2개의 나무를 쌓고, 1～2개의 나무 중 하나를 선택하여 나머지를 쌓으면 됩니다.

②번 줄은 다섯 칸 중 어느 하나 이상에만 3개의 나무를 쌓고, 1～3개의 나무 중 하나를 선택하여 나머지를 쌓으면 됩니다.

따라서, 최소의 나무를 사용하여 쌓는 방법은 [그림 1]과 같고, 그 개수는 17개입니다.

또한 최대의 나무를 사용하면 [그림 2]와 같으며, 그 개수는 29개가 됩니다.

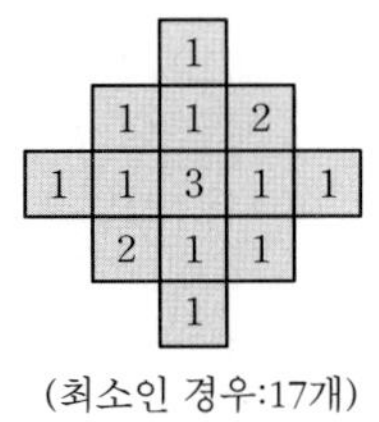

(최소인 경우:17개)

[그림 1]

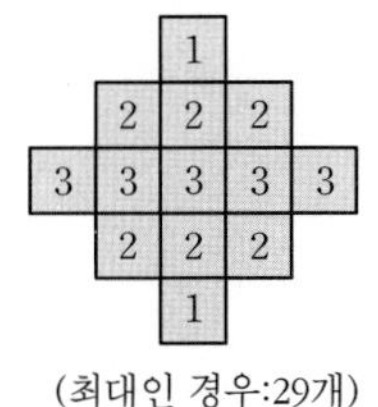

(최대인 경우:29개)

[그림 2]

공간 감각을 익히자

다음 그림은 어떤 정육면체 모양 상자의 겨냥도를 그린 것입니다. 이 겨냥도는 정육면체의 상자 세 면의 무늬를 한눈에 볼 수 있습니다. 아래 주어진 하나의 전개도에 무늬를 알맞게 그려 넣어 보세요.

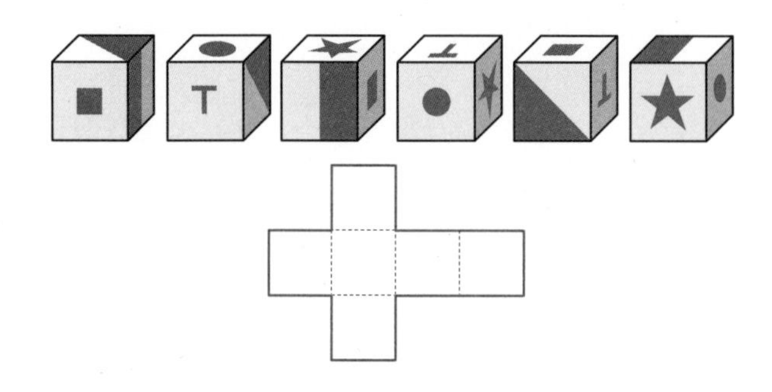

풀이

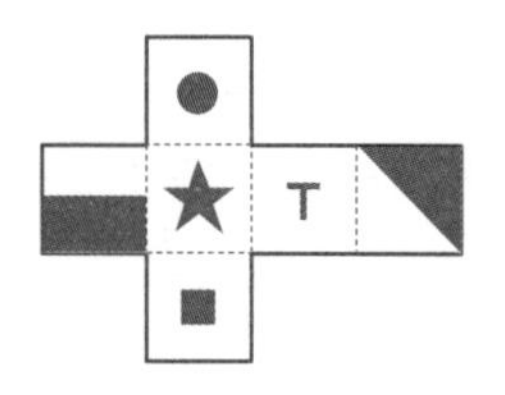

공간에 대한 감각과 입체도형을 바르게 볼 줄 아는 능력을 키울 수 있는 전형적인 문제입니다. 이웃하는 면에 그려진 무늬와 그들의 방향을 잘 관찰해야 합니다. 다음에 제시된 것 외에도 많은 정답이 있습니다.

잠깐!

정육면체의 전개도는 모두 11가지

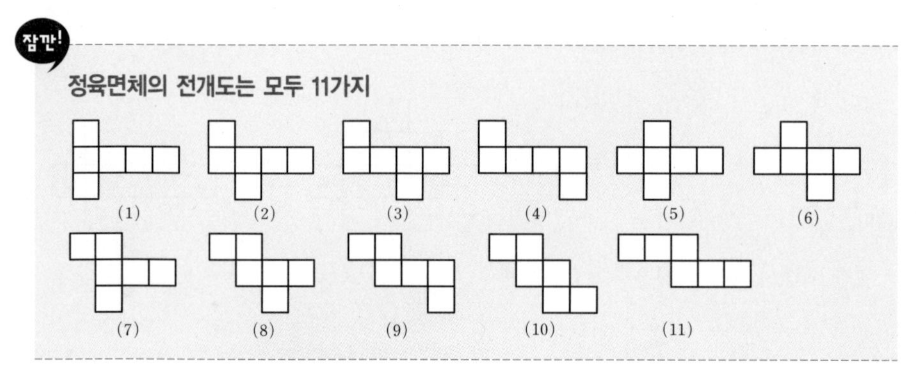

색칠된 면의 수가 다른 정육면체 한 번에 만들기

문제 난이도 그래프
논리력 ■■■
사고력 ■■■
창의력 ■■

그림과 같이 정육면체의 나무토막의 표면을 검은색으로 칠한 후, 모든 변을 5등분씩 작은 정육면체 조각으로 나누었습니다. 이때 작은 정육면체의 표면에 검은색이 칠해져 있는 면의 수에 따라 각각의 개수가 몇 개씩인지 알아보세요. 또, 2등분, 3등분, 4등분, ⋯, n등분할 때, 개수가 어떤 규칙을 갖는지 설명하세요.

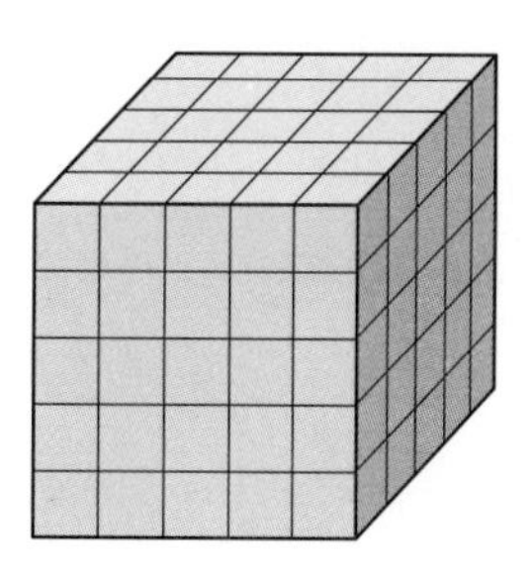

풀이

우선 5등분하였을 때,

i) 한 면만 색칠된 정육면체는 각 면에서 가장자리에 있는 것을 제외한 정육면체입니다. 이 정육면체는 한 면마다 $(5-2)^2=3^2$(개)이고, 여섯의 면이 있으므로 $6\times3^2=54$(개)가 됩니다.

ii) 두 면만 색칠된 정육면체는 각 꼭지점에 있는 정육면체를 제외한 각 모서리에 있는 정육면체들입니다. 이 정육면체의 모서리의 개수는 12개이므로 $12\times(5-2)=12\times3=36$(개)가 됩니다.

iii) 세 면만 색칠된 정육면체는 각 꼭지점에 있는 정육면체이므로 큰 정육면체의 꼭지점의 수인 8(개)와 같습니다.

iv) 한 면도 색칠되지 않은 정육면체는 위에 덮힌 작은 정육면체의 한 층만 제거하면 되므로 $(5-2)^3=3^3=27$(개)가 됩니다.

다음과 같이 정육면체를 2등분, 3등분, 4등분, … 하는 경우의 표를 만들어 보면, 어떤 규칙을 찾을 수 있습니다. 이때 k는 색칠된 면의 수를 나타내며, $0 \leqq k \leqq 3$입니다.

	$k=0$	$k=1$	$k=2$	$k=3$
2등분	$(2-2)^3=0$	$6\times(2-2^2)=0$	$12\times(2-2)=0$	8
3등분	$(3-2)^3=1$	$6\times(3-2)^2=6$	$12\times(3-2)=12$	8
4등분	$(4-2)^3=8$	$6\times(4-2)^2=24$	$12\times(4-2)=24$	8
⋮	⋮	⋮	⋮	⋮
n등분	$(n-2)^3$	$6(n-2)^2$	$12(n-2)$	8

쌓기 나무에 사용된 개수 추측하기 1

문제 난이도 그래프
논리력 ■■■
사고력 ■■■■
창의력 ■■■

다음과 같은 모양이 되도록 쌓기 나무를 쌓는 방법은 모두 몇 가지일까요?

(단, 쌓기 나무를 공중에 띄울 수 없고, 쌓기 나무 사이에 빈틈은 없습니다.)

[2006 민사고 영재판별]

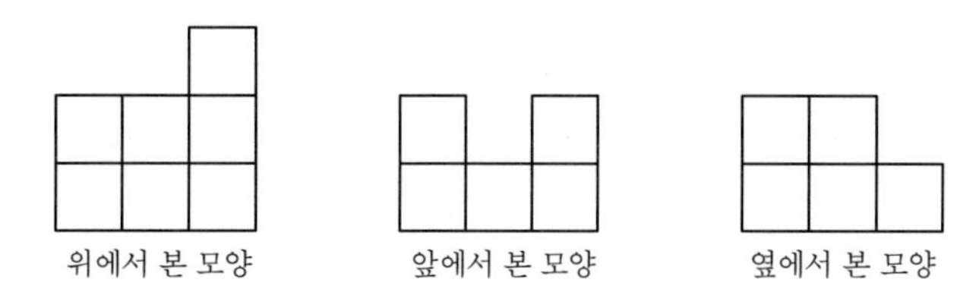

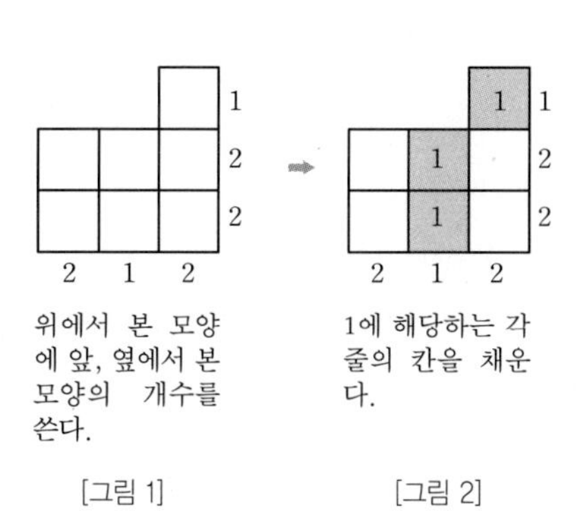

[그림 1] [그림 2]

앞, 옆에서 보았을 때 단 한 칸만 있는 경우는 1에 해당하는 줄이므로 이미 그 개수를 써 넣었고, 비어 있는 나머지 4칸에는 2가 들어갈 수 있습니다. 따라서 개수가 가장 많을 때는

4칸에 모두 2개씩 들어갈 때이므로 11개이고, 가장 작을 때는 다음 그림과 같이 9개입니다.

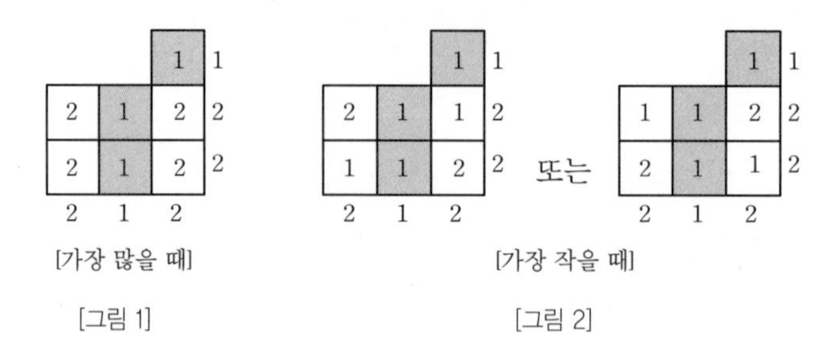

[그림 1] [그림 2]

이제 9개에서 11개까지 각각의 경우의 수를 따져보면

i) 9개의 경우에는 위의 두 가지가 있습니다.([그림 2])

ii) 10개의 경우에는 네 칸 중에서 한 칸만 1이 들어가고, 나머지는 2가 들어가는 다음과 같은 4가지 경우가 있습니다.([그림 3])

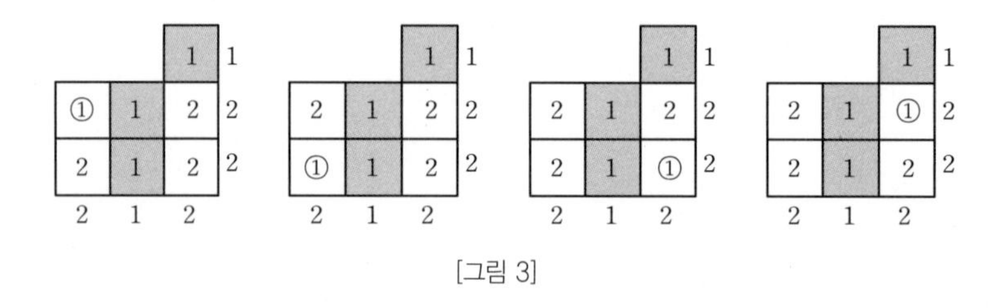

[그림 3]

iii) 11개의 경우에는 1가지가 있습니다.([그림 1])

따라서 쌓은 모양의 경우의 수는 1＋2＋4＝7(가지)입니다.

쌓기 나무에 사용된 개수 추측하기 2

문제 난이도 그래프
논리력 ■■■■
사고력 ■■■■
창의력 ■■■

오른쪽 그림과 같은 입체에 가장 작은 단위 정육면체는 모두 몇 개 들어 있는지 알아내는 방법을 설명하여 보세요. 또한 이와 같은 규칙으로 10층까지 쌓았을 때 사용된 쌓기 나무의 개수를 구하세요.

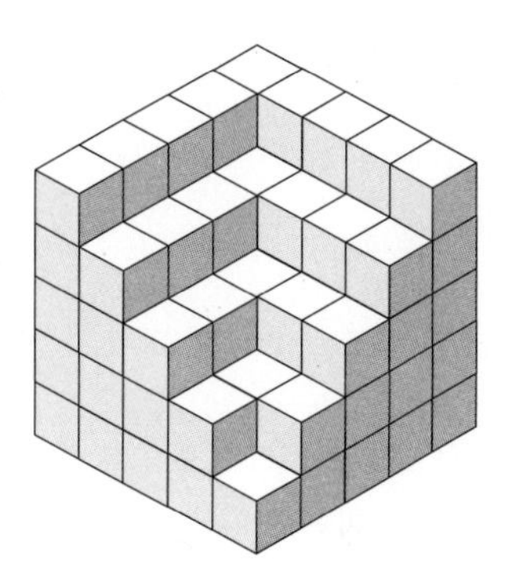

증 명

이를 알아내는 방법은 다음과 같이 다양합니다.

① 맨 아래층에서부터 위층으로 올라가면서 차례로 더하는 경우

$5\times5+[(5\times5)-1]+[(5\times5)-(2\times2)]+[(5\times5)-(3\times3)]+[(5\times5)-(4\times4)]$

$=25+(25-1)+(25-4)+(25-9)+(25-16)=25+24+21+16+9=95$

② 온전한 정육면체에서 각 층의 모자라는 부분의 합을 빼는 경우

$5\times5\times5-[(1\times1)+(2\times2)+(3\times3)+(4\times4)]$

$=125-(1+4+9+16)=95$

③ 맨 오른쪽 배열부터 차례로 더하는 경우

$15+(15+1)+[(15+1)+2)]+[(15+1+2)+3]+[(15+1+2+3)+4]$

$=15+16+18+21+25=95$

④ 맨 앞쪽부터 뒤쪽으로 진행하면서 차례로 더할 경우

$(1\times1)+(2\times3)+(3\times5)+(4\times7)+(5\times9)=95$

⑤ 맨 오른쪽 정육면체 개수의 5배를 기본으로 하여 왼쪽으로 진행하면서 첨가된 개수를 차례로 더하는 경우

$(1+2+3+4+5)\times5+[1+(1+2)+(1+2+3)+(1+2+3+4)]$

$=75+20=95$

⑥ 맨 위층의 9개를 잘라서 4층까지 빈 곳을 메울 때, 5개가 부족하다는 사실을 이용하는 경우

$5\times5\times4-5=95$

지금까지 알아본 여섯 가지 해결 방법은 대부분 식으로 규칙을 논리적으로 나타냈습니다. 이와 같은 방법을 사용하면, 그 개수가 달라지더라도 다시 일일이 세지 않고 쉽게 해결할 수 있게 됩니다.

10층까지 쌓은 나무의 경우 위의 ④번을 이용할 경우에는 ④번 식에 나타나는 규칙에 따라 $(1\times1)+(2\times3)+\cdots+(9\times17)+(10\times19)=715$(개)가 사용되었음을 금방 알 수 있습니다.

쌓기 나무에 사용된 개수 추측하기 3

문제 난이도 그래프
논리력 ■■■■
사고력 ■■■■■
창의력 ■■■■

다음 그림은 쌓기 나무를 이용하여 만든 입체도형을 위, 앞, 옆(오른쪽)에서 바라본 그림입니다. 이와 같은 모양이 되도록 쌓기 나무를 쌓는 방법은 모두 몇 개일까요?

[2007 서울시 교육청]

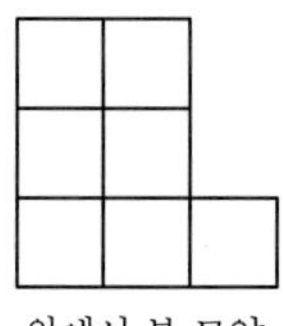
위에서 본 모양

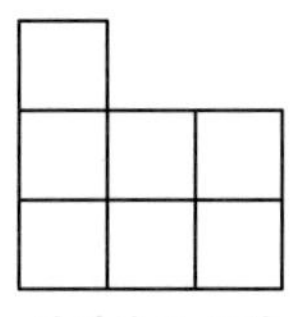
앞에서 본 모양

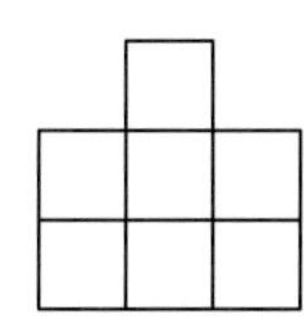
오른쪽에서 본 모양

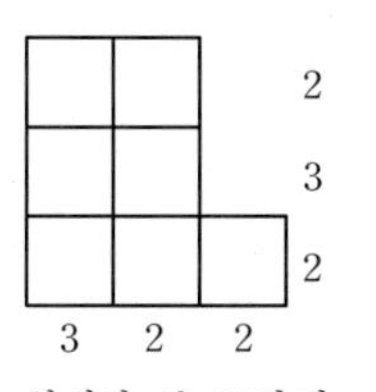

위에서 본 모양에 앞, 옆에서 본 모양의 개수를 씁니다.

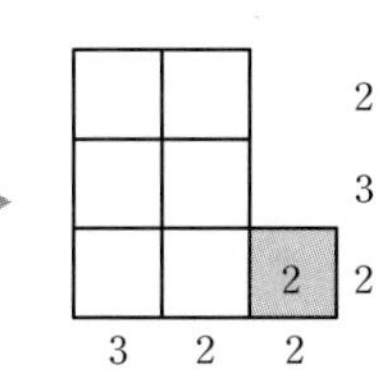

단 한 칸만 있는 경우의 칸을 채웁니다.

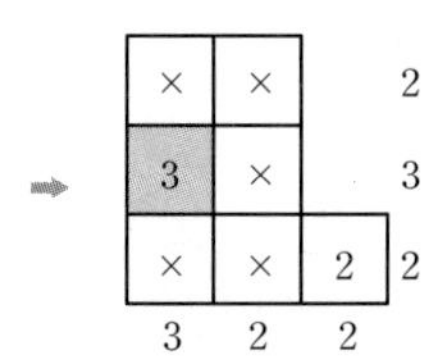

가장 큰 수인 3이 들어갈 수 없는 칸을 찾아 ×표한 다음 3이 들어갈 칸을 채웁니다.

정해진 개수의 칸이 2개이고, 개수가 정해지지 않은 칸이 5개입니다. 개수가 정해지지 않은 칸에는 1개 또는 2개가 들어갈 수 있습니다. 따라서 개수가 가장 많을 때는 5개 빈 칸에 모두 2개가 들어가는 경우이므로 15개이고, 가장 적을 때는 다음과 같은 11개일 때입니다.

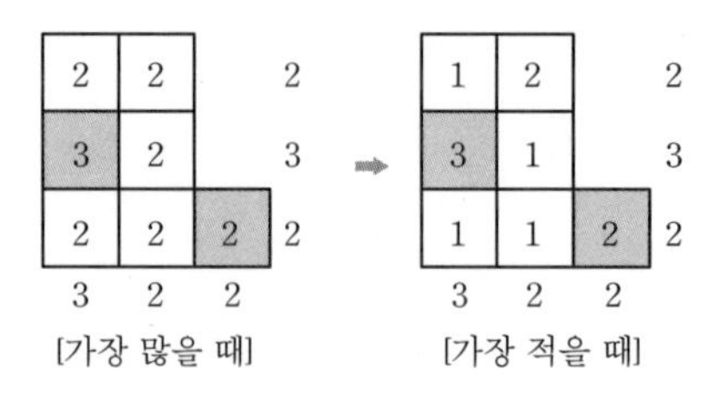

[가장 많을 때] [가장 적을 때]

이제 11개에서 15개까지 각각의 경우의 가짓수를 구하면

i) 쌓기 나무가 11개일 때와 15개일 때는 각각 1가지입니다.

ii) 쌓기 나무가 12개일 때는 5개의 빈 칸에 2를 2개 넣고, 1을 3개 넣는 것이므로 5개 칸에 2를 두 번 넣는 경우는 모두 10가지가 나옵니다. 그 중 가능한 경우는 다음과 같은 6가지 경우가 있습니다.

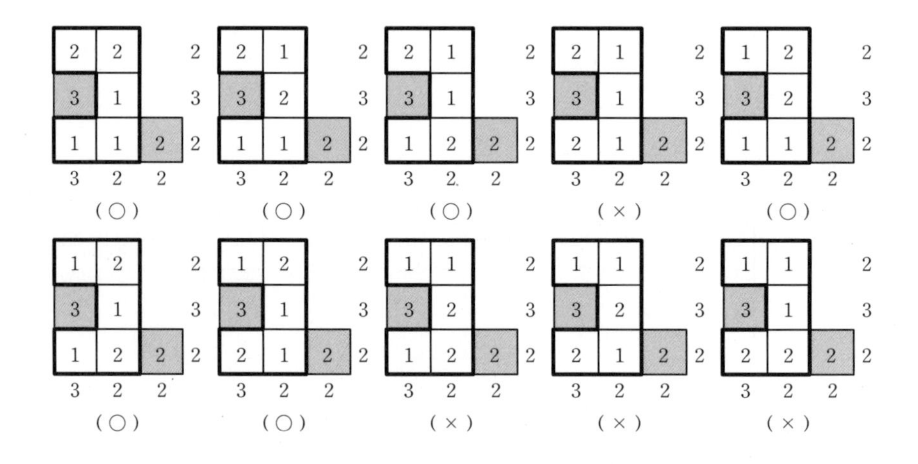

iii) 쌓기 나무가 13개일 때는 5개의 빈 칸에 2를 3개 넣고, 1을 2개 넣는 것입니다. 그래서 5개 칸에 1을 두 번 넣는 경우는 모두 10가지가 나옵니다. 그 중 가능하지 못한 경우는 아래 그림 1가지뿐이므로 쌓을 수 있는 모양은 모두 9가지가 나옵니다.

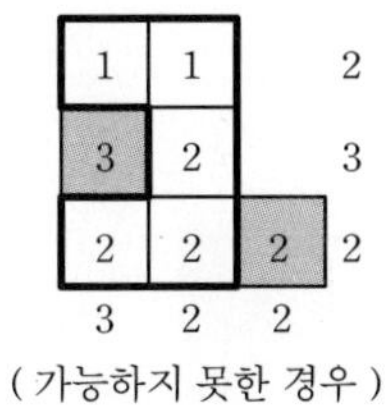

(가능하지 못한 경우)

iv) 쌓기 나무가 14개일 때는 5개의 빈 칸에 2를 4개 넣고, 1을 1개 넣는 것입니다. 그래서 5개 칸에 1을 한 번 넣는 경우는 모두 5가지가 됩니다. 또한 모두 가능합니다.

따라서 $1+1+6+9+5=22$(가지) 쌓는 방법이 있습니다.

읽을거리

아인슈타인의 천재성

아인슈타인

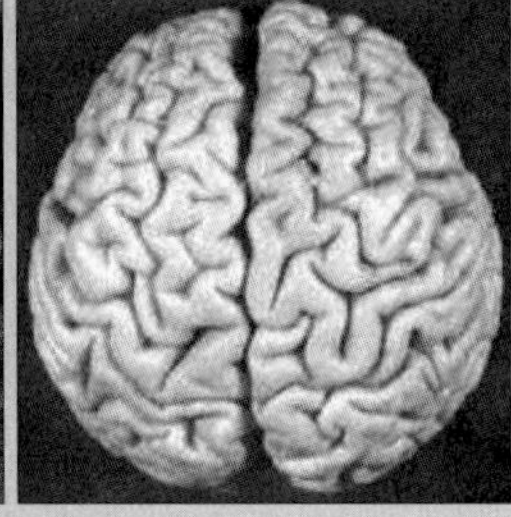
아인슈타인의 뇌

독일에서 유대인 어머니들은 학습지진아인 자신의 자녀에게 "너는 츠바인슈타인이야!"라는 칭찬을 해줍니다. '아인'은 독일어로 하나를 의미하고, '츠바인'은 둘을 의미합니다. 즉, '츠바인슈타인'은 바로 "아인슈타인 다음으로 머리가 좋게 될지도 모르겠다"는 의미의 농담입니다. 독일에서는 학습지진아를 '츠바인슈타인'이라고도 합니다. 이는 지진아에게 앞으로 자신의 처지를 극복하여 아인슈타인처럼 똑똑해지기를 바라는 맘을 표현할 때도 씁니다.

아인슈타인은 상대성이론으로 공간, 질량, 에너지 개념 이해에 크나큰 공헌을 한, 세계적으로 천재의 대명사처럼 불리고 있는 수학자이며 물리학자입니다.

그러나 아인슈타인은 네 살까지 말 한 마디 못했고, 청소년 시절 내내 저능아로 통했습니다. 그리고 그의 말년을 보낸 미국에서의 영어실력은 겨우 200단어에 불과했으며, 위자료가 없어서 이혼하지도 못했습니다. 마침내 노벨상을 타게 되자 아인슈타인은 부인에게 그 상금을 주고서 이혼을 하는 등 파란만장한 일생을 살았습니다. 또한 다음과 같은 웃지 못할 일화도 전해지고 있습니다.

아인슈타인의 주소를 알려 달라는 전화가 걸려왔습니다. 아인슈타인은 자신의 주소를 남에게 알리지 말라고 늘 분부하였기에 가족들은 거절했습니다. 그러자 상대방은 한참 침묵하더니 "실은 내가 아인슈타인인데 집에 가는 길을 잊어 버려 헤매고 있다"라고 했으리만큼 엉뚱했던 사람이었습니다. 그러나 그는 지금 '세기의 천재'로 불리고 있습니다. 그래서 학습지진아에게 용기를 주기 위해 '츠바인슈타인'이라고 부르는 것이지요.

아인슈타인 사망 후 사람들은 세기의 천재의 뇌에 대해 많은 관심을 가졌습니다. 아인슈타인의 뇌는 정말 보통 사람과 달랐을까요?

1955년 미국에서 숨진 아인슈타인의 뇌는 토마스 하비 박사에 의해 240개 조각으로 나뉘어 소중이 보관되었습니다. 이것은 그 후 여러 학자들의 연구 대상으로 귀중한 자원이 되었습니다.

1985년 토마스 하비 박사와 연구신경과학자 마리앤 다이아몬드 박사는 임상신경학 학술지에 「과학자의 뇌 : 아인슈타인」이라는 연구를 발표했습니다. 연구 발표 결과 아인슈타인 뇌는 보통 사람에 비해 아교세포(glia cell)의 수가 현저히 많았습니다.

아교세포는 뇌 신경세포의 보조역할을 하며, 세포끼리 소통을 돕는 세포입니다. 아교세포는 뇌를 많이 쓸

수록 증가하는 특징을 가지고 있습니다. 이런 역할을 하는 아교세포가 아인슈타인의 뇌 왼쪽 두정엽 부분에서 굉장히 많이 발견됐다고 합니다.

또, 1996년 신경과학 학술지에 실린 아인슈타인의 뇌에 대한 두 번째 논문에 의하면 아인슈타인의 뇌의 무게는 1230g으로 보통 사람의 뇌의 무게인 1400g보다 가벼웠습니다. 이것은 아인슈타인의 대뇌피질이 보통 사람들보다 작지만 신경세포의 밀도가 높았다는 것을 의미합니다. 즉, 아인슈타인의 뇌는 양보다 질이 뛰어났던 것입니다.

영국의 의학 잡지『The Lancet(1999)』에도 아인슈타인의 뇌에 대한 연구가 발표되었는데 두정엽(대뇌 반구의 가운데 꼭대기) 역시 보통 사람보다 15%나 넓을 정도로 비대했다는 사실입니다. 두정엽은 수학적 능력과 공간 지각력을 관장하는 곳입니다. 이 부분이 이렇게 큰 것은 원래 타고났을 수도 있지만, 집중적 사용으로 인해 후천적으로 커졌을 수도 있다고 분석됩니다.

한편, 아인슈타인의 천재성이 그의 산책 습관과 관련이 있다는 설도 있는데, 많이 걸을수록 도파민을 분비하는 신경계를 자극하기 때문입니다.

그렇다면 아인슈타인의 천재성은 정말 신의 선물일까요? 이들 논문에 의하면 '유전'과 함께 '노력'이 천재를 만들었다는 결론을 내리고 있습니다. 비상한 머리에 남다른 열정과 땀방울이 더해졌기에 '세기의 천재'가 탄생할 수 있었던 것은 아닐까요?

저울을 닮은 수학적 사고력

천징자리

여름 밤, 별을 바라보면 전갈자리와 처녀자리 사이에 그리 밝게 빛나지 않는 작은 별을 볼 수 있습니다. 이 별자리가 천칭자리입니다. 이 별자리를 천칭자리라고 부르는 것은 그 옆에 위치한 처녀자리의 주인공이자 정의의 여신인 아스트라에아(Astraea)가 늘 들고 다니던 저울대와 유사하게 생겼기 때문입니다. 아스트라에아는 제우스와 티미스의 딸이었습니다.

신과 인간들은 제우스의 아버지인 크로노스가 세상을 지배하고 있을 때를 황금시대라고 불렀습니다. 왜냐하면 모든 생물은 늙지 않고, 지상에 있는 모든 혜택을 받으며, 어떤 고통이나 번민도 없이 행복하게 살 수 있었기 때문이었습니다.

그런데 겨울이 생긴 은의 시대로 들어서자 사람들은 먹을 것을 얻기 위해 땀을 흘리며 열심히 일을 해야만 했으며, 사람들 사이에 추악한 싸움이 일어나기 시작했습니다.

그때까지 신들은 지상에서 인간과 함께 살고 있었는데, 인간의 싸움이 빈번해지자 신들은 하나둘씩 모두 천상계로 올라가 버렸습니다. 사람들은 싸우긴 했지만 결코 살인은 하지 않았기 때문에 정의의 여신 아스트라에아와 여동생이자 자비의 여신 아이도스는 지상에 남아 사람들에게 계속해서 정의를 지킬 것을 주장했습니다. 아스트라에아는 천칭을 손에 들고 있다가 싸움이 일어나면 그 당사자들을 천칭에 올려놓고 옳고 그름을 쟀습니다. 그러면 부정한 인간이 있는 쪽의 접시는 기울어졌다고 합니다.

은의 시대가 끝나고, 청동의 시대가 되자 사람들은 한층 더 야만적으로 변해 서로 죽이기 시작하며 멸망의 길을 걷기 시작합니다.

그 후에 찾아온 영웅의 시대는 신들을 존경하는 영웅들이 나타나 조금 나은 시대가 되었으나 철의 시대에 들어서자 사람들은 완전히 타락하고, 집단으로 무기를 들고 전쟁을 하기에 이르렀습니다. 이를 지켜본 아스트라에아도 끝내 인간을 포기하고 천상계로 올라가버렸습니다.

이렇게 해서 아스트라에아는 처녀자리가 되고, 아스트라에아가 들고 있던 천칭은 천칭자리가 되었다고 합니다.

정의의 여신 아스트라에아

여기서 우리가 주목해야 할 것은 아스트라에아의 저울입니다. 그녀는 모든 것을 공정하게 잴 수 있는 저울로 올바른 판단을 내릴 수 있었습니다.

인생을 살아감에 있어서 올바른 사고력이란 매우 중요한 것입니다. 오늘날 정의의 여신으로 불리고 있는 그녀처럼 우리도 매사에 있어서 올바르게 판단하는 수학적 사고력을 키울 수 있어야 하겠습니다.

특목고 자사고 가는 수학 4 : 확률과 함수

펴낸날 초 판 1쇄 2007년 11월 19일
개정판 1쇄 2008년 4월 28일
개정판 5쇄 2015년 3월 9일

지은이 매쓰멘토스 수학연구회
펴낸이 심만수
펴낸곳 (주)살림출판사
출판등록 1989년 11월 1일 제9-210호

주소 경기도 파주시 광인사길 30
전화 031-955-1350 팩스 031-624-1356
홈페이지 http://www.sallimbooks.com
이메일 book@sallimbooks.com

ISBN 978-89-522-0873-6 44410(4권)
978-89-522-0874-3 44410(세트)

※ 값은 뒤표지에 있습니다.
※ 잘못 만들어진 책은 구입하신 서점에서 바꾸어 드립니다.